JN314848

メタ分析入門

心理・教育研究の系統的レビューのために

山田剛史 編
井上俊哉 編

東京大学出版会

An Introduction to Meta-analysis:
For Systematic Review for Researches of Psychology and Education
Tsuyoshi Yamada & Shun'ya Inoue, Editors
University of Tokyo Press, 2012
ISBN 978-4-13-042072-3

はしがき

　グラス（Glass, G. V.）が 1976 年の論文 "Primary, secondary and meta-analysis of research" でメタ分析という言葉を紹介してから 40 年近く経つ．わが国では，とくに心理や教育といった分野では，メタ分析について注目はされていても，実際に広く行われているとは現状では言い難い．医学領域などと比べるとその差は歴然としている．なお，医学領域ではメタ分析は「メタ・アナリシス」と呼ばれることが多い．

　本書は，心理や教育，その他の社会科学領域をメインターゲットとしたメタ分析の入門書である．メタ分析とは一体何か，どのような手続きで行われるのかをわかりやすく解説することを目的としている．日本語で書かれたメタ分析の入門書は非常に少なく，文科系の読者を対象としたものはほとんどない．

　本書が想定する読者は，心理・教育を中心とする諸領域を専門とする研究者，実践家，そして学生である．心理臨床，特別支援教育，その他の領域の実践家や大学院生・大学生が独力で読み進められる本になることを目標とした．この目標を実現させるように書き進めたところ，本書は以下のような特徴を持つ本となった．

- 日本では数少ない心理・教育分野を対象としたメタ分析の入門書：
  　医学領域では複数の書籍が出版されているが，心理や教育の分野でメタ分析のみを扱った入門書はほとんどない．本書はその意味でもパイオニア的な役割を果たしていると言えるかもしれない．
- 計算例を丁寧に：
  　文科系の学生でも十分に読めるように，たとえば，効果量の数式については，計算例をあげて説明するように配慮した（第 5 章・第 6 章）．また，巻末には Excel を使って，統計解析の手順を理解するための記述を設けた．

- 問題の定式化とコーディング：
  メタ分析の統計的側面についての基本的な解説は，いくつかの和書でもなされている．しかし，問題の定式化（第2章）や，コーディング（第4章）など，実際にメタ分析を遂行する際に重要なステップについても詳しく取り上げているのが本書のオリジナリティといえる．
- 文献の集め方：
  メタ分析を実際に遂行する際には，文献検索が重要となる．本書では，文献の集め方について，執筆時点で最新の情報を整理している．本書は，研究における情報収集という観点からも有益なものとなるだろう（第3章）．
- メタ分析の結果の解釈と公表：
  公表バイアスの意味とその対処法について言及する．さらに，効果量の値の解釈や，メタ分析の結果を整理し論文として公表する時に注意すべき点について述べる（第7章）．
- 一事例実験のメタ分析：
  他書ではあまり扱われていない，一事例実験（シングルケース研究）のメタ分析を取り上げている（第8章）．ここは，心理臨床，特別支援教育を専門とする実践家の方々に是非読んでもらいたいところである．
- 豊富な研究例：
  さまざまな心理・教育領域のメタ分析を紹介している（第9章）．有名なメタ分析について，それらの概要を知ることができる．実際の優れた研究に触れることは，メタ分析に対する読者の興味を高めるものになるだろう．
- メタ分析に関する情報の紹介：
  巻末には附録として，参考図書，効果量の計算，Rパッケージによるメタ分析，用語解説など，メタ分析に関するさまざまな情報を掲載している．本書を読んで，さらに自分自身でメタ分析をやってみようと考えた読者に有益な情報となるだろう．

メタ分析の強みは，ひとつひとつの研究で有意かどうかで終わるのではなく，研究の蓄積に注目し，その蓄積から知見を得ることができる点にある．本書では，メタ分析について，その方法の原理や意味をわかりやすく伝えていきたいと考えている．そうした本書の試みがどの程度うまくいったか，それについては読者の判断に委ねたいと思う．

引用文献

Glass, G. V. (1976). Primary, secondary, and meta-analysis of research. *Educational Researcher, 5,* 3-8.

目 次

はしがき　i

第1章　メタ分析入門 ─────────────── 1

1.1　メタ分析とは　1
1.2　レビュー研究の必要性　2
1.3　記述的レビュー vs メタ分析　3
1.3　メタ分析の歴史　3
1.5　メタ分析の手続き──クーパーのモデルを参考に　8
1.6　効果量とその解釈　11
1.7　メタ分析における統計解析の基礎　14
1.8　メタ分析の長所と短所　16
1.9　第2章以降の流れについて──本書の構成　18

第2章　問題の定式化 ─────────────── 25

2.1　先行研究に基づくということ　25
2.2　構成概念の操作的定義　26
2.3　一般化の水準をどこにおくのか　29
2.4　効果量への注目　30
2.5　メタ分析における問いの種類　33
2.6　適格性基準　39
2.7　研究・方法の質の評価　42
　　「青少年非行チャレンジプログラムのメタ分析」のための適格性基準　47

第3章　文献の探索 ─────────────── 49

3.1　データベースを利用した文献探索　50
3.2　学術論文誌・学会情報に基づく文献探索　61
3.3　専門家からの直接情報による文献探索　62
3.4　探索過程の記録を管理することの重要性　63

3.5　文献の入手　63
3.6　探索から入手までの実際　65
3.7　日本語文献の探索と入手（CiNii）　68

第4章　収集した研究のコーディング ——— 73

4.1　効果量に関するコーディング　73
4.2　研究の特徴に関するコーディング　79
4.3　コーディングの実際　82
4.4　コーディングの信頼性　87
　　「青少年非行チャレンジプログラムのメタ分析」のためのコーディング・マニュアル　94

第5章　効果量 ——— 103

5.1　代表的な効果量　103
5.2　その他の効果量　117

第6章　統計的分析 ——— 125

6.1　メタ分析における統計解析の手順　125
6.2　固定効果モデルと変量効果モデル　126
6.3　効果量の平均と分散　128
6.4　研究間の効果量のバラツキの検討　138
6.5　統計的分析におけるその他のトピック　150

第7章　結果の解釈と公表 ——— 157

7.1　公表バイアス　157
7.2　効果量の大きさの解釈　164
7.3　結果の公表　169

第8章　一事例実験のメタ分析 ——— 183

8.1　一事例実験　183
8.2　一事例実験のメタ分析　186

8.3 メタ分析の紹介——発達障害児者の示す問題行動に対する介入 193
　　ソーシャルスキル介入の効果に関する研究のコーディング
　　シート例 202

第9章　メタ分析の実例紹介 ―――――――――――― 205

① 「心理療法の効果研究のメタ分析」 206
② 「接触と感情」 210
③ 「親の離婚と子どものウェルビーイング」 213
④ 「ごく短い表現的行動から対人行動の帰結を予測する」 217
⑤ 「パーソナリティの5因子モデルと職務満足」 220
⑥ 「個人主義と集団主義を再考する」 223
⑦ 「発達障害児者の示す行動問題に対する介入効果におけるメタ分析」 227
⑧ 「宿題によって学力は向上するか？」 230
⑨ 「パーソナリティ特性の平均水準の生涯にわたる変化のパターン」 233

附録A　さらに学びたい人のための参考図書・雑誌 239
附録B　限定された情報からの効果量の計算 243
附録C　Excelを使った効果量の計算・統計的分析 247
附録D　Rのパッケージmetaforによるメタ分析の例示 271
附録E　用語解説 279

あとがき 291

索引 293

執筆者紹介 297

第 1 章
メタ分析入門

　本章では,まずそもそもメタ分析とは何かについて述べ,その後,レビュー研究の必要性と,メタ分析と伝統的なレビューとの比較,メタ分析の歴史,メタ分析の手順,効果量と統計解析についての紹介,メタ分析の長所と短所,といった内容を取り上げる.

1.1　メタ分析とは

　メタ分析とは,同一のテーマについて行われた複数の研究結果を統計的な方法を用いて統合すること,すなわち,統計的なレビューのことである.あるいは,系統的なレビュー(systematic review)と呼ばれることもある.

　1.5 節で紹介するクーパー(Cooper, 1982)のモデルを見ても分かるように,メタ分析と一般的な研究(これを一次研究[1]と呼ぶこともある)の間には,そのプロセスにおいて共通点が多い.しかし,メタ分析は「(一次研究の)研究結果」を対象とするところが,一次研究との大きな違いとなっている[2].特に,研究で報告された統計情報(分析結果)を利用して研究の統合を行うため,その対象は実証的研究に限られることになる.言い換えると,データを用いない理論研究や質的な事例研究をメタ分析の対象にすることはできない.

　上記で,メタ分析とは統計的なレビューのことで,系統的なレビューと呼ばれることもあると述べた.本書ではこのように,メタ分析と系統的レビューを

---

[1]　メタ分析・レビュー研究はすでに行われた研究の統合を目的とするが,これと対比して,統合の対象となる側の研究を一次研究(primary study)と呼ぶ.
[2]　このことからメタ分析は,二次研究(secondary study)のひとつの手法として位置づけられることがある.

同義語として扱うが，これらを別々の用語として捉える立場もある．その場合は，系統的レビューとメタ分析を以下のように区別する．

- 系統的レビュー：同一のテーマについて行われた複数の研究結果を量的に統合する一連の手続きのこと．また，系統的レビュー（systematic review）は，研究の統合（research synthesis）と呼ばれることもある．
- メタ分析：系統的レビュー全体における統計解析の部分のみを指す．

このように，系統的レビューとメタ分析を区別する立場があるため，*Systematic reviews and meta-analysis*（Littell, Corcoran, & Pillai, 2008）とか *Research synthesis and meta-analysis*（Cooper, 2009）といったタイトルの本が存在する．

1.2 レビュー研究の必要性

前節では，メタ分析とは，統計的なレビューであると紹介した．ところで，なぜ，レビュー研究は必要なのだろうか？

1点目として，レビュー研究によって先行研究で明らかになっていることとなっていないことを明確にすることができるということがある．

さらに，2点目として，どんなに優れた研究であっても単一の研究で決定的な結論を導くことができないということがある．研究で用いられるサンプル（標本）は，母集団から抽出された1つの結果である．1つの研究結果は，通常，母集団そのものを調べつくしたものではなく，母集団の一部である標本について調査し，そこから母集団のことを推測したものである．このため，母集団からの抽出に伴う標本誤差の影響を受け，その影響を避けることはできないのである．多くの研究結果を統合することで，こうした標本誤差の影響を減らし，正確な推論が可能になる．また，個々の研究が行われた特定の状況を超えて結論を一般化するには，研究デザインの種類（たとえば，無作為配置が行われているかどうか），介入の種類，被験者の性質等が異なる複数の研究結果を統合する作業が必要となる．単一の研究では結論を出すことができず，多くの研究結果の統合が必要な問題が存在するのである．

トーガーソン（Torgerson, 2003）も単一の研究結果に頼ることの危険性を述

べている．ある教育プログラムが開発され，その効果が単一の研究により確認されたとする．しかし，その研究がアメリカで行われたものだったとしたら，その教育プログラムをそのままイギリスで実施して効果が得られるだろうか？これとは逆に，教育プログラムの効果検証が，アメリカでも，カナダでも，オーストラリアでも行われ，それぞれの研究において効果が確認されたとする．この場合，同じ教育プログラムをイギリスで実施してもおそらく効果があると判断できるだろう．このように，単一の研究結果に依存するのではなく，複数の研究結果を統合し，全体的な結論を導くこと，すなわち，レビューを行うことは重要な意味を持つのである．

1.3　記述的レビュー vs. メタ分析

　メタ分析は，記述的なレビュー（ナラティブ・レビュー narrative review）と対比される．記述的レビューとは，メタ分析が開発される以前から行われていた伝統的なレビューの方法のことである．

　記述的レビューは，レビュアー（レビューをする人）が個々の研究を精読し，その研究結果をまとめるものである．この方法では，研究結果をデータとする統計解析は行われないし，文献収集から結論に至る過程といったレビューの手続きに関しては詳細に語られないことが一般的である．この方法には様々な問題点が指摘されている．

　メタ分析はこうした記述的レビューの短所を克服する方法とされている．メタ分析が記述的レビューに対する批判や疑問にどのように応えているかを見ることで，メタ分析でできることを簡単に整理してみよう（表1.1）．

　表1.1からわかるように，メタ分析は，いろいろな点で記述的レビューの弱点を克服している方法であることがわかる．

1.4　メタ分析の歴史

　ここではメタ分析の歴史を概観してみることにする．グラス（Glass, 1976）によりメタ分析という名称が初めて使われた．しかし，それよりもずっと以前

表 1.1　記述的レビューに対する批判や疑問とメタ分析による回答

記述的レビューに対する批判や疑問	メタ分析（系統的レビュー）では
レビューの手続きが主観的である．同じテーマについてなされたレビューの結果が異なることもある．	レビューの手続きは厳格に規定され（例：クーパーの 5 段階モデル），論文に記載される．同一の手順を踏めば，誰がやってもレビューの結果は一致する（再現性がある）．［本書第 7 章を参照］
たとえば，10 個の研究があって，5 つが有意で，5 つが有意でなかったとする．この結果をどうまとめればよいか．	有意になった研究の数を利用するのではなく，p 値の統合や効果量の統合といった統計的方法を利用．［本書第 6 章を参照］
レビュアーの意見を支持するような都合の良い研究ばかり偏って集めているのではないか．そもそも有意でない論文が集められていない（そういう論文は公表されないので手に入りにくい）のではないか．	メタ分析に含める研究は事前に基準が規定され，その基準に従うものは全て対象となる．有意にならない研究が隠されている可能性については公表バイアス（publication bias）についての検討より吟味できる．［本書第 2 章，第 7 章を参照］
研究のサンプルサイズの影響を考慮していないのではないか．	サンプルサイズの影響を考慮することが可能．サンプルサイズに応じて研究に重み付けを行うことができる．［本書第 6 章を参照］
レビュアーがそれぞれでレビューを行っていて，レビューの結果が蓄積されていないのではないか．	コクランコラボレーション，キャンベルコラボレーションといった大規模なオンライン・データベースにたくさんのレビュー結果が蓄積されている．［本書第 1 章を参照］

から量的な研究の統合は行われていた．

　最初の研究の統合は 1904 年にピアソン（Pearson）により行われた研究であるといわれている．ピアソンにより行われた最初の研究の統合とは，腸チフスに対するワクチンの効果について実施された複数の研究結果を統合したものである．ピアソンは複数の研究で報告された相関係数の結果を統合することにより，ワクチンの効果についてより妥当な結論を導き出している．ピアソンの研究後，フィッシャー（Fisher）も，自身の考案した p 値の統合（combining p-values）と呼ばれる方法により，ピアソンと同様に研究の統合を行っている．このように，グラスによってメタ分析という用語が導入される数十年前から，

複数の研究結果を統合する試みは行われていたと言える．

　アイゼンク（Eysenck, 1952）は心理療法に効果はないと主張した．このアイゼンクの主張により，大きな議論が起こった．スミスとグラス（Smith & Glass, 1977）は，心理療法の効果を実証的に検討することを目的にメタ分析を行った．

　スミスとグラス（1977）は *Psychological Abstracts* および *Dissertation Abstracts* を中心に心理療法の効果研究のうち，介入群と統制群の比較，または異なる治療を受けた群の間の比較を行っている 375 件の研究をメタ分析の対象とし，全部で 833 個の効果量（効果量 effect size とは，従属変数に関して介入群と統制群の平均値差を統制群の標準偏差で割ったものである．詳しくは 1.6 節を参照のこと）を得た．これらの効果量の総平均は 0.68 となった．効果量が 0.68 というのは，統制群の分布が正規分布であると仮定すると，介入群の平均が統制群においては上位 25% に位置づけられることを意味する．したがって，効果研究全体としては，比較的明瞭な治療効果が見られたことになる．このメタ分析の結果を基に，スミスとグラス（1977）は心理療法には効果があると結論づけた（この研究については第 9 章でさらに詳しく紹介している）．

　このスミスとグラス（1977）の心理療法の効果についてのメタ分析にはさまざまな批判が起こった．とくにアイゼンクは，メタ分析のことを「ものすごく愚かなこと（mega-silliness）」と強烈に批判している（Eysenck, 1978）．その後もアイゼンクは一貫してメタ分析には意味がないと言い続けている（Eysenck, 1994 など）が，アイゼンクの批判にもかかわらず，その後メタ分析は急速に普及することになる．

　さらに，スミスとグラス（1977）が初めてのメタ分析を報告したほぼ同時期に，複数の研究者たちがグラスと同様の試みを行っていることも興味深い．ローゼンタールとルビン（Rosenthal & Rubin, 1978）は対人関係における期待効果について，シュミットとハンター（Schmidt & Hunter, 1977）は産業組織心理学における人事テストの妥当性について，それぞれ領域は異なるが，同じ年代に統計的方法による系統的レビューを実施している．

　1980 年代に入ると，メタ分析のテキストが相次いで出版された（e.g., Cooper, 1982; Hedges & Olkin, 1985; Light & Pillemer, 1984; Rosenthal, 1991）．特に，Hedges & Olkin（1985）の出版により，メタ分析はその方法論，すなわち，統

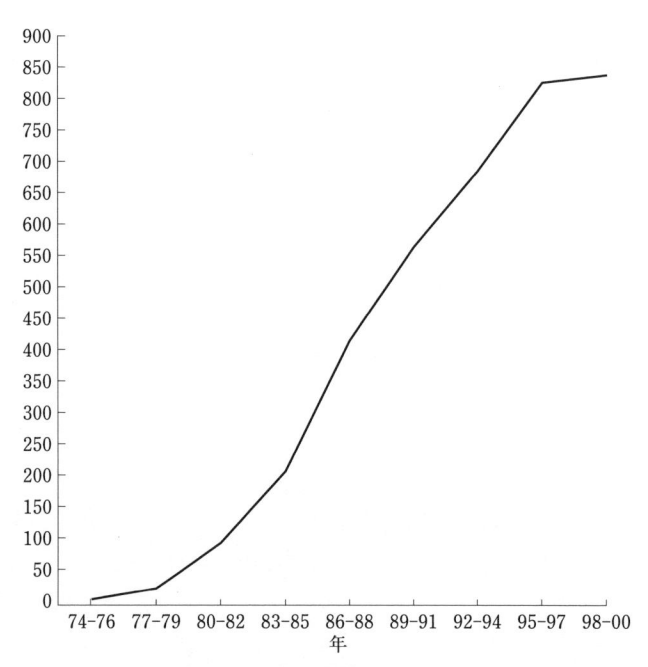

図 1.1　メタ分析の論文数の推移（Hunter & Schmidt, 2004）

計解析に関しても洗練され，さらに普及していくこととなる．

以上のメタ分析研究の成果は，クーパーとヘッジス（Cooper & Hedges, 1994）によりまとめられ，1994 年に *The Handbook of Research Synthesis* が出版された．この本は 600 ページ近いボリュームを持ち，32 の章はそれぞれの分野の代表的な研究者により執筆されている．さらに，2009 年にハンドブックの第 2 版が出版された．こちらは，クーパー，ヘッジス，ヴァレンタイン（Cooper, Hedges, & Valentine, 2009）の 3 名の編者によりまとめられた大著で，29 の章にわたり，メタ分析に関するさまざまなトピックが紹介されている．

図 1.1 は，データベース *PsycINFO*（サイコインフォ，第 3 章参照）において，「meta-analysis」が論文のタイトルまたは要旨に含まれている論文の数を示したものである（Hunter & Schmidt（2004）より転載）．1974〜1976 年の期間には 0 件だった論文数が，1998〜2000 年には 835 件まで増えている．しかも，これは「meta-analysis」というキーワードだけを用いたものなので，「re-

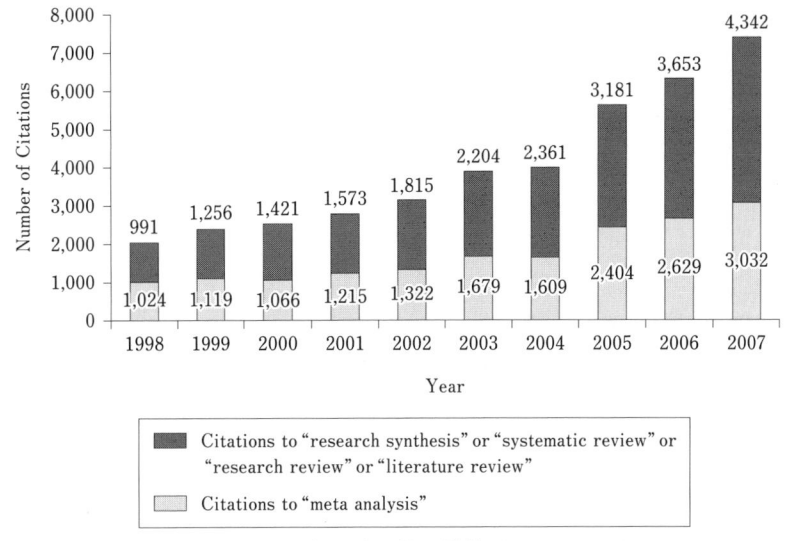

図1.2 メタ分析の論文数の推移 (Cooper, 2009)

search synthesis」とか「systematic review」といったキーワードを追加すればもっと論文数は増えるはずである（Hunter & Schmidt, 2004）．

さらに，図1.2は1998年から2007年までの論文数の推移を表したグラフである．引用索引データベースWeb of Science（第3章の3.1.4参照）において，「research synthesis」「systematic review」「research review」「literature review」「meta-analysis」をキーワードとして検索した結果である．前の4つのキーワードによる検索結果数が濃い色で，meta-analysisによる検索結果数が灰色で表現されている．meta-analysisだけを検索キーワードとしていた，図1.1に比べて，論文の件数が多いこと，そして，年々件数が増加していることが読み取れる．

最近のメタ分析研究の普及において，コクランコラボレーション（Cochrane Collaboration）とキャンベルコラボレーション（Campbell Collaboration）の果たす役割は大きい．

コクランコラボレーション（http://www.cochrane.org/）は1993年に設立された国際的なNPO団体である．世界中の保健医療（health care）領域の効果研究についての情報を提供している．保健医療についてのメタ分析を提供し，

普及することを目的としている．キャンベルコラボレーション（http://www.campbellcollaboration.org/）は 2000 年に設立された．社会，心理学，教育，犯罪学といった社会科学分野のメタ分析を集めている．また，こうした領域でメタ分析を行う研究者に多くの情報を提供している．

　各ウェブサイトでは，系統的レビュー，メタ分析に関する膨大な情報が提供され，最新の系統的レビューの研究論文が PDF で公開されている．さらに，系統的レビュー，メタ分析を実践するために役立つ情報がたくさん用意されている（例えば，コクランコラボレーションのウェブサイトでは，コーディングシート（第 4 章参照）のフォーマットや，メタ分析のための統計ソフト（第 6 章参照）とそのマニュアル，レポートのフォーマット（第 7 章参照）などが全て無料で提供されている）．

1.5　メタ分析の手続き──クーパーのモデルを参考に

　メタ分析の一般的な手順としては，クーパーのモデルがよく知られている．クーパーは 1982 年に 5 段階モデル（five-stage model）を考案している（Cooper, 1982）．

　このモデルは，2007 年には 6 段階モデル（Cooper, 2007），2009 年には 7 段階モデル（Cooper, 2009）へと変更されている．ハンドブックの初版（Cooper & Hedges, 1994）では，5 段階モデルの各段階に 32 の章が割り当てられている．そして，ハンドブックの第 2 版（Cooper, Hedges, & Valentine, 2009）では，6 段階モデルの各段階に 29 の章が割り当てられている．

　1982 年のモデルで「データ収集（data collection）」という 1 つの段階だったものが，2009 年のモデルでは「文献探索（searching the literature）」と「研究からの情報の収集（gathering information from studies）」という 2 つの段階に分割されている．同様に，「分析と解釈（analysis and interpretation）」の段階が，「研究結果の分析と集積（analyzing and integrating the outcomes of studies）」と「エビデンスの解釈（interpreting the evidence）」とに分割されている．

　クーパー（Cooper, 2009）はモデルを改訂した理由を「最近の多くの研究に

表1.2　クーパーのモデル（Cooper, 1982 ; 2007 ; 2009）

5段階モデル （Cooper, 1982）	6段階モデル （Cooper, 2007）	7段階モデル （Cooper, 2009）
問題の定式化 （problem formulation）	問題の定式化 （problem formulation）	問題の定式化 （formulating the problem）
データ収集 （data collection）	文献探索 （literature search）	文献探索 （searching the literature）
		研究からの情報の収集 （gathering information from studies）
データの評価 （data evaluation）	データの評価 （data evaluation）	研究の質の評価 （evaluating the quality of studies）
分析と解釈 （analysis and interpretation）	データ分析 （data analysis）	研究結果の分析と集積 （analyzing and integrating the outcomes of studies）
	結果の解釈 （interpretation of results）	エビデンスの解釈 （interpreting the evidence）
研究の公表 （public presentation）	研究の公表 （public presentation）	結果の公表 （presenting the results）

基づくと，これらの段階を独立に扱う方が相応しいと判断したから」と述べている．

　クーパー（Cooper, 1982）は，自らの系統的レビューについてのモデルは，系統的レビュー（メタ分析）だけでなく，一次研究にも当てはまるものであると述べている．そして，各段階において系統的レビューの結果に違いを生じさせる要因について言及している．それを以下に簡単にまとめておこう．

　「問題の定式化（problem formulation）」の段階では，概念的定義，操作的定義の2種類の方法が用いられる．レビュアー間で概念的定義が異なれば，メタ分析の結果も変わってしまう．例えば，「宿題」という概念をどう捉えるかを考えてみよう．あるレビュアーは「宿題とは，授業で勉強したことを家で練習させること」と概念的定義を行い，また別のレビュアーは「宿題とは，自分

で美術館を訪れたり，関連するテレビ番組を見たり，ということまで含む」と定義したとする．後者は宿題をより広く定義しており，よりたくさんの研究をメタ分析の対象とすることになる．また，2人のレビュアーがあるテーマについて全く同じ概念的定義を行ったとしてもメタ分析の結果が異なることがある．これはレビュアー間で操作的定義が異なる場合である．つまり，同じ一次研究の集まりを利用しても，そこからどのような情報を引き出すかによって結果が変わってくるということである．

「データ収集（data collection）」の段階では，どんな情報源（ソース）を用いるかによって，収集される文献が異なる可能性がある．メタ分析では，研究母集団（第2章および第3章を参照）は既に実施された研究であり，その意味で限定的である．先行研究の中には入手がしやすいもの・難しいものとさまざまであるが，収集される文献が異なると当然レビューの結果が変わるので，研究母集団に含まれる研究をすべて探しだすことが目標となる．

「データの評価（data evaluation）」の段階でやるべきことは以下の通りである．メタ分析の対象となる研究が収集できたら，レビュアーは，個々の研究をじっくりと読み，研究の質を評価しなければならない．このとき，研究の質の評価基準が異なると，レビューの結果に違いが生じることになる．また，論文の中に十分に情報が記載されていないこともある．この場合，書かれていない情報を推測するか，あるいはその情報を欠損値として除外することになる．このことは当然，レビューの結果に影響する．また，収集された研究からメタ分析に必要な情報を取り出す作業，つまりコーディングを行うことになる．コーディングの手順が異なるとレビューの結果が変わってくるため，コーディングマニュアルを事前に作成しておくことが重要となる．

「分析と解釈（analysis and interpretation）」の段階は，1.1節における狭義のメタ分析，つまり系統的レビューにおける統計解析の部分を意味する．この統計解析の方法が異なればレビューの結果に差異が生じうる．

「研究の公表（public presentation）」の段階も重要である．なぜなら，メタ分析の結果が公表されることにより，知識が集積されることになるからである．特に注意すべきことは，レビューの過程を詳細に記述することを省いてはならないということである．そうしないと他の研究者が追試をできなくなり，メタ

分析で得られた結論が妥当かどうかを第三者が判断できなくなってしまう．さらに，他者が重要と見なすエビデンスを省略してはならない．その領域にとって重要な事実を報告することが大切である．

1.6 効果量とその解釈

本節では，1.5節で紹介したクーパー（Cooper, 1982）のモデルにおける「分析と解釈（analysis and interpretation）」の段階で重要な要素となる，効果量（effect size）について紹介する．効果量は，メタ分析（ここでは1.1節における狭義のメタ分析，つまり，系統的レビュー全体における統計解析の部分のみを指すこととなる）における統合のための「共通のものさし」である．

1.6.1 グラスによる効果量の定義

グラス（Glass, 1976）は効果量（effect size）を「標準化された平均値差」として定義した．

$$標準化された平均値差 = \frac{介入群の平均値 - 統制群の平均値}{統制群の標準偏差}$$

この効果量（グラスの Δ（デルタ）と呼ばれる）によって，複数の研究の結果（異なる尺度で測定された研究結果を）を，標準偏差を単位とする共通の尺度で表すことができる[3]．例えば，「効果量が0.4である」というのは，介入群の平均値が統制群よりも，統制群の標準偏差の単位で0.4標準偏差だけ大きいということを示している．効果量によって測定単位に関係なく，同じ仮説を検証している異なった研究結果を要約し，量的に介入効果を表すことが可能となる．図1.3は，効果量 = 0.00, 0.40, 0.85の時の介入群と統制群の分布の様子を描いた仮想的なグラフである．

---

[3] ここでは，効果量（標準化された平均値差）としてグラスの Δ を紹介している．一方，第5章では，ヘッジスの g を紹介している．ヘッジスの g は，効果量の分母として統計群の標準偏差ではなく，2群をプールした標準偏差を用いたものである．

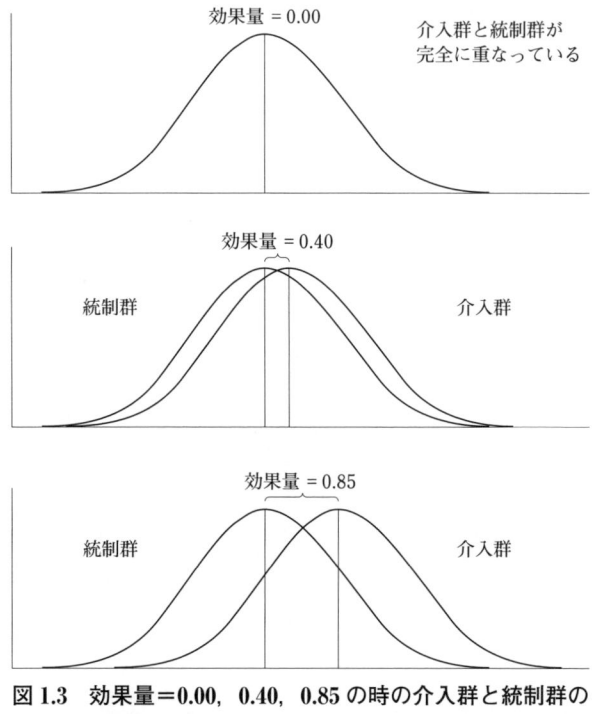

図 1.3　効果量＝0.00，0.40，0.85 の時の介入群と統制群の仮想的な分布（Cooper, 2009 を一部改変）

　一番上のグラフは，介入群と統制群の分布が完全に重なっていて，介入の効果がない様子を表している．真ん中のグラフは，介入群の平均が統制群の平均よりも少し大きく，介入の効果が少しある様子を表している．一番下のグラフは，介入群の平均が統制群の平均よりもかなり大きく，真ん中のグラフの状態よりも介入の効果がより大きい様子を表している．この介入の効果の変化は，効果量の大きさに反映され，効果量の値が下のグラフに行くほど大きくなっている．

　効果量については，ここで紹介した標準化された平均値差（グラスの Δ）の他にもいろいろなものがある．そうしたさまざまな効果量については第 5 章で紹介する．

Impact of Intervention

Study	Mean Difference	Total N	Variance	Standard Error	p-value
A	0.400	60	0.067	0.258	0.121
B	0.200	600	0.007	0.082	0.014
C	0.300	100	0.040	0.200	0.134
D	0.400	200	0.020	0.141	0.005
E	0.300	400	0.010	0.100	0.003
F	−0.200	200	0.020	0.141	0.157
Combined	0.214		0.003	0.051	0.000

図 1.4 フォレストプロットの例 (Borenstein et al., 2009)

1.6.2 フォレストプロットを用いた効果量の視覚的表現

メタ分析の結果を図表化する際に，図1.4のような表現がよく利用される．これをフォレストプロット (forest plot) と呼ぶ．フォレストプロットは1つの図の中に必要な情報が盛り込まれていて，視覚的にも非常に分かりやすいものとなっている．

「Study」(研究) の列には6つの研究AからFが表示されている．「Mean Difference」(平均値差 (標準化された)) が効果量である．この例では，標準化された平均値差が効果量として用いられている．「Total N」(サンプルサイズN) は研究で用いられたサンプルサイズを表す．「Variance」(誤差分散) は効果量の誤差分散，「Standard Error」(標準誤差) は Variance の平方根として計算される標準誤差である．「p-value」(p 値) の列には，効果量の検定 (帰無仮説は「母集団効果量=0」というもの) における p 値が示されている．

一番下の行には「Combined」と書かれており，6つの研究の効果量を統合した情報が記載される．平均効果量，その誤差分散と標準誤差，さらに p 値が示される．

フォレストプロットの右半分には，個々の研究の効果量とそれらを統合した効果量についての情報が図示される．図の中心が効果量=0.0となっている．効果量=0.0とは，効果がないことを意味する．横線が各研究の95%信頼区間を表し，正方形が各研究の重みを表している．

信頼区間は,「各研究の正確さ」についての情報を与える.フォレストプロットでは,個々の研究の効果量は信頼区間とともに表される.信頼区間の幅で研究の正確さ(=効果量の推定の精度)が表現される.信頼区間の幅が小さい研究ほど正確である(精度が高い)と考えられる.上記の例では,BやEは精度が高く,AやCは精度が低いということが分かる.信頼区間については第6章で説明する.

各研究の正方形の大きさは,その研究のメタ分析に対する重み(study weight),全ての研究の中でのウェイトの大きさ,を表現している.BやEは正方形が大きくて,大きな重みが割り当てられていることが分かる.それに比べて,AやCは正方形の大きさが小さい.研究の重みについては第5章と第6章で説明する.フォレストプロットの一番下の菱形は,研究全体の効果量を統合したものが表現されている.フォレストプロットについては第7章で再び紹介する.

1.7　メタ分析における統計解析の基礎

本節でも,クーパー(Cooper, 1982)のモデルにおける「分析と解釈(analysis and interpretation)」の段階に関わる内容を取り上げる.メタ分析,すなわち,系統的レビュー全体における統計解析の部分では,いくつかのバリエーションが存在する.代表的なものとして,①p値を統合するもの,②標準化された平均値差を統合するもの,③相関係数を統合するもの,などがある.

1.7.1　p値の統合

p値の統合では,個々の研究におけるp値をz(標準正規分布に従う統計量)に変換する.zの値を合計し,研究数の平方根で割る.この統計量は,帰無仮説の元で標準正規分布に従うことを利用して,さらにp値に逆変換を行う.変換したp値の値で統合された研究全体の有意性を確認する.

1.7.2　標準化された平均値差の統合

効果量として,標準化された平均値差を利用して,研究結果の統合を行う方

法がある．代表的なものとして，ヘッジスとオルキン（Hedges & Olkin, 1985）の方法がある．この方法では，まず，効果量の平均（重み付き平均）を求める．平均効果量について信頼区間を求めたり，検定を行う．また，効果量についての等質性の検定を行う．この等質性の検定のためには Q 統計量が帰無仮説のもとで近似的に自由度 $k-1$（k はメタ分析に用いられた研究数）のカイ2乗分布に従うことを利用する．効果量の等質性の検定の結果，帰無仮説が棄却された場合，その原因（等質でない原因）がどこにあるかを検討する．このために，分散分析的アプローチや回帰分析的アプローチが利用される．これの方法のうち，分散分析的アプローチについては第6章で詳しく紹介する．

1.7.3 相関係数の統合

相関係数を効果量として用いる場合，統計量 r をそのまま効果量として統合をする場合と，r をフィッシャーの z 変換により，標準正規分布に従う統計量 z に変換して，z を効果量として統合する場合とがある．ハンターとシュミット（Hunter & Schmidt, 1990 ; 2004）の方法では，効果量の等質性の検定の代わりに，75% ルールと呼ばれる方法を用いる．ハンターとシュミットの方法についても第6章で再度取り上げる．

これら（1.7.1～1.7.3）のうち p 値の統合については本書では詳しくとりあげないが，第6章で簡単に紹介する．

1.7.4 その他の方法

その他，多変量解析についてのメタ分析として，たとえば，ベッカー（Becker, 1996）は，因子分析の結果を統合する方法を紹介している．

また，ベイズ統計学的アプローチによるメタ分析（Louis & Zelterman, 1994）や，マルチレベルモデル（あるいは，階層線形モデルとも呼ばれる）によるメタ分析（Hox, 2002 ; Hox & de Leeuw, 2003 ; Raundenbush & Bryk, 2002），あるいは，公表バイアスを考慮した方法（Rothstein, Sutton, & Bornstein, 2005）など，近年，さまざまな方法論的な提案がされている．しかし，これらの方法については，その妥当性の検証についてまだ明らかにされていないところも多い（Littell et al., 2008）．本書ではこれらについては扱わないこととする．

1.8 メタ分析の長所と短所

メタ分析は，記述的レビューと同じく複数の研究結果を整理し，統合して，そこからあるテーマに対する全体的な結論を導く方法である．メタ分析の対象となるのは実証的研究に限られる．理論的な研究や事例研究はメタ分析の対象にすることができない．以下ではリプジーとウィルソン（Lipsey & Wilson, 2001）を参考に，メタ分析の長所と短所を述べる．

1.8.1 メタ分析の長所
①メタ分析では，複数の研究結果を統合する手順が明確に示される．
手順は構造化され，手順の各段階は記述され，公表される．
・メタ分析の対象となる研究母集団の定義
・研究を収集する方略
・研究の適格性の基準
・研究の特徴をコーディングする方法
・データ解析の手順

といったものが明らかにされる．このことにより，他の研究者が，レビュアーの仮定，手続き，エビデンス，結論を評価することができる．手順が明確に示されているため，再分析が可能ということである．

②質的な要約や統計的有意性の票数カウント法（vote-counting method）に頼る記述的レビューよりも洗練された方法で研究結果を統合できる．

メタ分析では一般に効果量を用いる[4]．効果量により，個々の研究における効果の大きさと方向を表現できる．有意な結果と有意でない結果を数え上げて区分する方法では，誤った判断をする可能性がある．というのも，統計的仮説検定の結果は，効果の大きさとサンプルサイズ両方の影響を受けるためである．検定力[5]が低いため，小さなサンプルサイズの研究では，意味のある結果や効

---

4) 1.7.1 で紹介したように，p 値を統合する方法もある．しかし，本書では効果量を統合する方法のみを扱うこととする．

5) 検定力（statistical power）とは，帰無仮説が間違っているときに，間違っている帰無仮説を正しく棄却できる確率のことを意味する．

果が有意にならない場合があり，そのことにより票数カウント法が誤った結論を導くことがありうる．

③メタ分析では，研究を統合するための他のアプローチでははっきりしない研究の性質と研究結果の関連を調べることができる．

記述的レビューでは，研究間の差異や研究結果の違いについての詳細な記述がない．メタ分析では，研究の特徴を系統的にコーディングすることにより，測定の手続き，研究デザイン，被験者の特徴，介入の性質といった研究における性質と，研究結果との関連について吟味できる．

④メタ分析は，レビュー対象となる，多数の研究からの情報を収集するための洗練された方法を提供する．

それが正しくないというわけではないが，ノートに書き留めたり，カードを使ったりといったアナログな手段によりコーディングを行うのは，大量の情報を詳細に記録するためには効率的とは言えない．メタ分析のための系統的なコーディングの手続きとコンピュータ化されたデータベースの作成は，各研究に関する詳細で大量の情報を扱うことを可能にする．

1.8.2 メタ分析の短所

上記ではメタ分析の長所について述べた．しかし，メタ分析は無批判に受け入れられるものではない．ここでは，メタ分析の短所について述べる．

①労力がかかり，メタ分析の方法論についての専門的知識が必要である．

メタ分析の対象となる研究の収集，集めた研究を精読して必要な情報を抽出するなど，メタ分析を行うにはかなりの労力が必要となる（対象となる研究数がそれほど多くない場合は，必ずしもそうではないこともあるが）．また，適切な効果量の選択，適切な統計解析の適用など，メタ分析を進めていく過程のさまざまな局面で方法論についての専門的な知識を要求される．

②理論的研究・質的な研究をレビューの対象とすることができない．

メタ分析のアプローチは構造化された，閉じた形式のものといわれる．もっと自由で記述的なアプローチが必要なこともある（たとえば，非構造化面接，フォーカスグループなど）．メタ分析では扱うことができない理論的な研究や質的な研究（事例研究など）を統合するためには，メタ分析以外の方法も必要

である．たとえば，メタ分析と質的なレビューを合わせて行うことで，両者の欠点を補うことも提案されている（たとえば，Slavin, 1986；1995 など）．

③メタ分析の結果の妥当性の問題．

メタ分析の結果の妥当性に関して，以下の３つの有名なキーワードがある．

- リンゴとオレンジ問題（apples and oranges problem）：メタ分析は，多様な研究をごちゃ混ぜにしている．
- ゴミを入れてもゴミしか出ない（garbage in, garbage out）：メタ分析は，質の低い研究を含めてしまう．
- 引き出し問題（file drawer problem）：公表バイアスの問題．公刊される研究は，統計的に有意なものが多い．統計的に有意でない結果は引き出しの中にしまわれて，陽の目を見ない．

ここで紹介した３つのキーワードについては，本書の第２章と第７章でも再度取り上げることとする．また，シャープ（Sharpe, 1997）も参考にされたい．

1.9　第２章以降の流れについて──本書の構成

本書の第２章から第７章まではクーパーの７段階モデル（Cooper, 2009）に基づいて構成している．ここではこのモデルに従って，本書の第２章以降で取り上げる内容（第２章以降の流れ）について簡単に述べておくことにする．なお，第８章と第９章についてはクーパーのモデルとは直接関係がない，それぞれ独立した内容を扱う章となっている．

第２章は，メタ分析のリサーチクエスチョンを定めるときに研究者が注意すべきことをまとめている．具体的には，「先行研究に基づく」というメタ分析の特徴，変数の概念的定義と操作的定義，結論の一般化，について取り上げる．第２章は，クーパーの７段階モデルでは「問題の定式化（formulating the problem）」の段階に相当する．

第３章は，メタ分析の対象となる研究を集めるための方法を紹介する．具体的には，サイコインフォ *PsycINFO* やエリック *ERIC* などの文献データベースを活用した探索法，学術論文や学会情報に基づく探索法，専門家から直接情報を得る方法，文献探索過程の記録の管理，探索により特定された研究の入手

法，そして，日本語文献の探索と入手法について説明する．第3章は，クーパーの7段階モデルでは「文献探索（searching the literature）」にあたる．

第4章は，コーディングについて述べる．コーディングとは，メタ分析の対象となる研究論文から必要な情報を抽出し，（通常は）電子媒体へと変換するプロセスを言う．本章では，効果量についてのコーディング，研究の特徴についてのコーディング，コーディングの信頼性，について紹介する．第4章は，クーパーの7段階モデルでは「研究からの情報の収集（gathering information from studies）」と「研究の質の評価（evaluating the quality of studies）」に相当する[6]．

第5章は，効果量を取り上げる．効果量はメタ分析に用いられる「ものさし」である．代表的な効果量として，3つのタイプの効果量がある．3つのタイプとは，平均値差に基づく効果量，クロス集計表のデータについて計算される効果量，相関係数に基づく効果量のことである．それぞれについて，効果量の算出，分散，標準誤差の計算方法を述べる．

続く第6章では，メタ分析における統計解析の手順を具体例をもとに紹介する．平均効果量の計算，効果量の等質性の検定，固定効果モデル・変量効果モデル，効果量の異質性の検討のための分散分析的アプローチといった内容を取り上げる．第5章と第6章は，クーパーの7段階モデルでは，「研究結果の分析と集積（analyzing and integrating the outcomes of studies）」にあたる．狭義のメタ分析は，系統的レビュー全体における統計解析の部分を指すが，この第5章と第6章がそれに当たる．

第7章では，公表バイアス，効果量の値の解釈，メタ分析研究の公表についての留意点について解説する．クーパーの7段階モデルでは「エビデンスの解釈（interpreting the evidence）」と「結果の公表（presenting the results）」の段階に相当する．「結果の公表」の段階というのは，第1段階から第6段階までの結果をまとめて，研究論文として公表する段階である．研究論文として

---

[6] コーディングの結果に基づき，「研究の質の評価」をすることもあれば，「問題の定式化」の段階で，適格性基準を定め，質の低い研究を最初の段階から除外することもある．後者の場合は，「研究の質の評価（evaluating the quality of studies）」の段階は，第2章に含まれることになる．

のフォーマット（様式，作法）や，どのように結果を分かりやすく表示するかといったことが問題となる．フォレストプロットや漏斗(ろうと)プロットなどの視覚的表現が重要となる．

　第8章は，第7章までの内容とはがらりと様変わりする．ここでは，一事例実験のメタ分析を取り上げる．一事例実験とは，行動分析学，特殊教育学といった分野で広く利用されている実験デザインである．たった1つのケースから妥当な科学的推論を引き出すための方法論とされている．これまで，一事例実験はメタ分析の対象とは見なされていなかった．しかし，近年，さまざまな研究者により，一事例実験のメタ分析についての理論的検討が進み，そして，実際のメタ分析研究も報告されるようになってきている．そこで，本書でも，一事例実験のデータを蓄積し，レビューする手続きを紹介する．具体的には，一事例実験のメタ分析で用いられる効果量を紹介し，「行動問題」への介入効果をテーマとする一事例実験のメタ分析の研究例を紹介する．

　第9章では，さまざまな研究領域で行われたメタ分析研究を紹介する．いろいろなメタ分析研究を知ることで，メタ分析の適用可能性，応用可能性について知っていただきたい．

　以上のような構成で本書は展開していくことになる．本書の内容をクーパーのモデルに対応させると，図1.5のようになる[7]．

　本章の最後に，本書の読み進め方について述べておく．メタ分析の説明のプロセスにおいて，効果量（effect size）やその統計的分析のところで数式が登場する．効果量についての理解，統計的分析の手順の理解は，メタ分析の方法を学ぶ上で非常に重要なステップであり，そのためには数式は必要不可欠なものである（これは第5章，第6章の内容を指している）．読者の中には数式は苦手という方もいるかもしれないが，数値例を読みながらじっくりと読み進めてほしい．

　もっとも，統計解析のパートはメタ分析において重要な内容ではあることは

---

[7] 手順4に「研究の質の評価」がくるのは，ポストホック評価（第2章）である．手順2のあとにこれがくることがあり，その場合，アプリオリ方略（第2章）を採用していることになる．

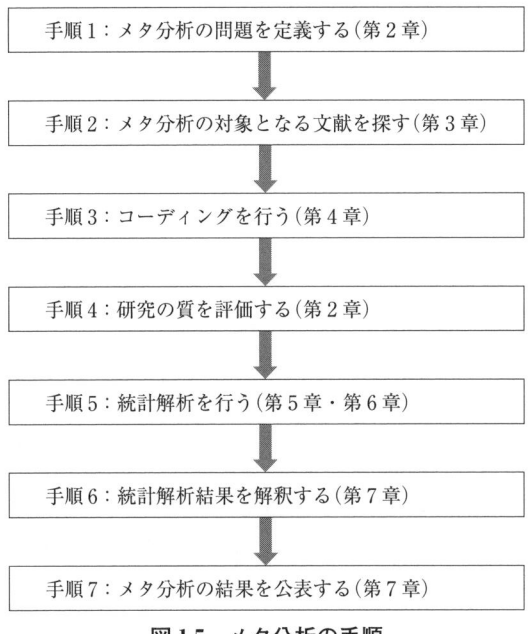

```
手順1：メタ分析の問題を定義する（第2章）
        ↓
手順2：メタ分析の対象となる文献を探す（第3章）
        ↓
手順3：コーディングを行う（第4章）
        ↓
手順4：研究の質を評価する（第2章）
        ↓
手順5：統計解析を行う（第5章・第6章）
        ↓
手順6：統計解析結果を解釈する（第7章）
        ↓
手順7：メタ分析の結果を公表する（第7章）
```

図1.5　メタ分析の手順

間違いないが，メタ分析で大切なのはそれだけではない．むしろ，問題の定義や，対象となる研究を収集し，そこから情報を抽出するパート（本書の第2章から第4章）の方が，実際には相当の時間がかかって大変な作業であり，非常に重要なところである．これはメタ分析に限らず，一般的な研究においても同様であろう．本書では，メタ分析の統計解析を行う前の準備段階についても詳しく解説する．この部分を正しく理解することは，メタ分析を学ぶことだけでなく，「研究とは何か？」という自分自身の研究に対する姿勢を振り返る意味でも意義があることであろう．

　本書は入門書といいながら，かなり骨太な内容になっている．これは数理的に難しい内容を扱うということではなく，研究を進めて行く上での姿勢として読者に高いものを要求するという意味で，である．

　本書を読むことで，読者が基本的なメタ分析の手順がわかり，自分でメタ分析を実行できるようになることを本書の目標としたい．そのために必要な解説を第2章以降で提供していくことにする．

また，これまで「自分には難しそうだ」ということからメタ分析研究を敬遠していた読者には，本書を読むことで，メタ分析の論文を理解できるようにはなることを期待している．それは，メタ分析研究という情報の宝庫へのアクセス方法を学ぶことを意味する．読者にとって大変価値のあることになるはずである．

引用文献

Becker, B. J. (1996). The meta-analysis of factor analysis: An illustration based on the cumulation of correlation matrices. *Psychological Methods, 1*, 341-353.

Borenstein, M., Hedges, L. V., Higgins, J. P. T., & Rothstein, H. R. (2009). *Introduction to meta-analysis*. Chichester, UK: Wiley.

Cooper, H. (1982). Scientific guidelines for conducting integrative research reviews. *Review of Educational Research, 52*, 191-302.

Cooper, H. (2007). *Evaluating and interpreting research synthesis in adult learning and literacy*. Boston: National College Transition Network, New England Literacy Resource Center/World Education.

Cooper, H. (2009). *Research synthesis and meta-analysis: A step-by-step approach* (4th ed.). Thousand Oaks, CA: Sage.

Cooper, H., & Hedges, L. V. (Eds.). (1994). *The handbook of research synthesis*. New York, NY: Russell Sage Foundation.

Cooper, H., Hedges, L. V., & Valentine, J. C. (Eds.). (2009). *The handbook of research synthesis and meta-analysis* (2nd ed.). New York, NY: Russell Sage Foundation.

Eysenck, H. J. (1952). The effects of psychotherapy: An evaluation. *Journal of Consulting Psychology, 16*, 319-324.

Eysenck, H. J. (1978). An exercise in mega-silliness. *American Psychologist, 33*, 517.

Eysenck, H. J. (1994). Systematic reviews: Meta-analysis and its problems. *British Medical Journal, 309*, 789-792.

Glass, G. V. (1976). Primary, secondary, and meta-analysis of research. *Educational Researcher, 5*, 3-8.

Hedges, L. V., & Olkin, I. (1985). *Statistical methods for meta-analysis*. Orlando, FL: Academic Press.

Hox, J. (2002). *Multilevel analysis: Techniques and applications*. Mahwah, NJ: Lawrence Erlbaum.

Hox, J., & de Leeuw, E. D. (2003). Multilevel models for meta-analysis. In S. P. Reise, & N. Duan (Eds.). *Multilevel modeling : Methodological advances, issues, and applications.* pp. 90-111. Mahwah, NJ : Lawrence Erlbaum Associates Publishers.

Hunter, J. E., & Schmidt, F. L. (1990). *Methods of meta-analysis : Correcting error and bias in research settings.* Newbury Park, CA : Sage.

Hunter, J. E., & Schmidt, F. L. (2004). *Methods of meta-analysis : Correcting error and bias in research settings* (2nd ed.). Newbury Park, CA : Sage.

Light, R. J., & Pillemer, D. B. (1984). *Summing up : The science of research reviewing.* Cambridge, MA : Harvard University Press.

Lipsey, M. W., & Wilson, D. B. (2001). *Practical meta-analysis.* Thousand Oaks, CA : Sage.

Littell, J. H., Corcoran, J., & Pillai, V. (2008). *Systematic reviews and meta-analysis.* New York, NY : Oxford University Press.

Louis, T. A., & Zelterman, D. (1994). Bayesian approaches to research synthesis. In H. Cooper & L. V. Hedges (Eds.), *The handbook of research synthesis.* pp. 411-422. New York, NY : Russell Sage Foundation.

Raudenbush, S. W., & Bryk, A. S. (2002). *Hierarchical linear models : Applications and data analysis methods* (2nd ed.). Thousand Oaks, CA : Sage.

Rosenthal, R. (1991). *Meta-analytic procedures for social research.* Thousand Oaks, CA : Sage.

Rosenthal, R., & Rubin, D. B. (1978). Interpersonal expectancy effects : The first 345 studies. *The Behavioral and Brain Science, 3,* 377-415.

Rothstein, H., Sutton, A. J., & Bornstein, M. (Eds.). (2005). *Publication bias in meta-analysis : Prevention, assessment, and adjustments.* Chichester, UK : Wiley.

Schmidt, F. L., & Hunter, J. E. (1977). Development of a general solution to the problem of validity generalization. *Journal of Applied Psychology, 62,* 529-540.

Sharpe, D. (1997). Of apples and oranges, file drawers and garbage : Why validity issues in meta-analysis will not go away. *Clinical Psychology Review, 17,* 881-901.

Slavin, R. E. (1986). Best-evidence synthesis : An alternative to meta-analytic and traditional reviews. *Educational Researcher, 15,* 5-11.

Slavin, R. E. (1995). Best evidence synthesis : An intelligent alternative to meta-analysis. *Journal of Clinical Epidemiology, 48,* 9-18.

Smith, M. L., & Glass, G. V. (1977). Meta-analysis of psychotherapy outcome studies. *American Psychologist, 32,* 752-760.

Torgerson, C. J. (2003). *Systematic reviews*. London, UK : Continuum Books.

第2章
問題の定式化

　第2章では，メタ分析の問題を定式化しようとする研究者が考慮すべきことがらを整理する．先行研究がデータ源であるというメタ分析の特徴を2.1節で確認したあと，2.2節では変数の定義について，2.3節では結論の一般化についてまとめる．メタ分析では問いと答えのやりとりは，効果量を介して行われる．効果量の詳細な説明は第5章にゆずるが，メタ分析における問題の定式化に必要な観点を2.4節で整理する．2.5節ではメタ分析における典型的かつ基本的な2種類の問いを示す．問題が定式化された段階で，収集すべき先行研究の範囲はほぼ決まるが，メタ分析の対象を選ぶための適格性基準は，きちんと明文化しておくことが望ましい．2.6節では適格性基準について解説する．適格性基準と関連して，最後に2.7節で研究の質の評価の問題を取り上げる．

2.1　先行研究に基づくということ

　一次研究であれメタ分析研究であれ，研究は何らかの疑問（リサーチクエスチョン）からはじまる．そして，どんな変数を取り上げるのか，どんな母集団を想定するのかなどを検討しながら，研究すべき問題を定式化していく．問題の定式化の過程について，一次研究とメタ分析とで大きく異なるのは，先行研究（すでに結果が報告された一次研究）の位置づけ，役割である．一次研究における先行研究は，当該領域における未解決の疑問の所在を確認し，新たな一次研究のリサーチクエスチョンを特定する手がかりとして使われる．誰も注目したことのない（したがって先行研究が存在しない）領域について問題を定式化することも，原理的には可能である．これに対して，メタ分析では先行研究で得られた結果をまとめること自体が，リサーチクエスチョンの重要な部分を

占め，現に存在する先行研究と無関係に問題を定式化することは不可能である．

　こうしたことから，メタ分析研究の創造的価値が疑問視されることがある．「メタ分析は先行研究で明らかになったことを単に要約するだけ」あるいは「メタ分析は先行研究の問題設定をなぞっているだけ」というわけである．しかし，先行研究が存在することは，それらの研究が掲げた疑問が解決済みであることを意味しない．まったく同じ関心にもとづいて行われた複数の研究において，検定の結果が一致しないことがある．基本的な関心を共有する研究でも，被験者の年齢や用いている変数の種類が異なるときに，そのような違いを超えて一般的な結論が得られるかどうかが不明なことも多い．研究間の食い違いの中に，興味深い問題が隠されていることもある．「リサーチクエスチョンに関連する領域についての知見が整理されないままに新たな一次研究を重ねても，一般性の高い結論を導くのに役立たず，結果の多様性や曖昧さを増すだけになりかねない．それよりはむしろ，領域に関する先行研究を体系的に収集して適切に分析することで，その時点におけるできるかぎりたしかな結論を得よう」というのがメタ分析の発想である．

　スミスとグラスの有名なメタ分析（Smith & Glass, 1977）が行われる以前，心理療法の効果に焦点を当てた研究はすでに多数存在していた．しかし，結果は一貫しておらず，心理療法が有効であるか否かに関して，肯定派と否定派の論争が続いていた．ここで新たな一次研究を付け加えても，論争に決着をつけるのは難しかっただろう．スミスとグラスは，心理療法の効果を検証した千を超える論文を特定・収集して，375件もの結果を抽出して分析を行うことで，心理療法の有効性を示すことに成功した．

　メタ分析が先行研究に依拠するのは間違いないが，だからといって，研究領域が決まれば自動的に問題が定式化されるわけではない．先行研究の結果から情報を引き出す切り口は一通りではなく，問題を定式化するうえで，メタ分析を行おうとする研究者の関心や着眼が介在する余地は，十二分にある．

2.2　構成概念の操作的定義

心理学では，「知能」や「内発的動機づけ」のように，抽象的な構成概念を

研究対象にすることが多い．これらの構成概念は直接には観測できないので，具体的な研究の俎上に載せるためには，何らかの手続き（操作）にしたがって数量化しなければならない．測定のための操作を定めることを操作的定義と呼ぶ．

　測定したい変数が「身長」のように具体的で明快なものであれば，これを数量化する方法はほとんど自明である．しかし，抽象的な構成概念を操作的に定義することは簡単ではなく，さまざまな可能性が考えられる．一次研究を行う研究者は，研究の目的や被験者の特徴などの諸条件を考慮しつつ，自身の研究にとって最適な操作的定義を決める必要があり，この過程は一次研究者の腕の見せ所のひとつでもある．たとえば，「活動することそれ自体がその活動の目的であるような行為の過程」と概念的に定義される「内発的動機づけ」の強さは，どのようにすれば把握できるだろうか．デシは知的好奇心をかき立てるパズル（ソマパズル）を課題として選び，大学生の被験者が無報酬で自発的にパズルに取り組む時間（秒数）によって，内発的動機づけを操作的に定義した（Deci, 1971）．「内発的動機づけ」を操作的に定義する方法は，もちろんこれだけではない．保育園児を被験者としたレッパーらの研究では，自由時間中にお絵かき課題に取り組む時間を測定するという形で内発的動機づけを操作的に定義している（Lepper, Greene, & Nisbett, 1973）．研究目的によっては，「内発的動機づけ」を測定する質問紙を用意し，これに対する回答を得点化するのが適切な場合もあるだろう．

　概念の操作的定義が必要である点で，メタ分析は一次研究と同じだが，両者の間には無視できない大きな違いがある．一次研究の場合には操作的定義を定めなければ，データを集めはじめることができないため，問題の定式化の段階で操作的定義を確定することが求められる．そのために，先行研究で使われた操作的定義を選択肢として，それらの中から適切なものを少数（多くの場合は1つ）選んで採用するか，あるいは選択肢の中にふさわしいものがなければ，研究者自身が工夫を凝らして新たな操作的定義を考案する．

　これに対して，メタ分析では研究者が操作的定義を工夫・考案する余地はなく，先行する一次研究で使われた操作的定義のうちから，適切なものを選ぶことになる．メタ分析の対象となる研究を集めはじめる前の段階では，どんな操

作的定義が現れるかを把握できず，操作的定義を確定するのは難しい．最初は，概念的定義だけを決めて研究を集めはじめ，得られた研究中の操作的定義が概念的定義に対応するかどうかを評価しながら，操作的定義を決めていく．概念的定義を表す適切な操作的定義が1つも見つからない場合（操作的定義の心当たりなしでメタ分析をはじめることはないだろうから，こうした事態は考えにくいが）には，最初に想定した概念的定義を見直さなければならない．あるいはこれとは逆に，1つの構成概念に多数の操作的定義が与えられるかもしれない．これはメタ分析ではめずらしいことではない．たとえば，外的報酬が内発的動機づけに与える影響について，デシらが行ったメタ分析では，128の研究を対象として選んでいるが，それらの研究が用いた内発的動機づけの操作的定義の中には，「自由時間に被験者が自発的に課題に取り組んだ時間（秒数）」，「被験者が取り組んだ（あるいは成功させた）課題の数」，「被験者のうち課題に取り組んだ者の割合」，「課題に対する興味の程度の自己報告」が含まれていた（Deci, Koestner, & Ryan, 1999）．

　1つの概念に多数の操作的定義が与えられるとき，それらのすべてが，まったく同じように構成概念を代表することはありえない．それらのうちのどれか1つが，100％過不足なく構成概念を表すとも考えられない．現実には，それぞれの操作的定義が，ある程度の誤差を含みながら，構成概念の少しずつ違った側面を捉えていると考えるのが妥当である．クーパーはこの状況を，多数の項目を集めてテストが作られることになぞらえている（Cooper, 2009b）．テストによって何らかの構成概念を測ろうとするとき，1つないし少数の項目を用いるのでは，構成概念の一部しか把握できず，高い信頼性を確保することも難しい．構成概念を確実に捉え，かつ信頼性の高い測定値を得るためには，測ろうとする構成概念と多少なりとも相関があって，互いに少しずつ異なる多数の項目を積み上げて，テストを構成することが必要である（池田，1992）．これと同じように，少数の操作的定義を用いるときよりも，構成概念の異なる部分を反映した多数の操作的定義を用いるときの方が，一般性の高い結論を導くことができると考えられるのである．ただし，概念的定義の広さに応じて，操作的定義を選ぶことは大事である．英語全般の学力を測ろうとするときと英語文法の学力を測ろうとするときとを比べると，テストのために使える項目の範囲は，

前者では広く後者では狭くなるだろう．関心を向ける構成概念をどのくらい広く（狭く）定義するのか，その広さを考慮に入れた操作的定義の選択は，問題の定式化の段階における重要な決定事項のひとつである．

2.3　一般化の水準をどこにおくのか

あるテーマについて多くの一次研究を集めるとき，操作的定義だけではなく，被験者の年齢や研究方法などのさまざまな点において，研究間に違いが見られるのがふつうである．たとえば，心理療法の効果に関するスミスとグラスのパイオニア的メタ分析は，統合の対象として集めた一次研究のうちに，精神力動学，来談者中心，論理情動などさまざまな種類の心理療法を含んでおり，患者集団の性質もいろいろであり，効果を見るための変数についても不安，自尊感情，適応感など多様であった．また，先に挙げたデシの研究とレッパーらの研究はいずれも，報酬を与えることが内発的動機づけを下げる効果を持つかどうかの検討を目的としているが，デシの被験者は大学生，レッパーらの被験者は保育園児である．また，課題達成時に与えられる報酬の種類も違っていて，デシの場合は1ドル，レッパーらの場合は金色のシールとリボンで作った証明書である．

メタ分析の方法論には，いくつかの論点からの批判がある．扱われる概念や状況が多様な一次研究をまとめて1つの結論を導くことに対しても，批判の矛先が向けられることがある．スミスとグラスのメタ分析は，本来は異なったものであるリンゴとオレンジを区別しないで数え上げているようなものであり，無意味な研究だという攻撃を受けた（第1章を参照）．だが，1つのメタ分析の中にリンゴとオレンジを含むことは，一概に誤った企てだとはいえない．独立変数 x と従属変数 y との間に因果関係があると主張する研究があるとき，その主張が説得力を持つ程度のことを，研究の内的妥当性（internal validity）と呼ぶ（南風原，2001）．一次研究とくに実験的研究では内的妥当性の高さが重視され，これを確保するために，ごく限定的な状況の中で研究が行われることが多い．この場合，その研究が用いた状況下での内的妥当性の高さは保証されるかもしれない．しかし，異なる状況にも結論を一般化できるかどうかについ

ては，個々の一次研究レベルでは明確なことはいえない（たとえば，大学生を被験者とする研究で得られた結論が保育園児にも当てはまるかどうか）．被験者の属性その他のいろいろな点を限定して一次研究を集めてメタ分析を行えば，リンゴとオレンジの批判は回避できるかもしれない．しかし，あらゆる面において同等な研究だけを集めようとすれば，対象となる研究の数はきわめて少なくなるにちがいない．また，そのようにして行われたメタ分析の結論が及ぶ範囲も狭く限定されて，結論の一般性は大きく損なわれるだろう．研究結果を一般化しうる程度は，内的妥当性と対比させて外的妥当性（external validity）とよばれる．多様な研究を集めて，それらの全体を見渡して結論を導くというメタ分析（あるいはレビュー研究一般）の方法論は，外的妥当性を高める上で，たいへん有効なものだといえる（Glass, McGaw, & Smith, 1981 ; Light & Pillemer, 1984）．

　もちろん，扱う範囲が広ければ広いほどよいというわけではない．向けられた批判に対して，グラスは「フルーツについてまとめることが分析の目的であるならば，リンゴとオレンジを混ぜることに意味がある」と反論している（Glass, 1978）が，自分が行おうとしているメタ分析が，どの水準の一般化を目的としているのか（個別の品種なのか，フルーツなのか，あるいはもっと広く食用植物なのか）を明確に自覚すること，指向する一般化の水準に意味があるかどうかを十分に吟味することは重要である．

2.4　効果量への注目

　先行研究をレビューしてまとめるという営みは，それ自体が古くから研究の一形態であったし，一次研究でも論文の冒頭で関連研究を簡潔にレビューするのはふつうのことである．従来から行われてきたこうしたレビューと比べるとき，メタ分析の大きな特徴は，個々の先行研究の結果を効果量（effect size）と呼ばれる指標として抽出すること，抽出された効果量を分析して結論を導くことにある．したがって，効果量の値が報告されていること，あるいは効果量の値を計算するのに必要な情報が記載されていることが，メタ分析の対象となる研究が備えるべき要件となる．効果量については第5章で詳しく解説するが，

メタ分析の目標設定（問題の定式化）の段階で必要となる範囲で，ここでも簡単な紹介をしておきたい．

まず，ひとくちに効果量といってもいろいろな種類があり，注目する結果の種類によって違った効果量が使われるということを知っておきたい．たとえば，「2変数の相関に関心を向ける相関的研究」の結果は積率相関係数で表されるのがふつうであり，「介入群と統制群における従属変数の平均値差に注目する実験的研究」の結果は，標準化された平均値差で表されることが多い．また，結果の種類によっては，メタ分析のための適切な効果量が確立していない場合もある．メタ分析の問題を定式化する段階で，一次研究のどんな種類の結果に注目するのか，それらの結果をどのような効果量で表すのかについて，決めておくことが必要である．

1変数の平均や比率

1つの変数について，その分布の中心位置に関心を向ける場合には，平均や比率が効果量として使われることが多い．

1変数の事前・事後の対比

ある介入の効果を検証するために，介入の前後において同一の変数に関する測定を行い，事前・事後の測定値の変化に注目することがある．この場合には，それぞれの時点における測定値の平均あるいは比率を求め，その差にもとづいて効果量を計算する．

2群の比較

介入の効果を検証するための研究デザインは，事前・事後の比較だけではない．介入xと従属変数yの因果関係について確信度の高い結論を得るためには，介入の有無あるいは異なる種類の介入に被験者を無作為に2群に分けて，介入の効果を反映すると考えられる従属変数の分布を群間で比較する，いわゆる実験的研究が優れているといわれる．性差や学年差について2群を比較するときには無作為配分は行うことができず，因果関係への言及力は弱くなるが，従属変数に関する群間差に関心が向けられる点では同じである．2群を比較するた

めの効果量として，もっとも代表的な効果量は，標準化された平均値差である．

なお，3群以上の平均を比較するときの効果量として，η^2（イータ2乗），ω^2（オメガ2乗）などが使われるが，これらは群間での平均の変動の大きさに注目する指標であり，方向性を持たない（変動の程度が同じならば，どの群の平均が高くても，これらの指標は同じ値になる）．そのため，複数の研究の結果をまとめるには不向きであり（Hedges & Olkin, 1985），比較の対象が3群以上ある場合のメタ分析では，2群ずつを取り出して比較するという方略が用いられる．

2変数間の相関・連関

親の収入と学力の関係，きょうだいの人数と知能指数の関係，テレビで暴力場面を見る頻度と子どもの攻撃性の関係など，2変数間の相関・連関の程度に関心を向ける研究はとても多い．相関・連関についての効果量としては，2変数がともに量的変数の場合には積率相関係数（以降，相関係数），2変数が質的変数のときにはオッズ比や種々の連関係数などが使われる．とくに相関係数は，標準化された平均値差とならんで，メタ分析でもっともよく用いられる効果量のひとつである．

相関係数は，テストや心理尺度の信頼性係数や妥当性係数として使われることもあり，それらに注目したメタ分析が行われることもある．たとえば，ソーンダイクはメタ分析という言葉が生まれる40年以上も前に，ビネ知能検査の再検査信頼性係数とテスト間隔の関係に注目し，テスト間の間隔を長くとった研究ほど，低い信頼性が報告されていることを見出している（Thorndike, 1933）．妥当性については，職務適性検査の妥当性の一般化に関するシュミットとハンターの研究が有名である．彼らは，検査得点と基準変数との相関が場面によって違うのは，サンプルサイズや範囲制限などの違いのためであり，統計的手法で補正すれば，場面を超えた妥当性係数を求められると主張している（Schmidt & Hunter, 1977）．

重回帰分析，因子分析などの多変量解析の手法も，心理学研究で多用される．しかし，これらの結果をメタ分析するためには，変数間の相関行列の情報が必要である．一次研究で相関行列が報告されることはほとんどなく，メタ分析の

実践例は多くない.

一事例実験

個人間における差異や関連にではなく,個人内での変化に関心を向ける場合,一事例実験が用いられることがある.一事例実験では,1人の被験者について従属変数を継続的に何度も測定し,介入の導入前後における従属変数の値の変化に注目する.一事例実験のメタ分析のためには,そのための特別の効果量が提案されており,本書では第8章で詳しく扱う.

2.5 メタ分析における問いの種類

前節に挙げたいずれの効果量に注目するにせよ,メタ分析の対象となる複数の研究から得られた効果量は,メタ分析における問いに答えるためのデータとなる.研究ごとに,効果量はいろいろな値をとるが,そうした効果量の差異・変動をどう見るのかに応じて,メタ分析の問いは大きく2つの種類に分けることができる.

①効果量の研究間変動が標本変動で説明できると考えるならば,「全体としての効果量は,平均してどの程度なのか」と問うことになる.この問いに対しては,「得られたすべての効果量(標本効果量)にもとづいて,全体を代表する効果量(母集団効果量)を推定する」ことが,メタ分析の目標となる.

②研究ごとに得られた効果量の大きさに,無視できない違いがあると考えるならば,「効果量の大小に影響する要因は何だろうか?」という問いが生まれる.この問いに対しては,「効果量の研究間変動をもたらす変数(たとえば被験者の年齢や性別,研究方法の違いなど)を見つけ,効果量の変動を説明する」ことが,メタ分析の目標となる.効果量の値を左右する変数を,本書では調整変数(moderator variable)と呼ぶ.

以下で,2つの問いのそれぞれについて,少し詳しく見ておこう(なお,効果量の変動についての判断は,効果量の等質性の検定によって行うことが多い.この検定については第6章で述べる).

2.5.1 効果量を平均する

複数の先行研究から得られた効果量の不一致を，標本変動によるものと見なし，効果量を平均することで，全体を代表する結論を導こうというアプローチである（効果量を「平均する」方法については，第6章を参照）．

たとえば，複数の研究が報告する2変数間の相関係数は，それらが共通の母集団から得られたものだとしても，異なるデータ（標本）にもとづいて計算されるため，その値はまちまちである．そうした値を前にしたとき，それらを1つの値で代表させたいというのは，ごく自然な発想だろう．スネデカーとコクランによる統計学の古典的教科書が紹介する例では，仔牛の最初の体重とその後の体重増加量について，6個の標本から得られた相関係数（0.929, 0.570, 0.455, −0.092, 0.123, 0.323）が共通の母集団から抽出されたと見なせることを確認した上で，それらの値を平均して 0.377 という推定値を得ている（Snedecor & Cochran, 1967）．職務適性検査の妥当性一般化に関するシュミットとハンターのメタ分析も，ずっと洗練された方法を使ってはいるが，いろいろな研究で報告された多くの相関（妥当性係数）から母集団相関の推定値を求めようとするものである（Schmidt & Hunter, 1977）．

2群の平均値差に関しても同様である．複数の研究が報告する t 検定の結果は，それらの研究が共通の母集団に注目していたとしても，第1種の誤り，あるいは第2種の誤りのために，一貫しないかもしれない．第1種の誤り（「母集団平均に差がないときに，有意な結果が得られる誤り」）については，有意水準 α という形でその確率は小さく（5%，1% など）抑えられている．その一方で，第2種の誤り（「母集団平均に差があるときに，検定の結果は有意にならない誤り」）については（論文中で言及されることが稀なので意識されにくいのだが），その確率が大きい状態で研究が遂行されることもめずらしくない．第2種の誤りの確率は，母集団における効果量，サンプルサイズに応じて（それらが小さいほど），大きくなる（第1種の誤り，第2種の誤りについては，南風原（2002）なども参照のこと）．複数の研究が報告する有意性検定の結果のうち，「有意差あり」「有意差なし」のどちらが多く報告されているか，いわば多数決で結論を導くという票数カウント法（vote-counting method）が用いられることがあるが，ほんとうは母集団平均に差があったとしても，集められ

た個々の研究において第2種の誤りを犯したものが多ければ,「有意差なし」が多数を占めることになる．票数カウント法自体，第2種の誤りを犯す確率の高い（検定力[1]の低い）方法だということになる．メタ分析では個々の研究の結果をいったん効果量に直してから併合することで，第2種の誤りの確率を低くして（検定力を高めて）結論を導くことができる．

2.5.2 効果量の変動を説明する

複数の先行研究の結果間の些細な違いを捨象し，平均的な結論を導くというのは，メタ分析にかぎらずレビュー研究一般の主要な目標のひとつである．だが，メタ分析あるいはレビュー研究の目標がそれだけだというわけではない．共通の問題意識のもとで行われた研究であっても，被験者の配分法（無作為配分であるか否か），被験者の年齢，研究が発表された年などさまざまな点において一律ではなく，研究間のそのような多様性が結果の違いに関連していると思われることがある．統計学では，独立変数 x が従属変数 y に与える影響のことを「主効果（main effect）」，独立変数 x と従属変数 y の関係に別の変数（調整変数）z が与える影響を「交互作用（interaction）」と呼ぶ．ライトとピルマーは，効果量の平均に注目するレビューを「主効果」の分析に，効果量の差異に注目するレビューを「交互作用」の分析になぞらえて，複数の結果の差異の原因となる調整変数を求めることにこそ，レビュー研究の醍醐味があると述べている（Light & Pillemer, 1984）．

メタ分析ではないのだが，「交互作用」に目を向けた興味深いレビュー研究の例を挙げておこう．ザイアンスは観察者効果（他者から観察されていることが行動に与える影響）に関するいくつかの先行研究をレビューして，示された結果に矛盾があることを指摘した．すなわち，観察者の存在により行動が促進されたとする研究と阻害されたとする研究が混ざっていたのである．ザイアンスは，それぞれの研究が観察者効果を検討するために用いた課題の違いに着目

---

1) 第2種の誤りの確率 β に対して，$1-\beta$ を検定力（または検出力）と呼ぶ．検定力とは，母集団平均に差があるときに，検定結果が（正しく）有意になる確率のことである．

した．そして，よく学習されたことがらの遂行は促進されるが，新しいことがらの遂行は阻害されると考えれば，先行研究間で結果が矛盾する理由を説明できると気づいた（Zajonc, 1965）．つまり，課題に対する習熟度の違いが調整変数として機能しているというわけである．観察者効果に関するその後の研究を大いに促進したこの発見は，課題に対する習熟度に差のある複数の研究を鳥瞰しなければ，得られなかっただろう．

　従来のレビュー研究では，意味のある調整変数を見出せるかどうかは，レビューする者の力量にかかっている．これに対してメタ分析では，各研究から得られる効果量などのデータにもとづいて，調整変数を探るための方法がある．たとえば，特定の刺激にくり返し接触するだけで，その刺激に対する好感度や親近感が増大するという単純接触効果についてメタ分析を行ったボーンシュタインは，刺激のタイプ，刺激接触の最大回数，刺激接触の持続時間，被験者の年齢などが効果量に与える影響に関心を向けた．刺激接触の持続時間を例にとると，1秒未満，1～5秒，6～10秒，11～60秒，60秒超の5カテゴリーに研究を分類してカテゴリーごとに効果量の平均を求め，持続時間が1秒未満のときの効果量が明らかに大きいという結果を得ている（Bornstein, 1989）．調整変数に着目したメタ分析のためには，もっと洗練された統計的方法も提案されているが，そうした方法の詳細は第6章で述べる．

　ところで，研究間における効果量の差異について，その原因を探るためには，調整変数としてはたらいている可能性のある変数をリストアップし，それらの変数に関する情報を，対象となる研究から抽出しなければならない．たとえば，調整変数として被験者の年齢に注目するならば，ひとつひとつの研究から被験者の年齢についての情報を抽出して記録する（この作業をコーディングと呼ぶ）．コーディングの対象となるのが被験者の年齢や研究の公表年などであれば，研究中に記載された情報を探し出して転記するだけでよいから，客観性を確保しやすい．しかし，研究の質のようにコーディングに際して主観が関与する程度が大きい変数もある．そうした変数については，コーディングする人の違い，同じ人でもコーディングするときどきの判断によって結果がばらつくおそれがあり，コーディングの信頼性が確保されるように配慮することが求められる．コーディングについては，第4章であらためて論じることにする．

2.5.3 「研究に由来する証拠」と「統合に由来する証拠」

メタ分析の問いに答えるための証拠（evidence）について，その証拠がどこから得られるものなのかによって，クーパーは2つの種類を区別して論じている（Cooper, 2009a ; 2009b）．1つは個々の一次研究の中にもとから含まれている証拠，もう1つは複数の一次研究間の違いに注目することではじめて得られる証拠である．クーパーは前者の証拠を「研究に由来する証拠（study-generated evidence）」，後者の証拠を「統合に由来する証拠（synthesis-generated evidence）」と呼んでいる．さきに挙げたメタ分析における2種類の問いを，クーパーのいう2種類の証拠と関連づけるならば，複数の研究の効果量を平均しようとするときには「研究に由来する証拠」が，複数の研究間での効果量の差異に注目し調整変数を見出そうとするときには「統合に由来する証拠」が使われていると見ることができる．このように，「研究に由来する証拠」は効果量の平均を知るときに，「統合に由来する証拠」は効果量の変動を説明するときに用いられると整理して，おおむね間違いない．だが，これらの証拠が違った角度から使われる場合もある．メタ分析の多様性の一端を示す例として紹介しておこう．

まず，交互作用の分析のために「研究に由来する証拠」が用いられる例がある．被験者の年齢によって自己制御力と学力の相関の強さが変わるかどうかを検討する一次研究は，被験者の年齢を調整変数とする交互作用に関心を向けていると言える．これと同一の交互作用に注目する一次研究が複数存在するならば，それらの結果を統合することで，交互作用について検討することができる．このようにして交互作用を調べるときには，使われているのは「研究に由来する証拠」だといえる．

「統合に由来する証拠」を利用して主効果に焦点を当てたメタ分析の例として，ローゼンタール（Rosenthal, 1991）が紹介しているアンダーウッドの研究（Underwood, 1957）を挙げておこう．アンダーウッドは，さまざまな題材の記憶保持の程度とそれまでに学習した題材の数の関係に関心を持ち，記憶テスト前に学習した題材のリストが長いほど忘却しやすくなるのではないかと考えた．そこで，「学習リストの長さの平均」と「24時間後の再生率」の両方が記載されている14の研究を探し出し，2変数間の相関係数を計算した．その結果，

得られた相関係数は，$r = -0.91$（$n = 14$）という値であり，アンダーウッドの仮説を支持するものだった（ローゼンタールは，このような分析を総計分析（aggregate analysis）と呼んでいる）．

「研究に由来する証拠」と「統合に由来する証拠」の区別に関連して，クーパーが強調するのは，因果関係を直接的に示すためには，「実験的研究に由来する証拠」を用いなければならないということである．クーパーは，選択（被験者が選べる選択肢の個数）と動機づけの関係を例として，この点を説明している．まず，「選択肢が2個の群と選択肢が3個以上の群に被験者を無作為配分して，動機づけを従属変数とする実験的研究」が16個あるときには，16個の研究のひとつひとつが，選択肢の個数と動機づけの間の因果関係についての証拠を持っている．これに対して，メタ分析の対象が，「選択肢が2個の群と選択肢なしの群を比べた研究」8個と「選択肢が3個以上の群と選択肢なしの群を比べた研究」8個の2種類あるときはどうだろう．このときには，研究の種類によって動機づけの群間差の大きさに違いがあるかどうかを検討することで，選択肢の個数（2個か3個以上か）と動機づけの関係についての結論を導くわけで，「統合に由来する証拠」を利用しているといえる．この場合，選択肢の個数と動機づけの連関には言及できる．しかし，たとえば，選択肢が3個以上の群を用いた8個の研究では大人が被験者，選択肢が2個の群を用いた8個の研究では子どもが被験者だったとしたら，選択肢の数ではなく被験者の年齢が，動機づけに影響したという可能性を否定できない．ある独立変数の効果を見たいときに，別の要因も連動して変化しているために，従属変数への影響がどの要因の効果なのかを特定できなくなる状況を，「変数が交絡（confound）している」と呼ぶ（南風原・市川，2001）．「統合に由来する証拠」にもとづくかぎり，交絡が生じるおそれが残ることになる．

このように，因果関係について強い結論を得るためには，「研究に由来する証拠」が優れているのだが，「統合に由来する証拠」の価値が低いわけではないと，クーパーは付言している（Cooper, 2009a；2009b）．とくに，先行研究では注目されていない調整変数の影響を検討したいときには，「統合に由来する証拠」の果たす役割は大きい．また，著者の性別，研究が公表された年，研究方法の違いなどと効果量の関係を調べたければ，「統合に由来する証拠」に頼

るほかない．「統合に由来する証拠」は，それがなければ見えなかった関係を示し，新たなリサーチクエスチョンの可能性を呈示することで，因果関係の解明に間接的に貢献すると考えられる．

2.6 適格性基準

問題の定式化が済めば，メタ分析の対象となる一次研究の範囲は，ほぼ決まったといえる．だが，ここで直ちに文献の収集を開始するのではなく，適格性基準（eligibility criteria あるいは inclusion and exclusion criteria）を定めておくのが望ましい．たとえば，「青年期の自尊感情」に焦点を当てると決まっていれば，小学生や高齢者を被験者とする研究は明らかに除外されるだろう．だが，年齢の範囲をどこで区切るのかが明確でなければ，メタ分析に含めるか除外するかの判断に迷う場面が出てくるにちがいない．また，自尊感情を測定する尺度には多くの種類があるが，すべてをメタ分析に含めてよいだろうか．このように，メタ分析に含めるべき研究あるいは除外すべき研究の条件を，適格性基準として用意しておかなければ，研究の選択が場当たり的で，一貫しないものになるおそれがある．

明文化された適格性基準は，①メタ分析の対象となる研究母集団を明確化する役割を持ち，②研究の収集過程で候補として見つかった研究を，メタ分析に含めるか除外するかを判断するためのガイドラインとして機能する．また，③文献収集過程の透明性，客観性，反復可能性を確保するためにも重要である．いったん入手した研究を，結局はメタ分析の対象から除外することがあるが，除外した理由を説明するためにも，適格性基準は役に立つ．メタ分析と通常のレビューの違いについて，統計的方法の側面が強調されることが多いが，系統的かつ徹底的な研究（文献）収集も，メタ分析の重要な要素なのである（Jackson, 1980）．

適格性基準にはどんな項目を盛り込めばよいのか，どんなことを考慮しながら決めればよいのかを，主としてウィルソン（Wilson, 2009）を参考にして，整理しておく．

メタ分析を定義する特徴 メタ分析のリサーチクエスチョンや目的が決まれ

ば，それに応じて，収集の対象となる研究が備えるべき特徴も決まる．たとえば，介入の効果を検討するためのメタ分析で収集される一次研究は，介入の種類（独立変数）と従属変数の関係を調べた研究でなければならない．そのような先行研究のうち，どんな種類の介入を用いた研究が適格なのか，従属変数として何を認めるのかなどは，リサーチクエスチョンや目的と整合するように，適格性基準の中で明確に記述しておかなければならない．あるいは，2変数間の相関に目を向けるメタ分析ならば，2つの変数それぞれの概念的定義あるいは操作的定義について，やはりメタ分析の目的に照らして，適格性基準として記しておく．一般に，リサーチクエスチョンが限定的であるときの方が，適格性基準を作りやすく，広く設定すると適格と除外の境目を決めるのがむずかしくなる．

研究の方法 一次研究で用いられている研究法の種類も，適格性基準の重要な構成要素である．介入効果に関心を向ける場合，内的妥当性の点で，介入群と統制群への無作為配分を行う実験的研究が優れているとされる．メタ分析の対象研究として，そのような実験的研究だけを適格とするのか，それとも1群事前事後デザインや不等価2群事後デザインなど[2]の，いわゆる準実験的研究も選ぶのかは，大事な決定事項である．基準をきびしく設定して，統制された研究だけを適格と認めると，メタ分析の対象研究の数が減って，一般化の水準（外的妥当性）は低くなる．研究の方法が適格か否かに関する判断も，メタ分析のリサーチクエスチョンに照らして行う必要がある．

研究の被験者 人間以外の動物も対象となりうるテーマについてのメタ分析では，人間を対象とする研究以外は除外するのか，動物を含む研究も適格とするのかを明示した方がよい．人間を対象とするメタ分析では，年齢をはじめとする各種の属性について，何らかの条件が設定されることが多い．たとえば，青年期に関心を向ける場合，青年期を年齢範囲によって定義する必要があるし，青年期とそれ以外が混ざった研究をどう扱うのかも決めておいた方がよい．幼

---

2) 1群事前事後デザインは，統制群を用意せず，介入群内で事前と事後とを比較するデザインである．不等価2群事後デザインでは，介入群と統制群が設定されるが，被験者の配分は無作為に行なわれず，2群の等価性がかならずしも保証されない．準実験的研究については，南風原（2001）を参照．

児，小学生，成人女性，健康な大学生，抑うつ症状を呈する人，都市部の居住者など，メタ分析の目的に応じて，参加者に関する適格性基準を定めておきたい．個人ではなく，学校や自治体などの集団・組織が，分析の最小単位になることもある．

統計的データ　効果量そのもの，あるいは効果量を算出するのに必要なデータのどちらも報告されていない研究をどう扱うかも，適格性基準の中で決めておくとよい．もっとも簡単で，実際に採用されることが多いのは，そうした研究は「除外する」ことである．それ以外に，「何らかの代わりになる値と合わせて対象に含める」「効果量の分析からは除外するが，記述的なレビューの部分で利用する」などの選択肢がある．

文化的・言語的な範囲　多くのメタ分析は，とくに断りなく当然のように，英語圏で行われ英語で記述された研究だけを対象としている．英語で記述された研究が圧倒的多数であること，他言語を対象にすることに困難が伴うこと，文化的・言語的な違いが結果に影響しないと暗黙のうちに前提していることなどが理由であろう．しかし，リプジーとウィルソンは，文化的・言語的に限定的な研究だけを適格とする場合にも，本来は明確に理由を記すべきだと述べている（Lipsey & Wilson, 2001）．日本の研究者がメタ分析を企図するときには，英語文献のみ，日本語文献のみ，英語文献と日本語文献の両方などが選択肢になるだろう．これ以外に，たとえば東アジア圏に注目して，日本語，中国語，韓国語の研究を対象としてメタ分析を行うといったことも考えられる．日本の研究者がメタ分析を行う際には，文化的・言語的範囲に自覚的にならざるをえないだろう．

時間枠　研究の公表年の範囲も，文献収集をはじめる前にぜひ定めておきたい事項である．恣意的に決めるのではなく，「ある論争が生じてから現在まで」，「ある方法が利用可能になってから現在まで」のように，何らかの意味を持つ枠を設けることが望ましい．たとえば，単純接触効果に関するボーンシュタインのメタ分析（Bornstein, 1989）は，この領域を代表するザイアンスの論文（Zajonc, 1968）以降の 20 年（1968～1987 年）を時間枠としている．また，公表年による効果量の違いを分析したいときには，時間枠を広めにとるとよい．研究が公表された年がデータ収集の年と大きく離れている場合には，どちらの年

をとるかが問題となることもある.

公表のタイプ　研究の公表形式には，書籍，学術雑誌（査読あり，査読なし），博士論文，学会発表，テクニカルレポート，未公表の原稿，近年ではウェブなど，いろいろな種類がある．質が低いという理由で，未公表の研究を除外対象にすることも多いが，公表された研究の質がかならずしも高いといえないのと同じように，未公表であることは質の低さの証拠にはならない．公表された研究だけをメタ分析の対象にすることにより，効果量が大きな方向に偏って推定される危険性も，しばしば指摘されるところである（公表バイアス publication bias として知られるこの問題については，第7章で触れる）．このようなことから，適格性基準には公表のタイプを含めるべきではないと考える論者が多い．

　最初から，完璧な適格性基準を作ることはむずかしい．研究の収集をある程度進めたあとで，基準に合う研究があまり見つからないことや，基準に合致する研究がリサーチクエスチョンから見るとふさわしくないと気づくことなど，当初の予想に反する事態に遭遇することもある．研究収集の途上で適格性基準を作り直して，収集済みの文献にもあらためて適用する必要に迫られることもあるかもしれない．しかし，途中で見つけた特定の論文をメタ分析の対象に含めたい，あるいは除外したいという理由から，適格性基準を変更することは許されない．収集開始後の修正は慎重に行い，透明性や客観性を確保するためにも，修正・変更をした場合には，その理由を文章化して残しておくことが望ましい．

　参考のために本章末に，「青少年非行チャレンジプログラムのメタ分析」で，実際に用いられた適格性基準の例を掲載しておく（Lipsey & Wilson, 2001, pp. 20-21 の Exhibit 2.1）．

2.7　研究・方法の質の評価

　メタ分析の対象候補となる一次研究を集めたとき，それらは緻密に計画され実行された研究ばかりでなく，中にはいろいろな欠点を持つ研究も含まれるかもしれない．メタ分析において，研究あるいは方法の質の問題は古くから多く

の論争を呼んできた．スミスとグラスのメタ分析では，先行研究の質をふるいにかけずに統合したが，このことをアイゼンクは「ゴミを入れてもゴミしか出ない（garbage in, garbage out）」と激しく非難した（Eysenck, 1978）．これに対して，グラスとスミスは，①研究の質の違いは，効果量の大きさにあまり影響しない，②質を評価するのは難しく，どの研究を除くのかの判断に個人的な偏りが混入することを避けられない，③彼ら自身のメタ分析では，質の違いを無視しているのではなく，事後に研究の質を調整変数として取り上げている，という理由を挙げて反論した（Glass & Smith, 1978）．

メタ分析における研究の質への対処法を，ヴァレンタインはアプリオリ方略とポストホック評価という2つのアプローチに分けて論じている（Valentine, 2009）．

アプリオリ方略（a priori strategies）　質を評価する項目を適格性基準の中に含めておき，基準を満たさない一次研究をメタ分析の対象から除外するのがアプリオリ方略である．未公表であること，無作為配分をしていないこと，一群事前事後デザインを採用していること，サンプルサイズが小さいこと，消耗率が高いこと（消耗（attrition）とは研究途上での被験者の脱落を指す），測定の信頼性が低いことなどが，除外の条件にされることが多い．

アプリオリ方略を採用する場合には，メタ分析の対象の選択作業を始める前に除外ルールを決めることが大事である．収集した論文を見てからルールを決めると，メタ分析を行う者の主観的選好が偏りをもたらすおそれが強い．除外ルールに適切な数値的基準を与えることも重要である．たとえば，サンプルサイズが小さいとは何人未満を指すのか，高い消耗率とは何%以上のことなのか，信頼性の低さはどう定義されるのかなどを決めておかなければ，評価する人によってあるいは評価するときの一時的な判断によってルールの適用が一貫せずに，客観性や再現性を欠くことになる．さらに付け加えるならば，そのような数値的基準を採用した根拠を示すことも望まれる．たとえば，消耗率が30%以上の研究を除外すると決めたとして，なぜほかの数値ではなく30%なのかを説明できるだろうか．何らかの経験的な裏付けのもとで決めた数値でなければ，それらの数値は恣意的だという批判を免れない．実際問題として，誰もが納得する形で質を定義することは困難であることが多い．

質に関して高いハードルを設けて文献を取捨選択した上でメタ分析を行えば，方法論に問題のある研究や誤りを含む研究を除外できるかもしれない．しかし，必ずしも望ましいことばかりではなく，選ばれる研究の数と範囲が狭まり，結果が偏るおそれが強い．また，グラスとスミスも言うように，方法の質を評価するための誰もが認める有効な手段がないことも，アプリオリ方略を採用しようとするときの障壁となる．

ポストホック評価（post hoc assessment） 研究の質を適格性基準には含めずに，研究収集後に評価（コーディング）の対象にするのがポストホック評価である．コーディングされた結果は，分散分析あるいは回帰分析に類似した方法によって，研究の質の違いが効果量に与える影響を検討するために使われる（第6章を参照）．つまり，研究の質は，2.5.2で述べた「交互作用」の分析における調整変数の候補として扱われる．

ポストホック評価のアプローチを採用すれば，恣意的になりかねない質に関する判定作業を回避することができるし，本来はメタ分析の対象とするべき一次研究を除外してしまう誤りも避けることができる．しかし，ポストホック評価にも欠点がないわけではない．まず，質に関する調整変数の効果について検定したとしても，第2種の誤りの確率が大きい（検定力が小さい）場合には，調整変数の効果があるときでも，「有意ではない」という結果が得られやすい．こうした状況下では，「有意ではない」という結果から「質の違いは効果量に影響しないので無視してよい」と結論するのは危険であり，ほとんど何も言えないということになってしまう．また，調整変数の分析では，調整変数の値への割り当ては（当然）無作為ではなく，有意という結果が得られたとしても，因果関係への言及には制約がある．たとえば，無作為配分を行っていない研究における効果量が無作為配分を行っている研究の効果量よりも有意に高いという結果が得られたとしても，無作為配分を行わなかったことが効果量の高さの原因であると結論することはできない．

「ゴミを入れてもゴミしか出ない」というアイゼンクの批判をアプリオリ方略とポストホック評価という枠組みから見ると，アイゼンクは，スミスらがアプリオリ方略をとらなかったことを攻撃していたのであり，スミスとグラスは，ポストホック方略を用いたと反論していたことになる．アイゼンクに代表され

るように，質の問題はメタ分析に対する主要な批判のひとつであるが，これをどう扱うかはなかなか難しい．アプリオリ方略とポストホック評価には，それぞれの得失がある．現実的な選択として，質の低さが明らかな研究だけをアプリオリ方略によって除外し，ポストホック評価も併用するというような，両者の折衷案を勧める論者が多い．

引用文献

Bornstein, R. F. (1989). Exposure and affect：Overview and meta-analysis of research, 1968-1987, *Psychological Bulletin*, *106*, 265-289.

Cooper, H. (2009a). Hypotheses and problems in research synthesis. In H. Cooper, L. V. Hedges, & J. C. Valentine (Eds.), *The handbook of research synthesis and meta-analysis* (2nd ed.) pp. 19-35. New York, NY：Russell Sage Foundation.

Cooper, H. (2009b). *Research synthesis and meta-analysis* (4th ed.). Thousand Oaks, CA：Sage Publications.

Deci, E. L. (1971). Effects of externally mediated rewards on intrinsic motivation. *Journal of Personality and Social Psychology*, *18*, 105-115.

Deci, E. L., Koestner, R., & Ryan, R. M. (1999). A meta-analytic review of experiments examining the effects of extrinsic rewards on intrinsic motivation. *Psychological Bulletin*, *125*, 627-668.

Eysenck, H. J. (1978). An exercise in mega-silliness. *American Psychologist*, *33*, 517.

Glass, G. V. (1978). In defense of generalization. *The Behavioral and Brain Sciences*, *3*, 394-395.

Glass, G., McGaw, B., & Smith, M. L. (1981). *Meta-analysis in social research*. Beverly Hills, CA：Sage Publications.

Glass, G. V., & Smith, M. L. (1978). Reply to Eysenck. *American Psychologist*, *33*, 517-518.

南風原朝和 (2001)．準実験と単一事例実験　南風原朝和・市川伸一・下山晴彦（編）心理学研究法入門——調査・実験から実践まで　東京大学出版会　pp. 123-152.

南風原朝和 (2002)．心理統計学の基礎——統合的理解のために　有斐閣

南風原朝和・市川伸一 (2001)．実験の論理と方法　南風原朝和・市川伸一・下山晴彦（編）心理学研究法入門——調査・実験から実践まで　東京大学出版会　pp. 93-121.

Hedges, L. V., & Olkin, I. (1985). *Statistical methods for meta-analysis*. Orlando, FL : Academic Press.

池田央（1992）．テストの科学　日本文化科学社

Jackson, G. B. (1980). Methods for integrative reviews. *Review of Educational Research, 50,* 438-460.

Lepper, M. R., Greene, D., & Nisbett, R. E. (1973). Undermining children's intrinsic interest with extrinsic rewards : A test of the "overjustification" hypothesis. *Journal of Personality and Social Psychology, 28,* 129-137.

Light, R. J., & Pillemer, D. B. (1984). *Summing up : The science of reviewing research.* Cambridge, MA : Harvard University.

Lipsey, M. W., & Wilson, D. B. (2001). *Practical meta-analysis.* Thousand Oaks, CA : Sage Publications.

Rosenthal, R. (1991). *Meta-analytic procedures for social research.* Newbury Park, CA : Sage Publications.

Schmidt, F. L., & Hunter, J. E. (1977). Development of a general solution to the problem of validity generalization. *Journal of Applied Psychology, 62,* 529-540.

Smith, M. L., & Glass, G. V. (1977). Meta-analysis of psychotherapy outcome studies, *American Psychologist, 32,* 752-760.

Snedecor, G. W., & Cochran, W. G. (1967). *Statistical Methods* (6th ed.). Ames, Iowa University Press. （スネデカー，G. W.・コクラン，W. G.（畑村又好・奥野忠一・津村善郎訳）（1972）．統計的方法（原書第6版）岩波書店．）

Thorndike, R. L. (1933). The effect of the interval between test and retest on the consistency of the IQ. *Journal of Educational Psychology, 24,* 543-540.

Underwood, B. J. (1957) Inference and forgetting. *Psychological Review, 64,* 49-60.

Wilson, D. B. (2009) Systematic coding. In H. Cooper, L. V. Hedges, & J. C. Valentine (Eds.), *The handbook of research synthesis and meta-analysis* (2nd ed.) pp. 159-176. New York, NY : Russell Sage Foundation.

Valentine, J. C. (2009) Judging the quality of primary research. In H. Cooper, L. V. Hedges, & J. C. Valentine (Eds.), *The handbook of research synthesis and meta-analysis* (pp. 129-146). New York : Russell Sage Foundation.

Zajonc, R. B. (1965). Social facilitation. *Science, 149,* 269-274.

Zajonc, R. B. (1968). Attitudinal effects of mere exposure. *Journal of Personality and Social Psychology Monographs, 9,* 1-27.

「青少年非行チャレンジプログラムのメタ分析」のための適格性基準
(Lipsey & Wilson, 2001)

- **重要な特徴**：非行ないし非行に類似した反社会的行動を減ずる，防ぐ，あるいはこれらに対処するためのチャレンジプログラムを利用した研究だけが適格である．チャレンジプログラムとは，互いに関係し合う2つの次元についての体験学習に従事するプログラムを指す．2つの次元とは，挑戦の次元（肉体的にチャレンジングな活動・イベント）と社会性の次元（仲間および/あるいはプログラムスタッフとの向社会的・治療的相互作用）である．矯正施設，非野外，非居住プログラムについては，報告が2つの次元の両方を示していれば適格である．レクリエーションプログラム（深夜バスケットボール，サイクリング，その他のスポーツ活動）については2つの次元の両方を明確に組み込んでいなければ不適格である．反社会的行動や非行の要素のうち薬物乱用だけを目的とする研究は適格基準を満たさない．

  ［このメタ分析にとって適格であるための重要な特徴は，文献レビューの検討とチャレンジプログラム研究のサンプルに基づいて，詳細に記述された．］

- **研究の参加者**：処遇群あるいは対照群として，反社会的，非行青少年（12歳から21歳）を含む研究が適格である．プログラム参加者が反社会的あるいは非行と特定されていなくても，結果変数の中に非行，反社会的行動あるいはこれらと関連する因子（たとえば怒りのコントロール）の測定を含む研究は適格である．

  ［このメタ分析の焦点は青年期（adolescence）の非行である．一般的に青年期は12歳に始まると見なされており，大半の州で21歳が成人年齢とされているため，このように設定した．］

- **鍵となる変数**：少なくとも1つ反社会的行動あるいは非行に関する量的な結果変数を報告している研究のみが適格である．青年の感情的・態度的状態ではなく，行動の測定を含まなければならない．効果量を計算できる研究だけが適格である．

  ［このメタ分析は，反社会的・非行的行動に対するチャレンジプログラムの効果を調べることを目的としている．したがって，これに関係した結果を報告する研究だけが適格である．］

- **研究の方法**：統制群，比較群を利用する研究だけが適格である．統制条件は，"通常と同様の処遇"，プラセボ，ウェイトリスト，処遇なしのいずれでもよい．変化をもたらすための集中的な努力をしていないものを統制条件として

認めた．処遇と処遇の比較の場合には通常の処遇と革新的な処遇のように，明らかに一方が他方の統制として機能しているときのみ適格とする．無作為配分を用いない不等価デザインの研究に関しては，非行，反社会的行動あるいは非行と高い相関を持つ変数（性，年齢，非行に関する前科）について事前の測定値が得られている場合にかぎり適格とする．1群事前事後デザインは不適格である．

［この基準により，方法論的に質の高い研究（無作為デザイン）および比較される群の類似性を評価するためのデータを持つ研究が適格となる．他方，方法論的に疑わしい研究（無作為配分をせず，しかも事前測定あるいは比較群を欠いているもの）は除外される．］

・**文化的・言語的な範囲**：英語を母語とする国で行われ，英語で報告された研究だけを適格とした．

［非行・反社会的行動の概念は文化と切り離せない．したがって，異なる文化圏の研究を非行研究に含めることは適切ではない．］

・**時間枠**：1950年以降の研究が適格である．

［1950年以前は歴史的文脈，研究パラダイムが現在と異なるであろうことを考慮して，第2次世界大戦後＝「現代」に限定した．］

・**公表のタイプ**：公表・未公表ともに適格とした．これらの中には，査読ありの雑誌，査読なしの雑誌，博士論文，官庁レポート，テクニカルレポートなどを含む．

［チャレンジプログラムに関する経験的証拠を要約するというこのメタ分析の目的，公表論文に限定する場合の上方へのバイアスの可能性を踏まえ，公表の形態によって適格・不適格の区別はしない．］

第3章
文献の探索

　第2章では，研究対象の範囲を定義することの重要性を論じた．本章では，定義された研究母集団にもとづいて研究を見つけ出し入手するまでの過程を見ていく．母集団から標本を抽出する手続きが重要であるのはメタ分析も一次研究も同じであるが，留意すべき点はかなり異なる．一次研究では，母集団を構成する人や集団は膨大な数になり，母集団のごく一部（の人や集団）を抽出するのがふつうである．したがって，母集団全体を代表するように，偏りなく標本を抽出することが重視される．これに対して，メタ分析では，すでに行われた先行研究が収集対象であり，その件数は限定的である．そこでは，定義された母集団から一部を抜き出すというよりも，定義に合致する研究をすべて探しだすことが目標になる．先行研究の中には簡単に見つけることができ入手できる研究もあれば，見つけ（入手し）にくい研究もある．メタ分析では，系統的かつ徹底的な文献探索の努力が必要になる．

　一般読者向けにメタ分析を紹介した *How science takes stock* という本の中で，心理療法の効果に関するメタ分析のためにスミスとグラスが行った文献探索の過程が紹介されている（Hunt, 1997）．スミスらが文献探索・収集を行った1974年当時にはコンピュータ化されたデータベースは利用できなかった．そこで彼らは有望なタイトルを見つけ出すために，多大な時間を費やして，何年分もの分厚い *Psychological Abstracts* 誌と *Dissertation Abstracts* 誌のページをめくった（これらは学術雑誌などに発表された原著論文の抄録を収録・編集した定期刊行物である）．そして，タイトルが見つかれば引用を書き写し，論文が掲載された学術誌を探し出すために書庫に足を運び，当該の巻号が見つかったら論文末の引用文献リストに目を走らせて，上記2誌では見つけられなかった文献を探した．このような手間をかけて，彼らは約1000の研究を探し当てたとい

う．必要な文献が特定できたら，次はそれらを実際に入手しなければならない．スミスらは，図書館に行き多数の論文を複写したほか，何百通もの手紙を書いて著者に抜き刷りを送ってもらい，図書館サービスにマイクロフィルムの複写を頼み，多くの図書を買い込んだという．

　文献の探索あるいは入手を巡る状況は，今日ではスミスらの時代と大きく様変わりした．現在では種々のデータベースが存在し，それらを利用することで，収集対象となる研究のうちのかなりの割合を効率よく探し出すことができる（スミスとグラスが図書館で向き合った *Psychological Abstracts* 誌と *Dissertation Abstracts* 誌は，ともに現在では電子化されている）．現代における文献探索では，データベースが主役であり，そのほかの種々の情報源が脇を固めることになる．また，多くの場面で電子化が浸透し文献の形態や流通に大きな変化が生じており，文献の入手方法においてもスミスらの時代と違ってきている．

　以下では，3.1 節でデータベースを活用した文献の探索法，3.2 節で学術論文誌・学会情報にもとづく探索法，3.3 節で専門家から直接に情報を得る方法を概説する．そのあと，探索過程の記録を管理することの重要性を 3.4 節でまとめる．探索の結果として特定された研究の入手法を 3.5 節で見たあと，3.6 節で文献の特定から入手までの一連の流れを実例で紹介する．最後に，3.7 節で日本語文献の探索と入手について取り上げる．

　なお，学術文献の形態は，学術雑誌掲載論文，会議予稿集（会議録）掲載論文，学術図書などに大別されるが，メタ分析の探索対象は，図書よりも学術雑誌や予稿集の掲載論文が中心になる．本章でも，主として学術雑誌論文を念頭において話を進める．

3.1　データベースを利用した文献探索

3.1.1　文献の探索から入手までの流れ

　研究に関する情報について，一次情報と二次情報の区別がなされることがある．一次情報（primary sources）とは，学術雑誌や学会などに発表された研究（論文）そのもののことである．これに対して，二次情報（secondary sources）とは，必要な情報を効率的に探せるように一次情報を加工し編集し

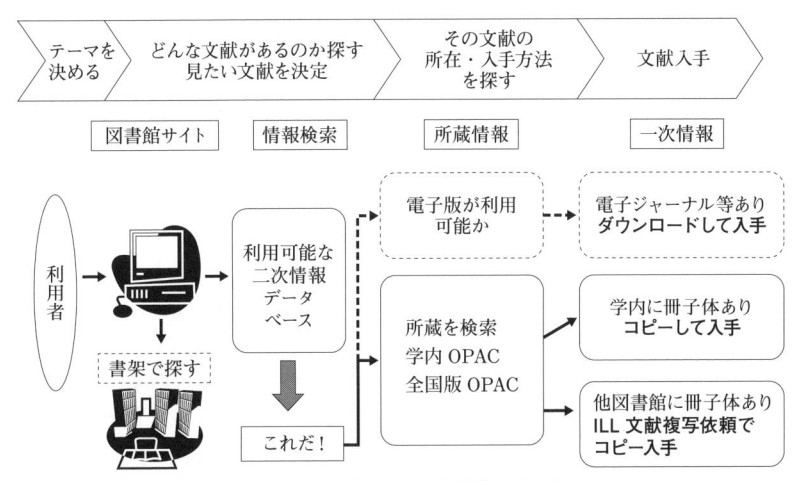

```
┌─────┐  ┌──────────┐  ┌──────────┐  ┌──────┐
│テーマを│→│どんな文献が│→│その文献の │→│文献入手│
│決める │  │あるのか探す│  │所在・入手方法│  │      │
│     │  │見たい文献を│  │を探す    │  │      │
│     │  │決定     │  │         │  │      │
└─────┘  └──────────┘  └──────────┘  └──────┘
         図書館サイト    情報検索      所蔵情報      一次情報
```

図3.1　情報検索から一次情報の入手まで

たものであり，加工の仕方によって，「書誌」「抄録」「索引」「所在」などに分けられる．「書誌」は，一次情報を同定するために書誌情報（著者，掲載誌，掲載年など）をリストしたもの，「抄録」は内容を簡潔に要約したもの，「索引」は検索のために主題・分類等の情報を付加したもの，「所在」は在り場所を示すものである．書誌や抄録などをコンピュータで検索するために，体系的に構成された二次情報源は，文献データベース（reference database）と呼ばれる．メタ分析で収集の対象となるのは一次情報であるが，対象となる研究を効率的に探し出すためには，二次情報を上手に活用することが鍵になる．

探すべき研究の特徴が，適格性基準（第2章参照）として定められたならば，
　①文献データベースを使い，適格性基準に合致する文献を探索・特定する．
　②図書館の目録システム（学内 OPAC や全国版 OPAC（総合目録データベース）など）を使って，①で見つけた文献の所在情報を確認する．
　③所蔵する図書館へ直接出向いて閲覧・複写するか，図書館間相互貸借 ILL（Inter Library Loan）機能によって複写を取り寄せる．
というのが，文献の探索から入手に至る典型的な経路である（図3.1）．このうち，①の部分を本節で見ることにして，②と③については，3.5節でまとめる．

なお，近年では，文献データベースの検索結果から OPAC 等にリンクして，

そのままただちに文献の所在情報を確認できる検索システムが主流になっている．また，学術文献の電子化がふつうに行われるようになり，全文を収録するデータベースや電子ジャーナルが急速に普及したことから，文献データベースで検索された文献について，その電子版を直ちにダウンロードし入手できるケースも増えている．情報検索から文献の入手までの過程は，今後も変化していくことが予想される．

3.1.2　情報検索の基本

　データベースには，ひとつひとつの文献について，著者名，論文タイトル，要旨などの情報が1セットとして格納されている．データベースの用語でいうと，1つの文献がレコード（record）に相当し，各レコードについて記録される著者名，（論文の）タイトル，要旨などの項目が，フィールド（field）である．メタ分析の対象文献を探すということは，データベースの全レコードの中から，適格性基準に合致するレコードを見つけ出すことである．データベースの利用者に求められる作業は，適格性基準の内容を検索語で表現し，それをデータベースに伝えることである．読者の多くは，Googleのようなウェブ上の検索システムを利用した経験があることと思う．データベースを活用した検索は，基本的にはGoogle検索と同じである．探したい情報に関わりのある語句を検索語として入力（指定）することで，検索語にマッチした情報が抽出される．図3.2は，*ERIC*（後述）というデータベースでmeta-analysisという検索語によって抽出されたレコードの一例である．

　一番上部に示されたTitle，それにAuthor，Pub Date，Sourceなどがフィールドである．DescriptorsとAbstractフィールドで検索語がハイライトされていることからわかるように，これらのフィールド中に検索語が含まれていたために，この文献（レコード）が抽出されたのである．なお，Googleの標準画面では，検索語を入力（指定）する窓は通常は1つしかなく，検索語が文献全体のどこに現れたのかを区別できない[1]が，多くのデータベースでは，論文の「タイトル」「要旨」「著者」「キーワード[2]」などのフィールド別に，検索

1）　Googleでも検索オプションを用いれば，高度な検索を行うことが可能である．

52

```
1. A Re-Examination of the Education Production Function Using Individual Participant Data     Share   Add
   (ED519117)
Author(s):  Pigott, Therese D.; Williams, Ryan    Pub Date:      2011-00-00
            T.; Polanin, Joshua R.                Pub Type(s):   Reports - Research
Source:     Society for Research on Educational   Peer-Reviewed: N/A
            Effectiveness
Descriptors:
Productivity; Research Methodology; Social Sciences; Meta Analysis; Data Analysis; Social Science
Research; Outcomes of Education; Academic Achievement; Comparative Analysis; Input Output Analysis
Abstract:
The focus and purpose of this research is to examine the benefits, limitations, and implications of Individual
Participant Data (IPD) meta-analysis in education. Comprehensive research reviews in education have been limited
to the use of aggregated data (AD) meta- analysis ○Show Full Abstract
Related Items: Show Related Items
Full-Text Availability Options:
🔖 ERIC Full Text (285K)
```

図 3.2　meta-analysis という検索語により抽出されたレコード

表 3.1　適格性と検索結果

		メタ分析の対象としての適格性	
		適格	適格ではない
検索の結果	抽出される	メタ分析の対象 (a)	false positive (b)
	抽出されない	false negative (c)	

語を指定することができる．

　論理的に見れば，データベース内の各レコードは，メタ分析の対象として適格か適格でないかのいずれかであり，検索の結果，指定した検索条件に適合して抽出されるか否かである（表 3.1）．検索結果の適切さは，再現率（recall）と精度（precision）の2つの観点から評価されることが多い．適格な文献すべてのうち抽出できた文献の割合 $\left(\dfrac{a}{a+c}\right)$ が再現率，抽出された文献のうち適格な文献の割合 $\left(\dfrac{a}{a+b}\right)$ が精度として定義される．ここで，表 3.1 における c

---

2)　「キーワード（keywords）」は「検索語（検索のために指定される語句）」「論文中の重要な語句」の意味で使われることもあるが，ここでは，「論文を索引化するために著者が選んだ語句（通常 5, 6 個が選ばれて，要旨と本文の間に載せられる）」のことである．

（適格だけれど抽出されない文献の数）について知ることは原理的に不可能である．したがって，再現率は実際には算出できないのだが，検索の際の努力目標として有効な概念である．

　再現率と精度は，一方を高めようとすると他方が犠牲になるというトレードオフの関係にある．そのため，検索を行う際にはどちらを重視するかを決めて，それに応じた検索方略を取ることになる．情報検索の世界では，一般に精度が優先されることが多く，抽出されたレコードのうち適格ではないもの（表中のfalse positive）の割合を減らすことが指向される．これに対してメタ分析では，適格である文献の検索漏れ（false negative）を減らすことが重視され，再現率100%を目標として文献探索が行われる．

　適格な文献を見つけるためには，適格性基準を検索語としていかに表現するかが重要である．また，文献（レコード）を効率よく，漏れなく抽出するためには，情報検索の知識が求められる．リッテルら（Littell, Corcoran, & Pillai, 2008）は，情報検索の専門家に協力を求めることを薦めているが，自力でも検索ができるように，文献検索の基本あるいはコツを解説しておきたい．

フレーズ検索

　たとえば，intrinsic motivation（内発的動機づけ）のように，複数の単語から構成される句を検索語として指定する場合，単語と単語の間を単に空白で区切って検索すると，2つの単語が無関係に使われていても，intrinsicとmotivationが両方ともフィールド内のどこかに現れれば，抽出の対象になってしまう．intrinsic motivationという，切り離せない句として検索したいときには，"intrinsic motivation"のように，句全体を引用符で囲んで検索を行わなければならない．これをフレーズ検索（phrase search）と呼ぶ（ただし，引用符なしでもフレーズ検索になるデータベースもある．使用するデータベースのヘルプやチュートリアルを確認しておくことが大切である）．

論理演算子（AND, OR, NOT）

　検索語を1つだけ指定して，あまりに多くの検索結果が得られるときに，複数の検索語を同時に指定することで検索範囲を絞り込むテクニックは，Goo-

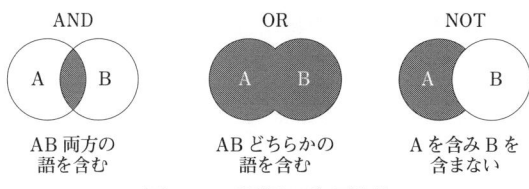

図 3.3　3 種類の論理演算

- AND：AB 両方の語を含む
- OR：AB どちらかの語を含む
- NOT：A を含み B を含まない

gle などの検索サイトのユーザであればご存知だろう．この種の検索は AND 検索と呼ばれ，複数の検索語のすべてを含むレコードが抽出される．Google では，複数の単語を空白で区切って並べれば AND 検索が行われるが，単語と単語の間に明示的に AND を記さなければならないデータベースも多い．

複数の検索語の両方に該当する情報を取り出す操作を論理積という．AND は論理積を求めるための演算子（論理演算子）として使われるのである．論理積以外の論理演算として，論理和と論理差がある．論理和は，複数の検索語のいずれかに該当する情報を取り出す操作で，論理演算子として OR が使われる．たとえば，reading OR literacy として検索すれば，reading または literacy のどちらかの語を含むレコードが抽出される．不要なものを除外するのが論理差で，NOT 演算子を使う．"intrinsic motivation" NOT meta-analysis とすれば，intrinsic motivation を含む文献のうち，meta-analysis を含むものが除外されて検索される．

論理演算子を使った検索は，現在のほとんどの検索システムで用いることができる．ただし，データベースによって，論理演算子として使用される記号や使い方に違いがあるので，データベースのヘルプを参照してほしい．

トランケーション

検索語の綴りの一部が不確かであるときや，adolescent と adolescents と adolescence あるいは woman と women のように，大部分が重複して一部が異なる語を一括して検索したいときには，トランケーション（truncation）の手法を使うとよい．トランケーションに使われる記号が＊（アステリスク）であるとすると（使われる記号はデータベースによって異なる），adolescen＊のように検索することで，adolescen ではじまる語すべてを検索語として指定し

第 3 章　文献の探索　55

たことになる．トランケーションの使い方についても，データベースごとに特徴があるので，採用したデータベースのヘルプや入力例を確認しておくことをお薦めする．なお，トランケーションの機能は，ワイルドカード，マスク文字などと呼ばれることもある．

検索結果の検証

検索結果が得られたら，それらが適格性基準に照らしてふさわしいかどうかを吟味し，検索語の適切性を検証する作業を繰り返すことが重要である．その際に，個々の検索語の適切さだけを見るのではなく，

①検索結果が少ないときには，AND 検索によって条件が絞られすぎていないか，データベースの収録対象が限定的すぎないかなどを確認しよう．検索結果を増やすには，より一般的な（広義の）検索語を選ぶ，OR 検索を試みる，別のデータベースも使うなどの対策が考えられる．

②検索結果が多すぎるときには，検索語が一般的でありすぎる可能性が高い．より具体的な（狭義の）検索語を使う，検索語を追加し AND 検索を使って条件を絞る，資料種別や年代等を限定するなどの対策を試みるとよい．

用いているデータベースの利用手引やヘルプで入力例を確認することも大切である．

現在，多くの文献データベースが存在するが，それぞれに収録分野や収録範囲や収録方針に特徴があり，用いるデータベースが違うと，見つけ出される文献も違ってくる．したがって，漏れのない包括的な探索を行うためには，複数のデータベースを利用することが望まれる．文献収集計画を立案する際には，利用可能なデータベース，それぞれのデータベースの特徴を把握しておく必要がある．以下に，心理学，社会科学の分野でよく使われるデータベースのいくつかを紹介しておこう．

3.1.3　いくつかの代表的なデータベース

PsycINFO（サイコインフォ）

論文や記事などの一次情報の内容を要約した二次情報は，抄録（abstract）と呼ばれる．アメリカ心理学会（American Psychological Association：APA）

によって 1927 年に創刊された *Psychological Abstracts* 誌は，心理学とその周辺領域の研究（医学，精神医学，看護学，社会学，教育学，薬理学，言語学，人類学，ビジネス，法学など）についての代表的な抄録誌であったが，1993 年にはこれを CD-ROM にした PsycLIT が公開され，その後 *PsycINFO* データベースに一本化されている．スミスとグラスが用いたのは冊子体の *Psychological Abstracts* 誌であったが，心理学領域のメタ分析では現在は *PsycINFO* を用いることが常識になっている．

PsycINFO には，APA が刊行する雑誌のほとんどが初刊から収録されているほか，世界 50 カ国，29 言語の 2500 の心理学専門誌（うち 99% が査読つき雑誌）が収録対象となっている（2012 年 9 月現在）．1995 年以降ほぼ 100% の文献に抄録が付与され，2001 年からは引用文献も収録されている（それ以前の文献についても引用文献の収録が進行中）．学術誌論文が収録レコードの 80% を占め，図書（章レベルも含む）が全体の 8%，学位論文が 12% である．（*PsycINFO* と同じくアメリカ心理学会が提供する *PsycARTICLES* を使えば，APA 出版の雑誌のほとんどについて，全文情報を閲覧・入手できる．アメリカ心理学会は，ほかにも書籍の全文データベース *PsycBOOKS*，書評の全文データベース *PsycCRITIQUES*，灰色文献（grey literature）[3]の二次情報データベース *PsycEXTRA* 等も作成・提供している）．

ERIC（エリック）

ERIC（Education Resources Information Center）は，アメリカ教育省が 1966 年から提供している教育関係論文データベースである．約 94 万件の学術論文および約 52 万件のそれ以外の文献について，書誌事項（引用情報，抄録等）が収録されている（2012 年 9 月現在．近年，全文が利用可能な文献も増えている）．学術論文以外に，雑誌記事，博士論文，図書，調査資料，会議報告書，技術報告書，政策文書，教育関連資料（教師用ガイドブック・カリキュラム資料・授業計画・課程の説明書）など多種多様な文書・資料が収録されており，灰色文献も含まれている．インターネット上で誰もが無償で利用できる点も

3）紙媒体に印刷されるか，電子的に発行されているが，出版社によって管理されておらず，正規の流通ルートを持たない文献のこと．入手が困難であることが多い．

ERIC の長所である（http://www.eric.ed.gov/）．

Dissertation Abstracts International

北米を中心とする 1000 以上の大学の学位論文に関する書誌抄録データベースである（http://www.proquest.com/en-US/catalogs/databases/detail/dai.shtml）．領域はすべての研究分野にわたり，冊子体抄録誌 Dissertation Abstract（博士課程論文の書誌抄録）だけでなく，Masters Abstract（修士課程論文の書誌抄録）も収録されており，現在は，ProQuest 社が提供する ProQuest Dissertations and Theses（PQDT）学位論文書誌抄録データベースとなっている（冊子体は現在も利用可能）．PQDT は，ProQuest Dissertations and Theses A & I（書誌抄録まで閲覧可能）と ProQuest Dissertations and Theses Full Text（全文まで閲覧可能）の 2 種類を提供している．なお，心理学分野に分類されている関連レコードの一部は，*PsycINFO* にも収録されている．

2000 年前後以降，インターネットで全文閲覧できる博士論文（電子学位論文，Electronic thesis and dissertation：ETD）も増えている．一般の検索エンジンでも，論文タイトルで検索して目的の論文が見つけられることがあるが，より詳細かつ丁寧な検索をするには，各大学が運営するデータベース（リポジトリ等）を使う必要がある．各大学図書館の蔵書目録（OPAC）から，博士論文の全文へのリンクが得られることもある．

Google Scholar（グーグルスカラー）

Google Scholar は，ウェブ上の学術文書専用に特化した Google の検索サービスである．学術出版社，専門学会，プレプリント管理機関，大学，その他の学術団体の学術専門誌の研究論文・学会論文・書籍・抄録・テクニカルレポート等を検索できる．見つかった文献を引用している文献，引用文献から抽出した書誌にもリンクしている．Google Scholar には Google のランキング技術が用いられているため，それぞれの文献が掲載された出版物が他の学術資料に引用された回数や検索語の出現頻度等が考慮され，最も関連性の高い情報を持つページが上方に表示される．英語の文献だけでなく，英語以外の文献も多言語でのキーワード検索や表示ができる．

3.1.4 引用索引データベース

文献を探索する過程で関連文献が見つかったら，その文献中で引用あるいは参照された文献のうちから新たな関連文献を見つけ，さらにその引用・参考文献をたどることを繰り返すという探索方略は，脚注追跡（footnote chasing）あるいは先祖探索法（ancestry approach）と呼ばれ，従来から広く用いられている．引用・参照関係に注目して関連文献を探すというのは，とても効率のよい方略ではある．しかし，脚注追跡でたどれるのは，（当然ながら）新しい文献から古い文献へ遡る方向だけであり，古い文献から新しい文献を探すことはできない．これを可能にするのが，引用索引データベース（citation index database）である．引用索引データベースでは一次情報の参照・引用文献が索引化されている．そのため，ある論文Bを最初の手がかりとすれば，論文Bが引用する論文Aを見つけられるだけではなく，論文Bを引用する論文Cも発見することができる．引用索引データベースを使えば，論文間の引用・被引用関係を簡単に調べられるので，引用度が高い研究を簡単に見つけられる．また，関心を向けている領域の研究が，いつごろ，どの程度行われているのかを知ることができ，関心を共有する一群の研究をまとめて見つけるのにも役に立つ．

引用索引の歴史は古く，1963年にユージン・ガーフィールドが作った紙媒体のScience Citation Index（SCI）が最初のものである．現在の代表的な引用索引データベースとしては，Web of Science（SCIの後継）やScopus等が存在する．Web of ScienceとScopusは，人文社会科学分野から自然科学分野にわたる幅広い領域をカバーする総合的なデータベースであり，文献の検索だけではなく，文献の引用回数や雑誌の影響度などさまざまな評価指標が利用できる．また，二次情報データベースであるため本文を持たずに，リンクの形で本文にアクセスする点でも両者は共通している．収録雑誌は重なるものも多いが，収録方針の違い等から，それぞれのデータベースで若干異なっている．

Web of Science（ウェブオブサイエンス）

自然科学分野のScience Citation Index Expanded（SCIE），社会科学分野のSocial Science Citation Index（SSCI），人文科学分野のArts & Humanities Citation Index（A & HCI）などは，トムソン・ロイター（Thomson Reuters）

社が作成した世界的に評価の高い引用索引データベースである．トムソン・ロイター社は，現在，これらのデータベースに会議録データベース（Conference Proceedings Citation Index）などを加えて，Web of Science というシステムとして，サービスを提供している．Web of Science を使えば，雑誌の影響度を表すインパクトファクター指標，論文の引用回数，著者索引機能などを利用して検索結果を絞り込むことができる．選定したテーマに関するキーワードを抽出し，類似度の高い文献を分類することも可能である．また，Web of Science 自体は論文の全文データを持っていないが，全文や外部のデータベースへのリンク機能を強化しているため，アクセス権を持つ利用者（所属機関が電子ジャーナルや全文データベースを契約している，個人的にアカウントを持っているなど）ならば，直ちに論文全文を閲覧・入手できる．

Scopus（スコーパス）

Scopus は，エルゼビア（Elsevier）社から提供される科学・技術・医学・社会科学・人文科学分野など全分野にわたる学術情報ナビゲーションシステムである．抄録の最も古いものは 1800 年代にまで遡るが，参考・引用文献の収録は 1996 年以降に出版された文献で行われている．これらの文献については，文献・引用文献の検索や文献間のリンクが可能になり，文献のさまざまな評価指標を利用できる．Web of Science と比べると，抄録雑誌の網羅性が Scopus のひとつの特徴となっており，とくに英語以外の言語の学術雑誌（英語抄録があるもの）が数多く収録されている（Web of Science と Scopus の収録雑誌数の比較などについては，http://www.jisc-adat.com/adat/home.pl を参照）．また，エルゼビア社が提供する電子ジャーナル Science Direct も契約をしていれば，Scopus での検索結果から Science Direct の全文へ直ちにアクセスすることができる．

Web of Science と Scopus のいずれか（あるいは両方）を契約している大学・研究機関は増えており，また，非常に強力な検索機能を持つため，これらの有用性は高い．しかし，心理学関連分野に特化したデータベースではないため，心理学分野の論文を探すときに，これらだけを使って漏れのない完全な文献リストを作るのは難しいかもしれない．最近では，*PsycINFO* など通常の書誌・抄録データベースでも，引用文献を収録し，引用文献検索の機能を備える

ものが現れていることも付言しておこう．

　ここまでに紹介したデータベースのうち，Google Scholar と ERIC はインターネットを通じて誰もが無償で使えるが，そのほかについては，使用するためにライセンスが必要である．最近では，文献データベースや電子版の学術雑誌とサイトライセンス契約している大学図書館が増えている．大学が契約を結んでいれば，大学のネットワーク環境に接続した学内の PC から，無料でデータベースにアクセスできる．また，大学で契約している電子資料（データベース・電子ジャーナル・電子ブック）を自宅や出張先など学外から利用するための「学外アクセス」サービスを提供する大学も増えている．大学の教職員，学生は自分の大学で利用可能なデータベースやサービス，およびその形態を確認しておくとよい．

3.2　学術論文誌・学会情報に基づく文献探索

　データベースを活用することで，多くの関連研究を効率的に見つけることができる．しかし，データベースだけに頼って文献探索をすることは危険でもある．現在，重要な学術誌の多くがデータベースに収録されているが，すべての学術誌あるいはすべての巻号，学術誌論文中の全引用情報がカバーされているわけではない．今後，重要な雑誌の大部分がデータベースの収録対象となり，過去の雑誌についても遡及入力が進むことで，紙媒体の資料を探す必要性は減っていくことが予想される．しかし，現段階では（分野によっては当分先まで），紙媒体の資料を無視することはできない．また，本来は対象とすべき研究が検索に適合せずに，見落とされる可能性も否定できない．研究者によっては，電子版を利用できない環境にあるかもしれない．したがって，メタ分析の対象文献を探索するのには，データベースだけに依存するのではなく，他の方法も併行して使うことが望まれる．

　学術論文誌は，学術研究に関するもっとも基本的な一次情報源である．メタ分析を行おうとする者自身が，目的とする研究テーマについてある程度の知識を持っていれば，その領域で活躍する専門家の名前や，関連研究がよく掲載さ

れる学術雑誌に心当たりがあるだろう．また，データベースによる探索の過程でも，頻繁に現れる学術雑誌に気づくかもしれない．そのような学術雑誌があれば，適格性基準で定めた年度範囲内の巻号を手に取って目次に目を通すとよい．その雑誌が電子化されているならば，インターネット経由で閲覧してもよいだろう．関連する論文が見つかれば，その引用・参考文献リストを手掛かりにして，対象論文を広げていくこともできる．見つけた論文がレビュー論文ならば，関連する先行研究を効率よく集めることができる．この作業は，研究の適格性基準に合った適切な検索語を特定・表現するときにも，役に立つだろう．

世界各国には心理学や社会科学に関する学会が数多くあり，各学会とも毎年1，2回の大会（総会）を開いている．一部の学会を除けば，通常，学会発表の審査は雑誌論文と比べて厳しくないため，内容的には玉石混淆である．だが，学会に参加することで，他の研究者と情報を交換でき，雰囲気を肌で感じることもでき，領域に関する最新動向を知るのに適している．

会議の会議録あるいは予稿集も，重要な情報源となる．たとえば，アメリカにおける代表的な学会のひとつである American Educational Research Association（AERA）の大会は，セッションが細分化されて活発に発表が行われているが，ウェブ上で会議録にアクセスできる．会議録を見ることで，最新情報を入手し研究動向を把握できるだけでなく，各領域で活躍している研究者を見つけ出し，彼（女）らの研究を追跡することができる．

3.3 専門家からの直接情報による文献探索

入手すべき文献について，メタ分析の対象領域の専門家にアドバイスを求めることもよくある．ホワイトは，研究者間ネットワークを通じての情報収集について，「見えざる大学（invisible college）」という概念を使って説明している（White, 2009）．見えざる大学とは，構成メンバーを明確に定義はできないが，同じ研究課題への強い関心を共有する人たちのネットワークのことを指す．そうしたネットワーク内には，誰もが認める，生産的でコミュニケーションの中心になるメンバーがいる．そうした共同体のメンバーに，電話や手紙，最近では，e メールあるいはメーリングリスト（LISTSERV），ニュースグループ，

掲示板などを通じて，情報提供を求めるのである．依頼する際に，適格性基準を満たすことが確認済みの文献リストを添付し，リストに含まれない文献を追加してもらうというのも良いアイディアである．

また，研究者間の新たな情報交換手段として，Twitter, Facebook, あるいは Google＋ なども，活用されはじめている．学術コミュニケーションの形態，研究者どうしの情報交換の方法は，情報技術の発展・進歩によって今後さらに変化していくだろう．今後の進展は明確には予測しにくいが，未公表研究やいわゆる灰色文献など，これまでは探しにくかった研究を探すのが容易になっていく可能性もある．

3.4 探索過程の記録を管理することの重要性

以上見てきたように，メタ分析のための文献探索は，探索漏れがないことを目標として，いろいろな手段で行われる．したがって，探索過程をしっかりと記録，整理しておくことが，非常に重要である．用いたデータベースの名称や，使った検索語など検索法の詳細，検索を行った環境や日時，検索を行った者の氏名などを，記録しておくべきである．複数の情報源（違った種類のデータベース，学術論文など）から共通の文献が見つかることはめずらしくないが，無駄な重複がないように，きちんと管理されていなければならない．

こうした情報は，手順の透明性や再現性を確保するために大事なだけでなく，後日メタ分析をアップデートする必要が生じた場合にも，とても役に立つものである．

3.5 文献の入手

ここまでに見てきたような文献探索を通じて，収集対象の候補文献が揃うのだが，候補として挙がった文献すべてが，メタ分析に必要なものだとはかぎらない．3.1 節で述べたように，メタ分析においては，精度を犠牲にしてでも再現率を高めることを目標として文献を探索する．したがって，見つかった文献の中には，適格でないもの（false positive）が多く含まれている可能性がある．

そこで，文献リストのタイトルを概観し，タイトルを見ただけで適格でないことが明らかな文献は直ちに除外し，タイトルだけでは判断できないときには要旨を読むという作業を，できれば複数人で独立に行う．そして，このスクリーニングを通過した文献だけを選んで，所在の確認・入手の過程に進めばよい．複数人の判断が食い違った場合には，1人でも適格と判定すれば，暫定的に適格とすることが多い．

インターネットあるいは情報通信技術の革新は，文献の入手法にも変化をもたらしている．ウェブ上にデータ・情報を発信することが容易になったことを受けて，論文の全文を収録した「全文データベース」，それらを集積した「電子図書館」が現れている．編集・出版の最初の段階から電子化が行われる「電子ジャーナル」，大学・研究機関などが所属する研究者の発表論文等をアーカイブする「機関リポジトリ」（所属研究者の研究成果と機関の活動成果，学術雑誌掲載論文，学会発表資料，紀要論文，学位論文，記事・コラム，研究データなど），雑誌の「オープンアクセス化」の動きも加速している．これらにより，文献を電子的に閲覧・入手できるケースが増えているのである．現在，抄録データベースあるいは引用索引データベースを提供する各サービスシステムは，論文本体とのリンク機能を強化しており，Google Scholarでヒットした文献の中にも，直ちに全文を（多くの場合，PDF形式で）入手できるものが増えている．

他方，電子的に入手できない文献も未だ数多く残されている．この場合には，その文献を所蔵している図書館を探さなければならない．どの大学，研究所の図書館でも，オンライン蔵書目録OPAC（Online Public Access Catalog：OPAC）を提供しているので，まずは自分の所属機関で文献を入手できるどうかをたしかめよう．所属機関に文献がなければ，つぎに国立情報学研究所が提供する全国の大学図書館蔵書の検索サービスCiNii Books（http://ci.nii.ac.jp/books/）（2011年11月9日リリース）[4]を調べる．雑誌名あるいは図書名で検索すると，その文献を所蔵している大学や研究機関名がリストアップされる．学術雑誌の所在が確認できたとしても，全巻が揃っているとはかぎらないので注

4） 前身のNACSIS Webcatは2013年3月にサービスを終了する予定．

意が必要である．図書館ごとに所蔵する巻号も表示されるので，自分が必要とする巻号が含まれるかどうかを確認しよう．国会図書館を利用するつもりならば，国会図書館の所蔵目録 NDL-OPAC（http://opac.ndl.go.jp）にアクセスすればよい．なお，所属機関がリンクリゾルバ[5]を導入している場合，OPAC や CiNii Books へ直接にリンクできるデータベースが多くなってきている．

文献の所在がわかれば，先方の図書館に連絡をしてから足を運び，論文を閲覧あるいは複写すればよい．所蔵する図書館が遠方であるときや入手を急がないときには，図書館間相互貸借サービス（Inter Library Loan：ILL）を利用し，文献複写を依頼することもできる．ILL で申し込むと，郵便またはファクス等によって依頼論文の複写物を送ってもらえる（2012 年 3 月現在，ほとんどすべての国公私立大学を含む 1112 機関が ILL サービスに参加しているが，サービスの年間利用件数は，2005 年の 1200 件をピークに年々減少の傾向にある．これは，インターネット上で電子的に入手できる文献が増えたことによると思われる）．

3.6　探索から入手までの実際

現在，電子ジャーナルを中心とした学術情報の電子リソースが増大する中で，学術情報は，紙媒体と電子媒体，有料公開と無料一般公開，図書・雑誌単位と論文単位など，多様な状態で混在している．利用者の情報入手行動が電子媒体を前提にしたものへと変化していく中で，大学図書館は，図書館内外あるいは Web 上に存在する膨大な学術情報へのアクセスを，わかりやすくかつ網羅的に利用者に提供する方法を模索している．電子ジャーナル集，OpenURL リンクリゾルバ，OPAC 等の電子的なサービスとそれらの相互連携による利用環境の整備とともに，多種多様な学術情報を相互に結びつけて利用者へ提供する方法の検討が行われている．本節では，そのような状況を踏まえ，文献の探索から入手までの一連の過程を，少し具体的にたどってみよう（図 3.4）．

以下では，図書館のウェブサイトからの利用を想定し，二次情報データベー

5）データベースの検索結果から本文への適切なリンクを生成するシステム．

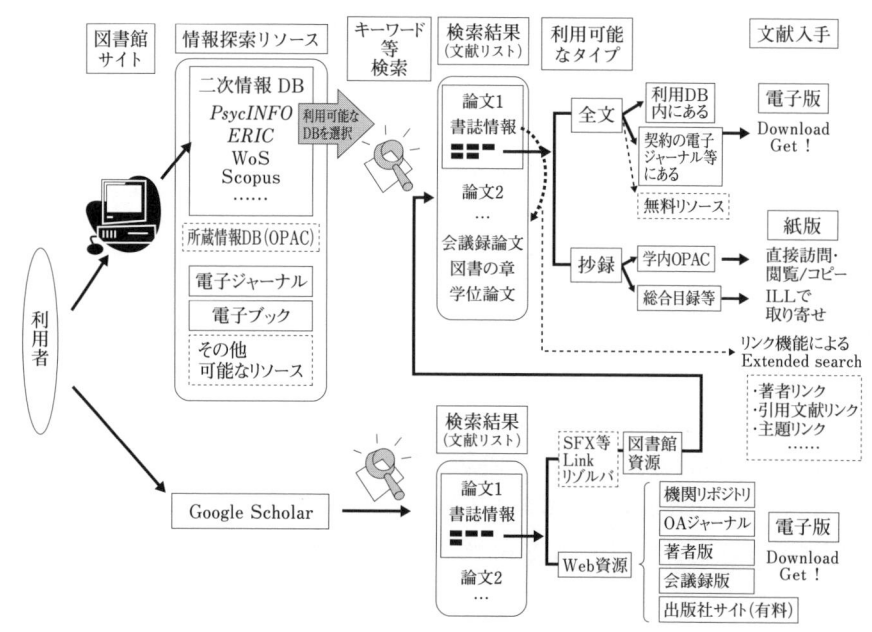

図 3.4 文献探索から入手までの過程

スを用いたキーワード検索の手順から説明しよう．

①所属機関の図書館ウェブサイトにアクセスし，利用できるデータベース，電子ジャーナル，電子ブックをたしかめる．データベースのサービスは，データベース作成元が直接に提供することもあるが，複数の版元のデータベースや電子出版物を集めて売る「アグリゲータ（aggregator）」と呼ばれる業者を通じて提供されることが多い．PsycINFO の場合は，EBSCO や ProQuest，OVID などが代表的なアグリゲータである．アグリゲータは，データベースを含む多くのコンテンツを同一システム上で提供しているため，複数のデータベースを跨ぐ文献の横断検索が容易になる．たとえば，EBSCO は，PsycINFO のほかに，ERIC や MEDLINE などを提供している（ただし，契約内容によっては，すべてのデータベースを利用できるとは限らない．契約していない場合には，データベースリストに表示されない）．自分の所属機関の図書館が，どこのアグリゲータとどんな契約をしているのかによって，利用できる環境が違ってくる．

②用いるデータベースを選び，文献検索を開始する．検索の際には，検索語の選定や検索式の利用など，3.1.2で紹介した検索方法を上手に使おう．使用するデータベースによって，検索可能なフィールドや検索式の書き方が異なるので，データベースのヘルプ等で確認すること．

③文献検索で見つかった文献（検索結果）について，図書館で利用可能な各種情報源（電子ジャーナルやデータベースなど）が一元的に表示される．検索結果である文献のタイトルや，著者名，掲載誌名，巻号，出版年などの書誌情報および簡略された抄録がリストで表示される．本文を電子的に利用する権限がある場合には，文献へのリンクがアイコンで表示される．複数の情報源から入手できるものは，複数行にわたって表示されることがある．論文への直接のリンクがない場合にも，所属大学における紙媒体の所蔵状況や他大学の所蔵状況などを検索することができる．表示の仕方やサービス内容については，利用している文献検索システム（アグリゲータ）によって異なる．検索者は，この最初の検索結果を見て，適格な文献が漏れなく探せているか，あまりに多くの無関係な文献が抽出されていないかなどを評価する．必要に応じて，検索語や検索式を変更し，公表形態の範囲を変えるなどして，検索をやり直す．また，検索結果の抄録を読むことで，関連のありそうな文献が見つかることもある．

④検索結果リスト中に，詳しい書誌情報を得たい文献があれば，その文献のタイトルをクリックすればよい．書誌情報画面に全文データがあれば，アイコンをクリックすることで本文の電子版を入手することができる．本文を閲覧できない場合には，OPAC等とリンクして文献の所在情報を確認して，文献複写を申込み，紙媒体の文献を入手することになる．近年ほとんどの図書館では，リンクリゾルバを利用しており，購読契約している電子ジャーナル，全文データベース，その他の電子リソースや，所蔵情報データベースOPACにシームレスにつなげることが可能になっている．

⑤全文が入手できたら，最終的に適格性を判定するために，複数人が独立に全文を読む．判定の理由は文書化しておく．判定が食い違ったときには，話し合って解決するか，第3の判定者に依頼する．適格性基準は文献探索をはじめる前に決めておくべきだが，想定外の文献が現れ，修正を迫られることもある．修正した場合には，すでに判定済みの文献にも同じ基準を適用する．こうした，

文献収集やスクリーニング，適格性判定の過程は文書化しておくことが重要である．この段階で適格と判定された文献がコーディング（第4章）の対象となる．

　Google Scholar を検索インタフェースとする文献検索についても，触れておこう．図3.4に示すように，Google Scholar で検索した場合，検索結果が得られた時点で，図書館のリンクリゾルバ機能を通して，図書館サイトから利用する場合と同様に，図書館検索システムを利用することができる．また，Web上に無料で一般公開されている膨大な学術情報の検索結果，たとえば，学術的な信頼性も高い無料の文献データベース（医学系二次情報データベース MEDLINE を中核とした無料の文献データベース PubMed や国立情報学研究所の日本語文献データベース CiNii など）や機関リポジトリ，オープンアクセス（OA）ジャーナル，文献の著者バージョン，会議録の電子版などが表示される．無料で利用できないものは，出版社の有料サイトにナビゲートされる．Google Scholar は，ウェブ上に存在する学術情報を網羅的に探すため，複数バージョン（出版社の電子ジャーナル掲載文献，機関リポジトリ上のもの，著者個人がウェブサイトに載せたバージョンなど）が存在する場合，それらすべてが表示される．しかし，これらの複数バージョンは必ずしも同一ではないので，とくに文献を引用する場合に注意が必要である．

3.7　日本語文献の探索と入手（CiNii）

　これまでに行われたメタ分析の圧倒的多数は，英語で書かれた文献のみを探索対象としている．しかし，日本でも今後メタ分析研究が普及していけば，日本語文献を対象とするメタ分析の必要性も増すと思われる．前節までに紹介したデータベースのうち，Google Scholar では日本語の文献を検索できるが，そのほかのデータベースは，日本語文献への対応は十分でない．そこで，第3章を締めくくるに当たって，国立情報学研究所（NII）が提供する日本の文献情報ナビゲータ CiNii を中心に，日本語文献の探索と入手方法について紹介する．

CiNii（サイニイ）(http://ci.nii.ac.jp)

CiNii（Citation Information by NII）は，国立情報学研究所（NII）が作成・提供する日本の文献検索サービスである．従来 CiNii は学術論文を対象とするサービスであったが，大学図書館等の所蔵資料の所在情報検索サービスを提供してきた「NACSIS Webcat」の後継として「CiNii Books──大学図書館の本をさがす」がリリース（2011年11月9日）されたのに伴い，CiNii は文献情報と所蔵情報を同一のユーザインタフェースで検索できる統合サービスとしてリニューアルされた（従来の論文検索サービスの部分は「CiNii Articles──日本の論文をさがす」と名称変更）．収録論文の PDF 本文内容を検索する全文検索機能も追加された新しい CiNii を用いることで，日本語文献の検索から入手までを，網羅的かつ効率よく行うことができる．

CiNii Articles は，日本の学協会刊行物，大学研究紀要，国立国会図書館の雑誌記事索引データベースなど，国内の学術論文情報を検索するための文献データベースサービスである．CiNii が収録するデータベースは表 3.2 の通りである．2012年10月現在，収録された文献情報は約 1570 万，うち，CiNii に本文がある論文は，学協会刊行物，各大学あるいは NII が電子化した研究紀要の一部を合わせて約 385 万件である．これらの刊行物に掲載された本文については，全文検索，閲覧，入手が可能である．収録されている雑誌名および巻号は随時更新されるため，最新の状況は CiNii のウェブページ (http://ci.nii.ac.jp/cinii/servlet/DirTop) で確認してほしい．CiNii 自体に本文がない場合には，連携サービスのリンクを通して，検索結果から J-STAGE や機関リポジトリ等の文献，医学中央雑誌等の国内の論文に到達することができる．

心理学関係の学会が発行する刊行物に関して見ると，『教育心理学研究』『教育心理学年報』『社会心理学研究』『発達心理学研究』などのほか，諸学会の大会論文予稿集（日本教育心理学会総会発表論文集，日本性格心理学会大会発表論文集，日本パーソナリティ心理学会大会発表論文集など）については，CiNii Articles から全文にアクセスすることができる．『心理学研究』については，第 1 号からの全文が J-STAGE に収録されているが，CiNii Articles から利用できるのは，論文の書誌情報だけであり，全文へのリンクは近年のものにかぎられる（このあたりの状況は流動的であり，今後も変わっていく可能性がある）．

表 3.2 　CiNii 収録の各データベース（2012 年 10 月 1 日現在）

データベース名	データ数*	年間増加数	更新頻度	本文	料金
NII-ELS 学協会刊行物	約 345 万件	約 15 万件	日次	○	一部有
NII-ELS 研究紀要	約 105 万件（本文 40 万件）	約 6 万件	日次	○	無
引用文献索引データベース	書誌：約 195 万件 引用：約 2170 万件	書誌：約 15 万件 引用：約 170 万件	10 回/年	×	引用は有
雑誌記事索引データベース	約 1070 万件	約 45 万件	週次	×	無
機関リポジトリ	約 70 万件	不定	週次	○	無
J-STAGE	約 50 万件	不定	数回/年	○	無
日本農学文献記事索引（JASI）	約 12 万件	未定	週次	○	無
CiNii 合計*	約 1570 万件				

* データ数の合計が一致しないのは，複数のデータベースに重複するデータがあるため

　電子版が存在しない場合には，CiNii Books のレコードへナビゲートし，掲載雑誌や図書を所蔵する大学図書館を見つけることができる．所属機関でリンクリゾルバ機能が設定されていれば，検索結果に OPAC やリンクリゾルバへのリンクアイコンが表示され，CiNii の検索結果が所属機関の図書館に所蔵されているかどうかを確認できる．所蔵していない場合には，外部への文献複写（ILL）を申し込まなければならない．

　CiNii による検索はすべて無料だが，本文の閲覧・ダウンロードは 50% 近くの文献について有料である．機関定額制を採用していれば，約 90% の論文について定額内で本文を利用できる（約 10% の論文については，別途支払い．料金に関するこれらの規定は各学会の方針による）．国内 4 年制大学の約 7 割以上が定額制を利用している．所属する機関が「定額制機関」であるかどうかは，所属する機関の端末から CiNii トップページ（http://ci.nii.ac.jp/）にアクセスして確認できる．定額制機関であれば，トップ画面右上に機関名が表示される．定額制機関に所属している教員および学生は，機関内の端末からライセン

ス個人IDを取得すれば，所属機関外の端末（たとえば自宅や外出先のノートパソコン）からでも，CiNiiのすべての機能を利用することができる．なお，所属機関が定額制機関に所属していない場合でも，個人IDを登録すれば，CiNiiのすべての機能を利用することができるが，年間登録料金と利用料金が必要になる．

　CiNii収録の主要な学術論文データは，Google ScholarやYahoo!検索 論文検索（http://ronbun.search.yahoo.co.jp/）からも利用可能である．両者ともに，検索結果一覧ページに論文のタイトルや著者名，抄録などの基本情報が表示されるので，目的の論文情報をクリックすると，CiNii上の論文情報詳細ページに移動し，論文の詳細情報を閲覧できる．本文が電子化されているものについては直接本文データ（一部は有料）にアクセスすることができる．

引用文献

Hunt, M. M.（1997）. *How science takes stock：The story of meta-analysis.* New York, NY：Russell Sage Foundation.

Littell, J. H., Corcoran, J., & Pillai, V.（2008）. *Systematic reviews and meta-analysis.* New York, NY：Oxford University Press.

White, H. D.（2009）. Scientific communication and literature retrieval. In H. Cooper, L. V. Hedges, & J. C. Valentine（Eds.）, *The handbook of research synthesis and meta-analysis*（2nd ed.）pp. 51-71. New York, NY：Russell Sage Foundation.

第4章
収集した研究のコーディング

　第3章では，適格性基準を満たした文献（研究）の探索と入手について説明した．適格な研究の入手が終われば，メタ分析のデータ収集まであと一歩である．第4章では，メタ分析におけるデータ収集について見ていく．

　データを集めはじめる前には，データ収集の単位と注目すべき変数を決めておかなければならない．一次研究の場合でいうと，人や動物などの個体（ときには学校や地方自治体などの集団）がデータの単位，研究で注目する特徴が変数となる．これに対して，メタ分析研究におけるデータの基本的な単位は「研究（study）」であり，研究の諸特徴（効果量，研究が用いている方法，公表年，サンプルサイズなど）が変数となる．変数として何を取り上げるかはメタ分析の目的に応じて決まるが，効果量はメタ分析に不可欠の変数である．メタ分析におけるデータは，入手した研究をひとつひとつ読みながら，変数に関して情報を抽出し記録する作業，すなわちコーディング（coding）を通して収集される．

　第4章では，4.1節で効果量のコーディングについて見る．その後，4.2節で研究の特徴についてのコーディングを，4.3節でコーディングの実際をまとめる．最後に，4.4節でコーディングの信頼性の問題を論じる．なお，効果量の計算手順については第5章で解説されるので，ここでは触れない．

4.1　効果量に関するコーディング

4.1.1　複数の概念・操作的定義のコーディング

　メタ分析のために集めた複数の研究をひとつひとつ見ていくと，注目している従属変数が多様な概念で表わされていること，操作的定義も一通りでないこ

とに気づくかもしれない．たとえば，心理療法の効果を検討する一次研究を数多く集めたとき，療法の効果を表すために使われている概念が，自尊感情，抑うつ感，学校・職場での適応，対人関係の質など，研究によって違っているかもしれない．また，適応の個人差を自己評定尺度で測った研究もあれば，教師や上司による評定を用いた研究もあるというように，同じ概念に何通りかの操作的定義が与えられているかもしれない．こうした多様性は，ゆるやかな適格性基準を採用したときに生じやすい．注目している変数を表すのに多様な概念あるいは操作的定義が用いられているときに，効果量をどのようにコーディングし分析するか，リプジーは3つの選択肢を示している（Lipsey, 2009）．

方略1 すべての概念，すべての操作的定義を区別せずにコーディングする．概念間あるいは操作的定義間の違いを強調せずに，全体が代表する包括的な問題に焦点を当てようとするときに，このような方略が選ばれる．心理療法の効果に関するスミスとグラスの古典的メタ分析では，恐怖・不安の低減，自尊感情，適応感，学校や職場での成績などのいろいろな概念について，どれもが一般的な心理的適応の指標であると見なして，それらから得られた効果量を区別せずに平均している（Smith & Glass, 1977）．

方略2 方略1とは対照的に，関心を向ける1つの概念を特定して，その概念に関わる特定の操作的定義だけをコーディングの対象にする．たとえば，ドブソンは，抑うつに対する認知療法の効果を検討するメタ分析において，用いる測定道具によって抑うつの変化量に差が見られることを指摘したうえで，ベック抑うつ尺度（Beck Depression Inventory：BDI）を用いた研究だけを選んで，効果量をコーディングしている（Dobson, 1989）．

方略3 包括的な方略1と限定的な方略2の中間的な方略として，複数の操作的定義を含む1つないし複数の概念を取り上げ，操作的定義の違いは無視するけれど，概念の違いは明確に区別してコーディングするというアプローチもある．性格特性の発達的変化に注目したロバーツらのメタ分析（Roberts, Walton, & Viectbauer, 2006）では，一次研究レベルで用いられていた多くの種類の性格尺度を，ビッグファイブをアレンジした6特性（社会的支配性，社会的活力，調和性，誠実性，情緒安定性，開放性）のいずれかに分類し，同じ特性に

	方略1	方略2	方略3
概念1　操作的定義11	○		○
操作的定義12	○		○
概念2　操作的定義21	○	○	○
操作的定義22	○		○
操作的定義23	○		○
概念3　操作的定義31	○		
操作的定義32	○		

コーディングする箇所に○
太枠で囲まれた範囲が，他とは区別されるまとまり

図 4.1　複数の概念・操作的定義のコーディング

分類されたものについては，尺度の種類の違いは区別せずにコーディングしている．このメタ分析では，6つの特性ごとに性格の発達的変化を追跡しているが，同じ特性に分類された性格尺度間の差異には関心が向けられていない．

　以上の3つの方略の違いを図 4.1 に示した．
　どのようなコーディング方針を選ぶのかは，第2章でも見たように，メタ分析の問題設定によって決まる．高い水準での一般化を指向し，概念間の違いに興味がないときには方略1を選ぶことになるだろう．また，概念や操作的定義の間に無視できない違いがあると考えるとき，何らかの理由で限られた操作的定義にのみ注目するならば方略2を，複数の概念が異なる結果変数を代表すると見なすならば方略3を選ぶことになる．方略3のように概念を区別してコーディングをしておいて，全体としての効果量を知りたいときには概念の違いを無視して平均し，必要に応じて概念ごとに区別された効果量を分析するという研究も多くある．

4.1.2　1つの研究が複数の効果量を報告している場合のコーディング

　効果量を取り出す単位としての「研究」について，リプジーとウィルソンは，「単一の計画のもとで，ある決まった標本から集められた1組のデータで構成されるもの」と定義している（Lipsey & Wilson, 2001）．研究は通常，学術論文や学会発表として報告されることから，「論文」あるいは「学会発表」が「研

究」と同義と見なされることも多い．しかし，1つの論文の中に，上の意味での研究が複数含まれていて，それらの研究ごとに効果量が報告されていることもあり，そのような場合の効果量のコーディングには注意が必要である．メタ分析で用いられる統計的手法は，効果量が互いに独立であることを前提としている．しかし，1つの研究が複数の効果量を報告しているとき，それらの効果量は互いに独立だとは考えられず，それらをすべて採用して通常の方法で分析することには問題がある．また，報告されている効果量をそのまますべて用いると，利用される効果量の個数が研究ごとに変わってしまい，少数の効果量を報告している研究に比べて，多数の効果量を載せた研究の結果が過大に評価されてしまうという問題も生じる．独立でない効果量を扱うための統計的な方法も種々提案されてはいる（Gleser & Olkin, 2009）が，それらの方法を用いるには従属変数間の相関の情報が必要であるなど敷居が高く，現状では一般的とはいえない．

1つの研究から複数の効果量が得られるケースは，何通りかに場合分けできる．以下では，①複数の概念，複数の操作的定義が用いられている，②下位集団ごとに結果が報告されている，③同じ操作的定義が複数の時点で用いられている，という3つの場合について，互いに独立な効果量を得るためのコーディング法をまとめる．

①複数の概念，複数の操作的定義

同じ1つの研究の中で，複数の概念あるいは1概念について複数の操作的定義を用いた結果が報告されているとき，統計的依存性の問題を回避するためには，以下のような選択肢がある．

（a）複数の候補の中から1つだけを選んで効果量をコーディングする．選び方としては，「その分野でもっともよく用いられるものを選ぶ」「他の研究との比較可能性を最大にするものを選ぶ」「無作為に選ぶ」などが考えられる．

（b）複数の効果量の平均（あるいは中央値）を求めることで，1研究について1つの効果量を得る．

これらの方法を使うことにより，統計的依存性の問題は避けることができるが，概念を区別して効果量を分析することはできなくなる．そこで，最初の段階では，1研究について得られる複数の効果量をすべてコーディングしておき，

全研究を通しての包括的な効果量に関心を向けるときには，上記のいずれかの方法によって1研究について1つの効果量にまとめ，概念を区別した分析を行いたいときには当該概念に関係する効果量を選び出して用いる，といった手立てが講じられることも多い．たとえば，自己の経験や感情を開示することの効果を検討したフラッタロリのメタ分析では，まず，146個の一次研究で用いられていた多様な結果変数を，心理的健康，生理的機能，報告された健康，健康行動，全般的機能，主観的な効果の6種類の概念に分類し，つぎに，各研究内で（最大で）6種類の効果量ごとに平均を求め，最後に，各研究内で求められた（最大で）6種類の効果量を平均して，1研究につき1つの効果量を得ている．そして，全体の平均効果量を求めるときには，各研究から1つずつ得た146個の効果量を用い，結果変数の種類ごとの平均効果量を求める際には，関係する効果量（たとえば，心理的健康については112個，生理的機能については30個）を抜き出して用いている（Frattaroli, 2006）．

②複数の下位集団

集団全体での結果のほかに，たとえば男女別など下位集団ごとに結果が報告されていることがある．このようなとき，下位集団ごとの検討に関心があるのなら，効果量を下位集団別にコーディングすることにも意味がある．ただし，メタ分析の対象となる一次研究の多くで，効果量を下位集団別に求めるための情報が示されていなければ（たとえば，結果が男女別には報告されていない），意図通りの分析はできない．下位集団別に効果量をコーディングするべきかどうかは，その分析に意味があるか，十分な数の一次研究から情報が得られるかが鍵になる．

同一の研究から，全体集団にもとづく効果量と下位集団にもとづく効果量とが得られるとき，両者の被験者は当然重なっているため，互いに独立ではない．また，異なる観点による下位集団どうし（「男性」と「30～39歳」など）も，被験者の一部を共有しており，効果量は互いに独立とはいえない．したがって，1つのメタ分析の中で，これら両方の効果量を用いることは避けるべきである．被験者が重なっていなくても（たとえば「男性」と「女性」），同じ研究者が集めたデータから計算された効果量どうしでは統計的依存性の問題が生じると考える研究者もある．

③複数の測定時期

　介入（処遇，指導）の効果を検討する研究で，同じ概念あるいは同じ操作的定義について，複数回の測定が行われることがある（介入前，介入終了直後，3カ月後のフォローアップ，半年後のフォローアップなど）．このようなとき，それらすべてをコーディングするのか，どれか1つをコーディングするのか，などを決めなければならない．1つだけをコーディングする場合には，ほとんどすべての研究で報告されており，介入後の期間の違いも気にしなくてよいという理由から，介入直後の測定値を用いることが多い．介入効果の持続期間に関心があるならば，介入後の期間について，たとえば，1カ月後，半年後，1年後のように，コーディングしておくべきである．

　縦断的研究でも，その性質上，必然的に複数回の測定が行われる．性格特性の変化に注目したロバーツらのメタ分析を例にとると，研究の終了時と開始時に測定された性格特性の平均の差を開始時の標準偏差で割ることで，1研究につき1つの効果量（標準化された平均値差）を算出し，終了時と開始時の中点の年齢によって，研究を10～18歳，18～22歳，22～30歳などの集団に分類して，年齢集団ごとの効果量平均を求めている（Roberts et al., 2006）．

4.1.3　効果量のコーディングに関する留意点

　複数の概念や操作的定義を区別して効果量をコーディングする場合には，それぞれの効果量がどの概念，どの操作的定義にもとづくのかもコーディングの対象になる．あるいは，複数の下位集団別に効果量をコーディングする場合には集団の区別もコーディングすべきだし，介入研究や縦断的研究のように複数の測定時点で効果量が得られる研究では，測定時点がコーディング対象となる．また，効果量を求めるのに使われる変数について，データ収集の方法（自己評定か，観察者の評定か，面接か），変数の性質（2値か，順序性がある離散変数か，連続変数か），信頼性や妥当性の数値などもコーディングしておくことが望ましい．

　アメリカ心理学会（APA）では近年，一次研究においても効果量を報告することを強く推奨しており（Working Group on Journal Article Reporting Standards, 2008；American Psychological Association, 2010），アメリカ心理学会刊行の

学術誌に最近発表された論文では,効果量が報告されるケースが増えている.しかし,刊行が古い文献では,効果量の値が記されていないのがふつうであり,また効果量が報告されていたとしても,メタ分析で採用した効果量の種類が,研究に載せられた効果量とは異なることもある.そのようなときには,t や F などの統計量の値,サンプルサイズまたは自由度などにもとづいて,メタ分析で用いる効果量を計算しなければならない(附録 B 参照).このときには,計算で得られた効果量の値だけでなく,計算のために使った統計量の値やサンプルサイズもコーディングしておくべきである(Wilson, 2009).とくに,サンプルサイズ(介入群と統制群を含む場合には,それぞれの群のサンプルサイズ)は,個々の効果量を重み付き平均するときにも利用される,非常に重要な情報である.効果量(あるいは効果量を計算するのに用いた情報)が掲載された文献におけるページ番号もコーディングしておくとよい.

4.2 研究の特徴に関するコーディング

複数の研究から得られた効果量について,それらの差異・変動に注目した分析を「交互作用」の分析になぞらえる見方をあることを,第 2 章で紹介した.「交互作用」について分析するためには,調整変数に関するデータが必要である.たとえば,性差を表す効果量の大きさが研究の公表年によって変わるかどうかを知るためには,対象研究の公表年がわからなければならない.それぞれの研究の公表年データは,コーディングを通じて収集される.つまり,研究のどんな特徴をコーディングするのかは,どんな変数を調整変数の候補として考えるのかに応じて決まるのである.

コーディングは労力を要する作業であり,利用しない情報をコーディングするのは無駄である.しかし,分析に必要な情報を収集しそこねることの損失も大きい.したがって,コーディング項目の選択・決定は慎重に行わなければならず,できれば,対象となる一次研究すべてに目を通してから項目を選びたいところである.だが,対象研究の数が多くなると,それらすべてを読んでからコーディング項目を決めるのはむずかしい.そこで役に立つのが,有効であると確認済みの項目分類を参照することである(Stock, Benito, & Lasa, 1996).項

目が適切に分類・配列されていると，コーディングがしやすいという指摘もある（Lipsey & Wilson, 2001）．この種の分類はいろいろと提案されている．たとえば，リプジーとウィルソン（Lipsey & Wilson, 2001）は効果量以外の研究の諸特徴を大きく3カテゴリーにまとめ，ストック（Stock, 1994）は効果量も含めて7カテゴリー，クーパー（Cooper, 2009）やウィルソン（Wilson, 2009）は効果量を含めて8カテゴリーに情報を整理している．ここではウィルソンのカテゴリーにもとづいて説明をするが，実際にメタ分析を行う際には，いくつかの分類を参照した上で，もっとも納得のゆく分類体系を参考にすればよいだろう．

報告の識別情報（report identification）

コーディングの基本的な単位は研究（study）であるが，研究を収集・管理するときには，論文や書籍などの文書（document）を単位とするのが便利である．そして，すでに触れたように，1つの文書は複数の研究から構成されていることがあり，さらに1つの研究中に複数の概念や操作的定義について効果量が得られることもめずらしくない．このような階層構造をわかりやすく示すために，たとえば，「最初の2桁は文書の番号，つぎの2桁は研究の番号，最後の2桁は結果変数の番号」のようなルールを決めて（たとえば，19番目の文書の3番目の研究の5番目の結果変数ならば，19-03-05のように），識別番号（ID）を付与するとよい．そのほか，著者名，著者の所属，公表の種類（学術論文，学会発表，博士論文，未公表論文など），査読の有無，公表年なども，必要に応じてコーディングすべきである．

研究の設定（study setting）

研究が行われた環境や状況もコーディングの対象になる．たとえば，研究が行われた地理的な場所（国，州，都道府県，都市部か郊外かなど）や学校か病院か，学校だけに注目した研究であるならばさらに公立か私立かなどは，設定に関する変数の例である．また，何らかの処遇・介入の効果を検討する研究であれば，その研究が行われた状況の自然さ（実験室での実験なのか，学校や病院など現場でのフィールド実験なのかなど）や被験者の集め方（新聞広告によるのか，心理的問題を抱えて自ら診療所を訪れた人なのか）などは，集められ

た研究間でそうした面に違いがあるならば，重要なコーディング項目になる．データ収集年が結果に影響することもありうるし，資金提供の有無や資金提供を受けた研究ならば，その提供元もこの範疇に入る．

被験者（subjects）

年齢，性別，民族・人種，社会的階層，教育水準などの人口統計学的変数，学力が問題になる研究であれば学力水準，臨床学的な研究であれば健常者なのか何らかの疾病を持つのかなど，一次研究の被験者に関する情報も重要である．ただし，同じ研究内で被験者の特徴（年齢，性など）が同一だとはかぎらず，どのようにコーディングするのか工夫を要することも少なくない．たとえば，被験者の性について，青少年非行のチャレンジプログラムに関するリプジーとウィルソンのメタ分析では，「男性が5%未満」「男性が5%から50%」「男性が50%」「男性が50%から95%」「男性が95%超」「不明」という選択肢を用意してコーディングしている（本章末の附表を参照）．

研究の方法（methodology）

研究が用いている方法や手続きの違いが効果量の大きさに影響することがあり，これらは重要なコーディング項目である．具体的にどんな点をコーディングするかは，メタ分析が採用する適格性基準によっても変わる．たとえば，無作為配分を行った研究だけがメタ分析の対象であれば，「無作為配分か否か」という項目は不要である．一般的に，取り上げられることが多いのは，標本抽出の方法（無作為抽出か否か），調査計画（郵送法か面接法か，横断的か縦断的かなど），被験者の脱落率（消耗率）はどの程度か，実験デザインは被験者間か被験者内か，そして無作為配分か否かなどである．研究の質の評価（第2章で紹介したポストホック評価）も，このカテゴリーに入る．

介入あるいは実験的操作（treatment or experimental manipulations）

治療的介入や実験的操作を含む研究については，そうした側面に関する研究間の差異を把握するためのコーディング項目を用意すべきである．治療的介入の場合を例にとると，治療者と患者の接触の量（持続期間や頻度など），介入

の様子（個人的か集団的か），治療者に関する情報（受けてきた教育，経験年数など），治療法（認知行動療法か薬物療法かカウンセリングかなど）などが，コーディングの候補となる．

自信度評定（confidence ratings）

このカテゴリーは，研究の特徴というより，コーディングの過程に関するものである．研究から得られる情報が不完全であり，不確かな推測にもとづいてコーディングせざるを得ないことがあるが，自信度評定とはコーディングの正確さに関する自信の度合いを自己評定するものである．たとえば，青少年非行のチャレンジプログラムのメタ分析では，各群への被験者の割り当て法に関するコーディング項目（無作為か否かなど）のつぎに，その判断の自信度を問う項目（1. まったく自信なし，2. あまり自信なし，3. 中程度，4. 自信あり，5. とても自信あり）が続いている（Lipsey & Wilson, 2001）．なお，コーディングを担当したコーダーの名前または識別番号やコーディングに要した時間など，コーディングそのものに関わる情報もコーディングの対象になる．

ウィルソンの分類では，ここまでに挙げた「報告の識別情報」「研究の設定」「被験者」「研究の方法」「処遇あるいは実験的操作」「自信度評定」のほかに，「従属変数（dependent measures）」と「効果量（effect sizes）」がカテゴリーとして挙げられているが，これらのコーディングについては，すでに，前節（効果量に関するコーディング）で触れられている．

章末に，青少年非行チャレンジプログラムのメタ分析のためにリプジーらが用いたコーディングマニュアルを掲載しておく（Lipsey & Wilson, 2001）．

4.3　コーディングの実際

リプジーとウィルソンは，メタ分析におけるコーディングのプロセスを，調査研究（survey research）のプロセスにたとえている（Lipsey & Wilson, 2001）．調査研究で良質なデータを得るためには，変数を決めてすぐに調査を開始するのではなく，質問項目の形式や内容を整える作業，質問項目を使いやすい質問票にまとめる作業が欠かせない．コーディングの場合もこれと同じで，対象と

なる項目がリストアップされた段階で直ちにコーディングをはじめるのではなく，項目のコーディング法を決める，項目をコーディングフォーム（coding form）にまとめる，コーディングマニュアル（coding manual）を用意するなどの作業が大切になる．コーダーは，コーディングの仕方をコーディングマニュアルで確認し，一次研究を読んで情報を特定したら，コーディングフォームにそれを記入していく．

　研究が公表された年や被験者の人数のように，一次研究中に情報が数値で記されている場合には，値をそのまま抜き出してコーディングすることにすれば，コーダー間の不一致やコーディングの誤りが減って都合がよい．たとえば，尺度の信頼性について「信頼性は適切か否か」でコーディングしようとすれば，コーダー間での食い違いが生じやすくなる．そこで，研究中に載せられた信頼性係数の値をそのままコーディングするか，「信頼性係数の値は0.8以上か否か」のように基準を明確に設定してコーディングするのが望ましい．被験者の年齢のように，同じ研究内での変動がある項目については，平均と標準偏差をコーディングすることが多い．しかし，平均や標準偏差の記載がない研究が混ざっている場合には，たとえば「年齢の報告の有無」「年齢の平均」「年齢の中央値」「年齢の標準偏差」「年齢の最大値」「年齢の最小値」のように項目を分けてコーディングするような工夫が必要になる．

　「公表の種類」のように，情報が数値で得られない項目をコーディングするときには，分類のためのカテゴリーを決めておくべきである．カテゴリーを決めるうえで，対象となる一次研究がいずれかのカテゴリーにかならず分類できること，カテゴリー相互の違いが明確であることが大事である．コーディング開始前の段階で，必要なカテゴリーをあらかじめ網羅するのがむずかしいときには，「その他（other）」や「不明（can't tell）」などのカテゴリーを設けることで，無理なコーディングや欠損値を減らすことができる．また，補足事項を書き加えるための項目を用意しておき，そこへの記述をコーディング終了後に参考にするというのもよいアイディアである．

　全項目のコーディング法が決まったら，コーディングフォームの作成にとりかかるが，項目を適切にグループ分けして配列することで，コーダーの誤解を減らし，コーディングのしやすさが増すと考えられる．青少年非行のチャレン

ジプログラムに関するリプシーとウィルソンのメタ分析を例にとると，コーディングフォームは大きく「研究レベル」と「効果量レベル」に分けられており，「研究レベル」はさらに「報告の識別」「標本」「研究デザイン」「処遇の性質」に，「効果量レベル」は「従属変数」「効果量データ」に分けられている．「研究レベル」と「効果量レベル」が大きく分けられているのは，1つの研究の中で複数の効果量がコーディングされることがあるという階層構造に対応するためである．

　コーディングの際にコーダーが迷う余地を減らし，コーダー間の解釈の食い違いを最小限に抑えるために，項目ごとにコーディングの仕方を明確に記述したコーディングマニュアル（コーディングガイド，コードブックと呼ばれることもある）を準備することも大事である．コーディングマニュアルは，コーディングの作業効率や信頼性に関わるだけでなく，そのメタ分析で注目している情報についての客観的記録としての役割も持つ．

データ分析用のコンピュータ・ファイル

　コーディングフォームは，紙媒体またはコンピュータ媒体として作成する．データ分析のために結局はコンピュータ・ファイルが必要になることを考えると，Excelのような表計算ソフトあるいはAccessのようなデータベース管理ソフトを用いてコーディングフォームを作成し，コーディング結果を直接入力することのメリットは大きい．しかし，紙媒体のコーディングフォームも，作成するのが簡単で，使いやすく，他者と共有しやすいなど，捨てがたい魅力を持っている．ウィルソンは，最終的にはコンピュータ媒体のコーディングフォームを採用するときでも，最初は紙でコーディングフォームを設計することを推奨している（Wilson, 2009）．

　コーディングされたデータは，これまでも何度か触れたように階層構造を持つが，コンピュータ・ファイルに階層構造を反映させるためのアプローチは，大きく2通りが考えられる．

　①1研究につき1行を使ってデータを作成する．概念や操作的定義が異なる効果量を区別してコーディングしてある場合には，効果量の種類ごとに効果量の値と付随する変数（用いられた尺度の種類や信頼性など）のために別々の列

ID	研究デザイン	効果量1	効果量2	効果量3	効果量4	従属変数1	従属変数2	従属変数3	従属変数4
023	2	0.77				3			
031	1	−0.10	−0.05		−0.20	5	5		11
040	1	0.96				11			
082	1	0.29				11			
185	1	0.65	0.58	0.48	0.07	5	5	5	5
204	2		0.88				3		
229	2	0.97				3			
246	2		0.91				3		
295	2	0.03	0.46		0.57	3	3		3

図 4.2 複数の効果量を変数として含む1つのファイル（Lipsey & Wilson, 2001 を一部改変）

を用意してファイルを作成する（図4.2）．統計的な分析を行うときには，分析の目的に応じて必要な変数（効果量）を選び出して利用する．

②区別される概念や操作的定義の種類が多いときに①の形式を採用すると，コーディングの途中で新たな種類の効果量が現れる度に新たな列を追加しなければならない．その一方で，多くの列は空欄のままであり，ファイルへの入力と管理が面倒になる．このようなときには，「研究」のファイル（1行に1つの研究）と「効果量」のファイル（1行に1つの効果量）を分けて別個に作り，公表の種類，研究方法，標本抽出法などのように1つの研究について1度だけコーディングすればよいものは「研究」ファイルに整理し，効果量の値や従属変数の種類など効果量ごとに区別されるデータは「効果量」ファイルに整理すれば，データの入力・管理が容易になる．1つの研究について複数の効果量がコーディングされたときには，研究ファイルの1行に効果量ファイルの複数行が対応する．統計的な分析を行うときには，効果量ファイルから条件に応じて必要な効果量を抽出し，識別番号をキーとして，研究ファイルの1行と効果量ファイルの1行を連結することで，分析用のファイルを準備する．この操作は，SPSS などの統計ソフトウェア，Access などのデータベース管理ソフトウェア，あるいはメタ分析のための専用ソフトウェアを用いて行うことができる．なお，1つの従属変数について複数回の測定が行われている場合などには，さらにファイルを分割して，「研究」「従属変数」「効果量」と3つのレベルでファイルを用意してもよい（図4.3）．

STUDY_ID	PUBYEAR	MEANAGE	TX_TYPE
001	1992	15.5	2
002	1988	15.4	1
003	2001	14.5	1

STUDY_ID	DV_ID	CONSTRUCT	SCALE
001	01	2	2
001	02	6	1
002	01	2	2
003	01	2	2
003	02	3	1
003	03	6	1

STUDY_ID	ES_ID	DV_ID	FU_MONTHS	TX_N	CG_N	ES
001	02	01	0	44	44	−.39
001	02	01	6	42	40	−.11
001	03	02	0	44	44	.10
001	04	02	6	42	39	.09
002	01	01	0	30	30	.34
002	02	01	12	30	26	.40
003	01	01	6	52	52	.12
003	02	02	6	51	50	.21
003	03	03	6	52	49	.33

図 4.3　階層構造に対応した複数のファイル（Wilson, 2009）

欠損情報の扱い

　対象となる一次研究中で，コーディングに必要な情報が欠損している場合の対処法についても触れておこう．たとえば，2群の平均値差に注目した一次研究を収集して，効果量として標準化された平均値差を考えているとしよう．このとき，各群のサンプルサイズ，平均，標準偏差（または分散）が報告されていれば，効果量の値を計算することができる．また，各群の平均と標準偏差が不明でも，t統計量の値と各群のサンプルサイズが記されていれば，効果量を簡単に求めることができる．また，各群のサンプルサイズとp値が記載されているときにも，効果量を算出することが可能である．しかし，検定の結果が有意でないときによくあることだが，単に「有意ではなかった」とだけ記されていて，tの値もp値も示されていない研究がある．ときには，tの絶対値だけが記されていて，正負の情報が欠けていることもある．このように効果量を求めるために必要な情報が欠損している場合，以下のような対処法が考えられる．

　①一次研究の著者に問い合わせる．
　②同じ研究が報告されている別の情報源を探す（たとえば，学術論文や学会発表で欠けていた情報が，同じ著者の博士論文中で得られるかもしれない）．
　③欠損している効果量について，相関あるいは平均値差が0であるとして扱

う．

　④情報が欠けている研究を，メタ分析の対象から除外する．

　①については，研究が行われたのがかなり以前である場合やリクエスト内容が複雑なときには，著者の協力を得ることが難しい．また，②の方法で解決できることも多くはない．③の方法は手軽ではあるが，欠損した箇所を0とおくことで，効果量の分布の特徴を変えてしまうことになり，あまり用いられない．結局のところ，もっともよく用いられる対処法は④である．ただし，情報が欠落した理由にもよるが，欠損のある研究を除くことで効果量の平均が偏るおそれがあることに注意が必要である．

　被験者，研究の設定や方法など，統計的結果以外の諸情報についても，一次研究中に見出されないことがあるかもしれない．情報が得られない研究は，その変数に関する分析から外すのが簡単だが，ときには，当該一次研究以外から情報が得られることもある（一次研究で用いられた尺度の情報が，ほかの文献に載っていたなど）．情報が欠損した研究の数が多いときには，その変数をはじめからコーディングの対象にしない方がよい．

4.4　コーディングの信頼性

4.4.1　コーディングにおける誤りや偏り

　コーディングの結果は，メタ分析における統計解析のデータになるものである．したがって，コーディングの誤りを減らし，コーディングの信頼性を確保することは非常に重要である．しかし，コーディングの過程には誤りや偏りが混入しがちである．オーウィンとヴィヴィーは，コーディングにおける誤りの原因を，以下の4つに分けて整理している（Orwin & Vevea, 2009）．

　①一次研究における不完全な報告：一次研究中における記述が不明瞭であるとき，あるいは記述がないときには，コーダー間の食い違いが生じやすくなる．このようなときのために，「利用できない」あるいは「不明」などのカテゴリーを設けてコーディングするのも一法である．

　②判断過程に含まれる曖昧さ：コーディング項目によっては，主観的な判断が関与する度合いが大きく，コーダー間の食い違いが起こりやすくなる．スト

ックらによると，27 の項目を用意して，30 文書を 3 人のコーダーにコーディングさせたところ，被験者の年齢の平均や標準偏差などについては，ほぼ 100% の一致が得られたが，標本抽出法の種類についての平均一致率は 80% に届かなかったという (Stock, Okun, Haring, Miller, Kinney, & Ceurvorst, 1982).

③コーダーの偏り：コーダー自身の特定の見解・意見によって，コーディング結果が偏ることもよく知られている．たとえば，記録の誤りの頻度や分布を検討した 21 の研究を調べたローゼンタールによれば，記録されたデータのうち 0〜4.2% に誤りがあり，そのうちの 64% は最初の仮説を肯定する方向の誤りだったという (Rosenthal, 1978).

④コーダーの間違い：コーディングの際の情報の見落とし，コーディング基準の適用の誤り，記入・入力上の単純なミスがこの範疇に入る．対象論文の数が多い場合には，退屈や疲労などによって，こうした誤りが起こりやすくなると考えられる．

4.4.2 コーダーの合議・訓練

コーディングにおける誤りや偏りを減らし信頼性を確保するには，複数の経験豊富なコーダーが全研究を独立にコーディングし，結果が一致しなかった項目については合議によって解決するという手順が理想的である．しかし，十分に経験を積んだコーダーを複数見つけるのは容易ではなく，対象となる研究の数が多いときには，すべての研究を全員がコーディングすることがむずかしい．経験の浅い人がコーダーを務めなければならないときには，一部の研究を抜き出して，複数のコーダーで合議しながらコーディングの訓練を重ねるとよい．訓練によって，コーダー間あるいはコーダー内の判断の揺れを小さくし，個人の偏りを減らすことができるだけでなく，コーディングフォームやコーディングマニュアルの用い方を確認するための時間としてもこの過程は役に立つ．

コーダーの訓練過程を，ストックは 8 つのステップで説明している (Stock, 1994).

①メタ分析を行う責任研究者から，メタ分析の概略の説明を受ける．その際に，一次研究のいくつかをサンプルとして読み，議論をしてもよい．

②コーディングフォームの項目とコーディングマニュアルの記述を読んで議

論する.

　③コーディングフォームの利用法について，詳しい説明を受ける.

　④コーディングフォームを「テスト」するために，サンプルとして5～10程度の研究を選ぶ.

　⑤1つの研究を全員がコーディングする．各コーダーは，項目ごとにコーディングに要した時間を記録する．このデータを使って，全研究のコーディングに要する時間を推定する.

　⑥お互いのコーディング結果を比べて，不一致箇所を特定し解決する.

　⑦必要があれば，コーディングフォームとコーディングマニュアルを改訂する.

　⑧④で選んだサンプル中の別の研究を，全員がコーディングし，議論する.

　ストックは，コーダー間で十分なコンセンサスが得られるまで，④から⑧を繰り返すように勧めている．対象となる研究の数が多く，全コーダーが全研究をコーディングすることが無理なときには，⑤のステップで得た所要時間データとコーダーの人数にもとづいて，コーディングの分担を決める．また，次項で示すようなコーダーの信頼性を評価するために，無作為に選び出したいくつかの研究については，複数のコーダーがコーディングする．信頼性の評価のために選び出す研究の個数について，リプジーとウィルソンは，少なくとも20，できれば50以上が望ましいとしている（Lipsey & Wilson, 2001）.

4.4.3　信頼性の評価

　コーダーの信頼性は，異なるコーダーによるコーディング間の一貫性および同一のコーダーによる複数のコーディング間の一貫性という2つの次元から論じられるが，メタ分析で注目されることが多いのは，コーダー間信頼性（interrater reliability：IRR）である.

　コーダー間信頼性の指標として，もっともよく用いられるのは一致率である．2人のコーダーによるコーディング結果間の一致率は，「コーディング総数」に占める「一致したコーディング数」の割合として求められる.

$$一致率 = \frac{一致したコーディング数}{コーディング総数}$$

表 4.1　2 人のコーダーによる 50 研究のコーディング

		コーダー 2			計
		1	2	3	
コーダー 1	1	16	6	2	24
	2	1	12	3	16
	3	1	2	7	10
	計	18	20	12	50

一致率は，項目ごとに求められる場合と，全項目を込みにして求められる場合とがある．たとえば，2 人のコーダーが，40 個のコーディング項目について 50 の研究をコーディングしたデータであれば，50 を分母として，40 項目のそれぞれについて一致率を計算することもできるし，2000（=40×50）を分母として，項目の区別をせずに 1 つの一致率を算出することもできる．コーディング項目はいろいろな性質のものを含んでおり，項目によって一致率の程度が大きく違うのがふつうであるため，項目ごとに一致率を求めることが望ましいとされる．

一致率の算出例を示しておこう．3 つのカテゴリーを持つ項目について，2 人のコーダーが 50 個の研究をコーディングした結果が，表 4.1 のクロス集計表にまとめられたとする．左上から右下への対角線にある度数の合計が 2 人のコーダーが一致した研究の数だから，一致率は，$\frac{16+12+7}{50}=0.7$ として求められる．

一致率はわかりやすく算出も簡単な点で優れているが，いくつかの短所も指摘されている．一致率のもっとも大きな問題は，偶然に生じる一致について考慮されていないことである．偶然の一致度数は，2 人のコーディングが一致するセルについての期待度数を合計することで得られる．

$$\text{偶然の一致度数} = \frac{1}{n}\sum_{i=1}^{c} n_{i\cdot} \cdot n_{\cdot i}$$

式中の n はコーディングされた研究の総数，$n_{i\cdot}$ と $n_{\cdot i}$ は 2 人のコーダーそれぞれがカテゴリー i にコーディングした研究の数（クロス集計表の周辺度数），C は項目のカテゴリー数である．偶然の一致度数をコーディングされた

研究の総数（n）で割れば偶然の一致率が得られる．

$$偶然の一致率 = \frac{1}{n^2}\sum_{i=1}^{C} n_i \cdot n_{\cdot i}$$

表4.1のコーディング結果を例にとれば，偶然の一致率は，$\frac{1}{50^2}$($24 \times 18 +$ $16 \times 20 + 10 \times 12$) = 0.3488になる．このような偶然の一致の影響を取り除いた指標として，もっともよく用いられるのがコーエンの κ（カッパ）係数（Cohen's kappa）である．

$$\kappa 係数 = \frac{P_o - P_e}{1 - P_e}$$

式中における P_o と P_e は，それぞれ一致率と偶然一致率である．表4.1の例で κ 係数は，$\frac{0.7 - 0.3488}{1 - 0.3488} = 0.5393$ になる．

コーダー間の信頼性を報告することの重要性は頻繁に指摘されるが，信頼性が報告されていないメタ分析も少なくない．代表的な学術誌である *Psychological Bulletin* 誌上に掲載されたメタ分析研究でさえ，1986年から1988年までに発表された研究のうち，信頼性を報告しているものは29%に過ぎず，2006年に発表された19のメタ分析研究のうち，全変数の信頼性を示したものは8研究だけで，7研究は信頼性の情報が皆無だったという（Orwin & Vevea, 2009）．

最後に本章のまとめとして，ストックらによる「メタ分析におけるコーディングのためのガイドライン」を紹介しておこう（Stock, Benito, & Lasa, 1996）．

ガイドライン1：項目を特定するためには，有効性が確認済みの項目分類の検討からはじめるとよい．

ガイドライン2：コーディングすべき項目を選ぶときには，研究領域に関する自らの知識を基盤にするとよい．

ガイドライン3：コーディングフォームの慎重な設計は，コーディング，データの入力，分析の過程を通じて有益である．

ガイドライン4：コーディング法をコーダーに明確に伝え，メタ分析の方法の記録を残すために，コーディングマニュアルを作成しておくとよい．

ガイドライン5：コーダーの信頼性を確保するために，訓練セッションを行うとよい．

ガイドライン6：コーディングには長い時間を要するが，その長い期間中にコーダーの用心深さを維持する努力が，メタ分析の質の向上につながる．

引用文献

American Psychological Association (2010). *Publication Manual of the American Psychological Association 6th edition*. Washington DC.

Cooper, H. (2009). *Research synthesis and meta-analysis* (4th ed.). Thousand Oaks, CA：Sage Publications.

Dobson, K. S. (1989). A meta-analysis of the efficacy of cognitive therapy for depression. *Journal of Consulting and Clinical Psychology, 57*, 414-419.

Frattaroli, J. (2006). Experimental disclosure and its moderators：A meta-analysis. *Psychological Bulletin, 132*, 823-865.

Gleser, L. J., & Olkin, I. (2009). Stochastically dependent effect sizes. In H. Cooper, L. V. Hedges, & J. C. Valentine (Eds.), *The handbook of research synthesis and meta-analysis* (2nd ed.) pp. 357-376. New York, NY：Russell Sage Foundation.

Lipsey, M. W. (2009). Identifying interesting variables and analysis opportunities. In H. Cooper, L. V. Hedges, & J. C. Valentine (Eds.), *The handbook of research synthesis and meta-analysis* (2nd ed.) pp. 147-158. New York, NY：Russell Sage Foundation.

Lipsey, M. W., & Wilson, D. B. (2001). *Practical meta-analysis*. Thousand Oaks, CA：Sage Publications.

Orwin, R. G., & Vevea, J. L. (2009). Evaluating coding decisions. In H. Cooper, L. V. Hedges, & J. C. Valentine (Eds.), *The handbook of research synthesis and meta-analysis* (2nd ed.) pp. 177-203. New York, NY：Russell Sage Foundation.

Roberts, B. W., Walton, K. E., & Viectbauer, W. (2006). Patterns of mean-level change in personality traits across the life course：A meta-analysis of longitudinal studies, *Psychological Bulletin, 132*, 1-25.

Rosenthal, R. (1978). How often are our numbers wrong? *American Psychologist, 33*, 1005-1008.

Smith, M. L., & Glass, G. V. (1977). Meta-analysis of psychotherapy outcome studies. *American Psychologist, 32*, 752-760.

Stock, W. A. (1994). Systematic coding for research synthesis. In H. Cooper & L. V. Hedges (Eds.), *The handbook of research synthesis*, pp. 125-138. New York, NY：

Russell Sage Foundation.

Stock, W. A., Benito, J. G., & Lasa, N. B. (1996). Research synthesis : Coding and conjectures. *Evaluations and the Health Professions. 19*, 104-117.

Stock, W. A., Okun, M. A., Haring, M. J., Miller, W., Kinney, C., & Ceurvorst, R. W. (1982). Rigor and data synthesis : A case study of reliability in meta-analysis. *Educational Reseacher, 11*, 10-14.

Wilson, D. B. (2009). Systematic coding. In H. Cooper, L. V. Hedges, & J. C. Valentine (Eds.), *The handbook of research synthesis and meta-analysis* (2nd ed.) pp. 159-176. New York, NY : Russell Sage Foundation.

Working Group on Journal Article Reporting Standards (2008). Reporting standards for research in psychology : Why do we need them? what might they be? *American Psychologist, 63*, 839-851.

「青少年非行チャレンジプログラムのメタ分析」のためのコーディングマニュアル
(Lipsey & Wilson, 2001)

研究レベルのコーディングマニュアル

書誌学的引用：APA形式に準じて，完全な引用を書く．

1. 研究の識別番号．各研究に固有の識別番号を与える．1つの報告の中に，被験者が異なる2つの独立な研究が含まれる場合には，研究識別番号に小数点を加えて報告内の研究を区別し，独立な研究ごとに別々にコーディングする．
2. 公表の種類．1つの研究をコーディングするのに2つの報告が使われるときには，より正式に公表された方の種類（つまり，書籍あるいは学術雑誌論文）をコーディングする．
    1 書籍
    2 学術雑誌論文または書籍の章
    3 修士論文または博士論文
    4 テクニカルレポート
    5 学会大会発表論文
    6 その他（具体的に）
3. 公表年（下2桁の数値；不明の場合は99）．1つの研究をコーディングするのに2つの報告が使われるときには，より正式に公表された方の公表年をコーディングする．

サンプル（標本）について

4. サンプルの平均年齢．介入開始の時点における平均年齢の近似的または正確な値を記す．利用できる最良の情報をコーディングする．必要なときには，学年から年齢を推測する．平均年齢がわからないときには，99.99と記録する．
5. 民族の構成．サンプル内の民族構成として，もっともふさわしいものを選ぶ．
    1 白人が60％超
    2 黒人が60％超
    3 ヒスパニックが60％超
    4 そのほかの少数民族が60％超
    5 どの民族も60％を超えない
    6 混ざっていて比率を推定できない
    9 不明
6. 性別構成．サンプル内の男性の比率として，もっともふさわしいものを選

ぶ．
1 男性が 5% 未満
2 男性が 5% 以上 50% 未満
3 男性が 50%
4 男性が 50% 超 95% 以下
5 男性が 95% 超
9 不明

7. 処遇開始時点での青少年の非行リスクの水準は，主としてどれに該当するか．
01 非行がない「正常な」若者（警察や少年法に触れた証拠がない）
02 非行はないが，危険因子を持つ青少年（警察や少年法に触れた証拠はないが，貧困，家庭の問題，学校での行動問題，グリュック（Glueck）尺度得点，教師からの言及などの危険因子がある）
03 前非行の子ども，警官との軽微な問題（正式な保護観察や裁判上の問題はない，自己報告による軽微な非行，薬物に関する軽度の違反，交通違反，裁判所の監督下にある，など）
04 非行．保護観察あるいは判決
05 少年法以外で施設収容
06 少年法により施設収容
07 混交（非行がない者と前非行）
08 混交（前非行と非行）
09 混交（すべての範囲）
99 不明

研究計画について

8. 条件への割り当て（assignment）の単位．処遇群と統制群への割り当ての単位として，もっともふさわしいものを選ぶ．
　1 青少年個人
　2 学級，施設
　3 プログラム領域，地域
　9 不明

9. 条件への割り当ての種類．被験者を処遇群と統制群への割り当てる方法として，もっともふさわしいものを選ぶ．
　1 マッチング，層化，ブロッキングなどをした後での無作為
　2 単純無作為（系統的抽出を含む）

3 無作為ではない，事後のマッチング
   4 無作為ではない，その他
   5 その他（具体的に）
   9 不明
10. 被験者の割り当ての判断について，全体的な自信度．
   1 まったく自信なし
   2 あまり自信なし
   3 中程度
   4 自信あり
   5 とても自信あり
11. 群の等価性は事前にテストされたか．
   1 はい　　　2 いいえ
12. 事前テストをしたならば，そこで見出された差．注：「重要な」差とは，いくつかの変数における差，あるいは1つの主要な変数における差のことをいう；主要な変数とは，非行に関係すると思われる変数，たとえば，非行あるいは反社会行動の経歴，非行のリスク，性，年齢，民族，SESなどを指す．結果変数に関する事前テストの差は，重要なものとしてコーディングするべきである．
   1 差は無視できるもので，重要とはいえない
   2 差はあるが，重要性は明確でない
   3 差があり，重要である
13. 全体のサンプルサイズ（研究開始時点）
14. 処遇群のサンプルサイズ（研究開始時点）
15. 統制群のサンプルサイズ（研究開始時点）

処遇の性質について

16. 処遇のスタイルあるいは指向性．プログラムにおける優位な治療スタイルを示すこと．治療技法について報告で明示的に言及されていないか，集団治療セッションに関する記述から推測できないか探す．プログラム報告書の治療スタイルの定義を参照する．プログラムが複数のスタイルを用いている場合には，もっとも中心的と思われるものを示すこと．2つの種類のどちらであるか決められないときには，「その他」のカテゴリーを選ぶ．治療スタイルについて明確に言及されていないときには，「経験的」としてコーディングする．
   1 経験的な治療法
   2 認知行動療法（現実療法を含む）

    3 洞察療法
    4 懲罰的な治療法
    8 その他—組合せ（具体的に）
17. 活動の種類．チャレンジ活動は，自然（屋外でのロッククライミング，渓流下りなど）か，人為的（ロープコースや屋内のクライミングウォール）か，それら両方かを示す．
    1 自然　　2 人為的　　3 両方
18. プログラムは主としてチャレンジタイプであるか．処遇のすべてまたは大部分がチャレンジタイプならば「はい」，個人および集団の治療技法を用いた野外でのチャレンジプログラムも「はい」とコーディングする．その他の一次治療の明確な記述を探し，それらは「いいえ」とコーディングする．参加者が大部分の時間をチャレンジ活動以外に費やしているプログラムも「いいえ」とコーディングすること．
    1 はい　　2 いいえ
19. プログラムは野外の自然状況で行われたか．参加者が小屋（cabin）あるいはそのほかの建物でキャンプした場合でも，屋外での活動であれば「はい」とコーディングする．屋内での活動または人が作った装置を使った活動の場合には「いいえ」とコーディングする．
    1 はい　　2 いいえ
20. 居住型プログラムであるか．プログラム期間を通じて参加者が自宅に戻らない場合には「はい」週末のキャンプや放課後プログラムの場合には「いいえ」とコーディングする．
    1 はい　　2 いいえ
21. 処遇の持続期間を週単位で（欠測値＝999）．処遇の始まりから処遇の終わりまで（フォローアップは含まない）を週単位で，近似的に（あるいは正確に）コーディングする（日数は7で割り四捨五入，月数には4.3を乗じて四捨五入する）．必要ならば推測すること．
22. 処遇の強さ
    1 弱．例）高度の低いロープコース，トラストフォール
    2
    3
    4 例）高度のあるロープコース，デイハイク，屋内
    5 クライミング，キャビンキャンピング
    6

  7
  8　強，例）急流下り（white water rafting），バックパッキング
23. 統制群の性質
  01　何の処遇も受けていない；処遇あるいは注意の証拠なし；学校，保護観察中でもよい．ただし，処遇方略または定義されたクライアント母集団に付随したものであること．
  02　順番待ちリスト；遅延処遇統制（delayed treatment control）など；申込み，スクリーニング，事前テスト，事後テストなどに限定された接触
  03　最小限の接触；教示，インテーク面接など．しかし，順番待ちリストに入っていない．
  04　平常通りの処遇，学校場面；統制群は学校場面で平常通りの処遇を受ける（ただし，焦点の処遇を構成する特別の改善を除く）；つまり，2つの群は共通の処遇を受けるが，処遇群ではこれに特別な要素が付加される．
  05　平常通りの処遇，保護観察；統制群は保護観察で平常通りの処遇を受ける（ただし，焦点の処遇を構成する特別の改善を除く）；つまり，2つの群は共通の処遇を受けるが，処遇群ではこれに特別な要素が付加される．
  06　平常通りの処遇，施設；統制群は施設で平常通りの処遇を受ける（ただし，焦点の処遇を構成する特別の改善を除く）；つまり，2つの群は共通の処遇を受けるが，処遇群ではこれに特別な要素が付加される．
  07　平常通りの処遇，その他（具体的に）
  08　注目プラセボ（attention placebo）；統制群は話題にされたり注目されたりする．あるいは，注意深く効果を弱められた処遇を受ける．
  09　処遇要素プラセボ（treatment element placebo）；統制群は標的となる処遇を受けるが，決定的に重要と考えられる要素は除かれている．
  10　代替的な処遇；統制群は本来の意味では統制群ではないが，平常とは違う処遇を受けて，焦点の処遇と比較される；これが適格であるためには，代替となる処遇が対照のために用意されていること，しかもその代替処遇が十分に機能しないと考えられることが条件となる．
  99　不明
24. 統制群の性質の判断について，全体的な自信度
  1　まったく自信なし
  2　あまり自信なし
  3　中程度
  4　自信あり

5　とても自信あり

効果量レベルのコーディングマニュアル

それぞれの効果量について，以下のすべての項目についてコーディングする．1つの研究が複数の効果量を含むときは，それぞれに別の効果量レベルコーディングフォームを用いること．

1. 研究の識別番号．
2. 効果量の番号．1つの研究中の複数に効果量がある場合には，それぞれに固有の番号を与える．

1研究内の複数の効果量には，1, 2, 3, 4, のように一続きの番号を与えること．

従属変数について

3. 効果量の種類．群間の比較（性や民族などの危険因子を含む）が介入に先立って行われているならば，「事前テストの比較」としてコーディングする．事後テストの効果量とは，介入の後に行われた最初の群間比較のことである．たとえば，チャレンジプログラムの6カ月後に行われた常習性の測定が最初の測定であれば，「事後テストの比較」としてコーディングする．事後テストの比較以降に測定された効果量は，すべて「フォローアップでの比較」としてコーディングする．

　1　事前テストの比較．危険因子の比較を含む（性，民族など）
　2　事後テストの比較
　3　フォローアップでの比較

4. 事前テストで測られた非行の期間を，近似的に（あるいは正確に）週単位で．日数は7で割り，月数には4.3を乗じ，小数になる場合は，もっとも近い整数に丸めて週単位で示すこと．不明ならば999，事前の経歴をすべてカバーしているならば888とコーディングする．

5. 結果概念のカテゴリー．
　1　非行・反社会行動
　2　対人スキル
　3　内的-外的統制
　4　自尊感情・自己概念
　5　その他の心理的変数
　6　その他（具体的に）

6. 結果変数に関する記述．
7. 社会的望ましさによる偏り．従属変数の測定値が社会的望ましさの影響で

偏っている可能性を評定する．公平な他者が客観的手法で測定したケース（たとえば，無作為の抜打ち薬物検査）が評定尺度の一方の極に，権威者の監督のもとで行われた青少年の自己報告が他方の極に相当する．
　1　可能性は非常に低い
　2
　3
　4
　5
　6
　7　可能性は非常に高い
　8　利用不能

効果量のデータ
　8．何に基づいて効果量を計算したか．
　　1　平均と標準偏差
　　2　t 値あるいは F 値
　　3　カイ2乗（自由度1）
　　4　度数または比率（2値）
　　5　度数または比率（多値）
　　6　そのほか（具体的に）
　9．効果量データが見つかったページ番号
　10．より成功していたのは，どちらの群か．
　　1　処遇群
　　2　どちらともいえない（等しい）
　　3　統制群
　　9　不明あるいは統計的に有意でない報告のみ

平均と標準偏差が報告されているか，または，推定できるとき
11a．処遇群のサンプルサイズ（適切な数値を記す）
11b．統制群のサンプルサイズ（適切な数値を記す）
12a．処遇群の平均（利用可能ならば，平均を数値で記す）
12b．統制群の平均（利用可能ならば，平均を数値で記す）
13a．処遇群の標準偏差（利用可能ならば，標準偏差を数値で記す）
13b．統制群の標準偏差（利用可能ならば，標準偏差を数値で記す）
度数または比率が報告されているか，または，推定できるとき
14a．処遇群のうち成功した結果の n（適切な数値を記す）

14b. 統制群のうち成功した結果の n（適切な数値を記す）
15a. 処遇群のうち成功した結果の比率（利用可能ならば，数値を記す）
15b. 統制群のうち成功した結果の比率（利用可能ならば，数値を記す）
有意性検定の情報が報告されているとき
16a. t 値（利用可能ならば，数値を記す）
16b. F 値（分子の自由度は1）（利用可能ならば，数値を記す）
16c. カイ2乗値（自由度1）（利用可能ならば，数値を記す）

計算された効果量
17. Excel 上で動く効果量計算プログラムあるいは手計算によって計算された効果量．正負の符号を付けて（処遇群が上位ならば正，統制群が上位ならば負），小数点以下2桁までを記録．値が得られない場合には，+9.99.
18. 効果量の計算に関する自信度評定
    1 高度の推定（N と $p<0.10$ のように大雑把な p 値をもとに，大まかな t 検定の結果から再構成しなければならない）
    2 中程度の推定（複雑ではあるが，ある程度の完全さを持った統計量，たとえば多元配置分散分析の結果を使って推定できる）
    3 いくらかの推定（型通りではない統計量（unconventional statistics）を t 統計量に変換する，または，型通りの統計量（conventional statistics, t あるいは F など）が不完全な形（たとえば，正確な p 値）で報告されている）
    4 わずかな推定（記述データを利用できず，検定統計量を用いなければならない．しかし，型通りの統計量の完全な値を使うことができる）
    5 推定なし（平均，標準偏差，度数，比率などの記述データを利用して，効果量を直接に計算できる）

第5章
効果量

　本章では，メタ分析において，異なる研究間の結果を比較するための共通の物差しとなる「効果量（effect size）」についての解説を行う．5.1 節では，まず，代表的な効果量として，標準化された平均値差，オッズ比，相関係数という3つの効果量を中心に紹介する．それぞれ，効果量とその標準誤差（誤差分散）を具体的な数値例とともに説明していく．続く 5.2 節ではそれ以外の効果量について触れる[1]．

5.1　代表的な効果量

　効果量にはさまざまな種類があるが，以下の3つの効果量は，メジャーな効果量（e.g., Wilson, 2002）であり，実際のメタ分析で使われることが多いものである．

①標準化された平均値差
②オッズ比
③積率相関係数（相関係数）

　①標準化された平均値差は，群比較研究（統制群と介入群を比較するタイプの研究）について計算される．そして，その場合の従属変数（目的変数）は，連続変数である．

---

[1]　なお，本書では第2章で言及した η^2 など，3群以上の比較をする時の効果量については扱わないものとする．

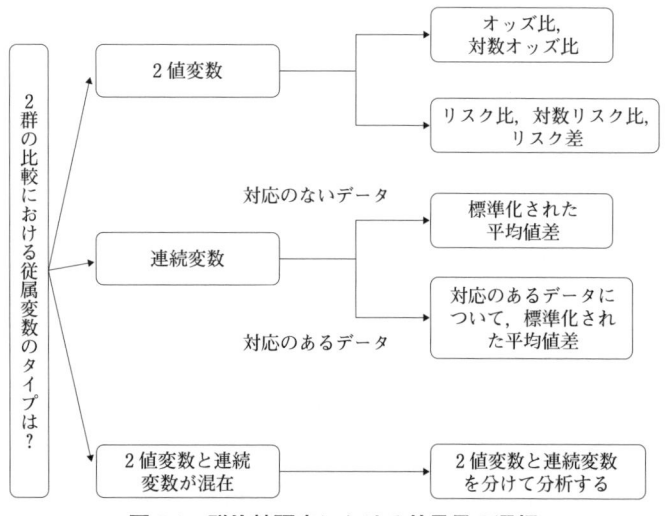

```
                                                    ┌─────────────────┐
                                           ┌────────→│ オッズ比,        │
                                           │         │ 対数オッズ比     │
                              ┌─────────┐  │         └─────────────────┘
                          ┌──→│ 2値変数  │──┤         ┌─────────────────┐
                          │   └─────────┘  └────────→│ リスク比, 対数リスク比,│
2                         │                          │ リスク差         │
群                        │                          └─────────────────┘
の                        │            対応のないデータ ┌─────────────────┐
比                        │                   ┌───────→│ 標準化された     │
較                        │   ┌─────────┐    │         │ 平均値差         │
に                        │   │         │    │         └─────────────────┘
お                        ├──→│ 連続変数 │────┤         ┌─────────────────┐
け                        │   │         │    │         │ 対応のあるデータに│
る                        │   └─────────┘    └───────→│ ついて，標準化さ  │
従                        │            対応のあるデータ │ れた平均値差      │
属                        │                           └─────────────────┘
変                        │   ┌─────────┐              ┌─────────────────┐
数                        │   │2値変数と連続│           │ 2値変数と連続変数│
の                        └──→│ 変数が混在 │──────────→│ を分けて分析する │
タ                            └─────────┘              └─────────────────┘
イ
プ
は
？
```

図 5.1 群比較研究における効果量の選択

②オッズ比も，①と同様に群比較研究の結果を要約するためのものである．しかし，こちらは従属変数（目的変数）が 2 値データの場合について計算される．なお，群比較研究のための効果量は図 5.1 のように整理される．これは，リプジーとウィルソン（Lipsey & Wilson, 2001）を参考に作成したものである．

③相関係数は，研究で用いられた変数間の関連の強さを表現するためのものである．相関係数も効果量として用いられる．

効果量を計算する際は，その標準誤差（standard error：SE）も同時に計算しておくとよい．ここで，標準誤差とは，統計量の分布である標本分布の標準偏差のことをいう．標本分布とは，母集団から抽出された標本の値である（標本）統計量がどんな確率でどんな値をとるかを示した分布のことである．標準誤差は，統計量のバラツキの大きさを意味する．効果量も，平均や分散といった一般的な統計量と同様に，データから計算される値であるから，統計量の一種である．標準誤差は，統計量である効果量が標本ごとにどの程度変動するかを示すものと言える．

標準誤差は，効果量の重み（weight）を計算するために用いられる．効果量の重みは，誤差分散（これは標準誤差の 2 乗である）の逆数として求められる．

5.1.1 標準化された平均値差

標準化された平均値差について，効果量の式と，誤差分散，標準誤差は以下の通りである．これらは，2つの群の平均，標準偏差，サンプルサイズをもとに計算される．

効果量（標準化された平均値差）	$d = \dfrac{\text{群1の平均} - \text{群2の平均}}{2\text{群をプールした標準偏差}}$
分散	$V_d = \dfrac{n_1 + n_2}{n_1 n_2} + \dfrac{d^2}{2(n_1 + n_2)}$
標準誤差	$SE_d = \sqrt{V_d} = \sqrt{\dfrac{n_1 + n_2}{n_1 n_2} + \dfrac{d^2}{2(n_1 + n_2)}}$

上記の式で n_1 と n_2 はそれぞれの群のサンプルサイズを表している．2群をプールした標準偏差は，次式で表される．

$$2\text{群をプールした標準偏差 } \hat{\sigma}_{pooled} = \sqrt{\dfrac{(n_1 - 1)\hat{\sigma}_1^2 + (n_2 - 1)\hat{\sigma}_2^2}{n_1 + n_2 - 2}}$$

$\hat{\sigma}_1^2$ と $\hat{\sigma}_2^2$ はそれぞれの群の不偏分散[2]を表している．なお，ここで紹介した標準化された平均値差 d は，ヘッジスの g と呼ばれることがある．

効果量の分母である2群をプールした標準偏差を以下の式で表すこともある．

$$2\text{群をプールした標準偏差 } s_{pooled} = \sqrt{\dfrac{n_1 s_1^2 + n_2 s_2^2}{n_1 + n_2}}$$

s_1^2 と s_2^2 はそれぞれの群の標本分散を表している．この式を分母に用いた場合，「標準化された平均値差」は，コーエンの d と呼ばれる．

---

[2] ここで，不偏分散と標本分散という2つの分散が出てきた．これらの違いは，標本分散が記述統計の文脈で用いられ，不偏分散は推測統計の文脈で用いられるという点にある．不偏分散を $\hat{\sigma}_1^2$ のように表記するのは，＾（ハット）が推定値を表す記号であり，母分散 σ^2 の推定値であることを意味するためである．それぞれの具体的な計算方法は，偏差（データの値 − 平均）の2乗をデータ全部について足したもの（これを平方和と呼ぶ）をデータ数 n で割るのが標本分散，平方和を $n-1$ で割るのが不偏分散である．

第1章では,

$$\Delta = \frac{\text{群1の平均} - \text{群2の平均}}{\text{群2の標準偏差}}$$

として,効果量(標準化された平均値差)を紹介した(群1が介入群,群2が統制群と見なした場合).これをグラスの Δ と呼ぶ.このように,同じ「標準化された平均値差」でも,さまざまなバリエーションがある.大久保・岡田(2012)では,これらを「d 族の効果量」と呼んで,整理・分類を行っている.

改めて3種類の「標準化された平均値差」を整理すると以下のようになる.

$$\text{ヘッジスの } g : d = \frac{\text{群1の平均} - \text{群2の平均}}{\text{2群をプールした標準偏差 } \hat{\sigma}_{pooled}}$$

$$\text{コーエンの } d : d = \frac{\text{群1の平均} - \text{群2の平均}}{\text{2群をプールした標準偏差 } s_{pooled}}$$

$$\text{グラスの } \Delta : \Delta = \frac{\text{群1の平均} - \text{群2の平均}}{\text{群2の標準偏差}}$$

本書では,大久保・岡田(2012)で「ヘッジスの g」と呼んでいる効果量を「d」と表記することにする[3].そして,この d に対して以下のようなバイアスの修正を行った効果量を g と呼ぶことにする.サンプルサイズが小さい場合,効果量のバイアスが大きくなり,無視できないものになることがあるため,このような修正を行う.

効果量 (ヘッジスの g)	$g = J \times d$ $J = 1 - \dfrac{3}{4(n_1 + n_2 - 2) - 1}$
分散[4]	$V_g = J^2 \times V_d$
標準誤差	$SE_g = \sqrt{V_g}$

3) 第8章の一事例実験のメタ分析でも,効果量としての d が登場する.そこでは,ベースライン期と介入期(これらの用語については,第8章を参照のこと)の平均値差をベースライン期の標準偏差で割るという操作により d が計算される.このように,一事例実験のメタ分析で用いられる d は本章で紹介する d とは別物である.

表 5.1　独立な 2 群の比較（仮想データ）

グループ	平均	不偏分散	人数
介入群	85	100	10
統制群	80	81	10

表 5.1 のデータについて効果量を計算してみると，

$$d = \frac{群1の平均 - 群2の平均}{2群をプールした標準偏差}$$

であるから，まず，分母を計算する．

$$\sqrt{\frac{(10-1) \times 100 + (10-1) \times 81}{10 + 10 - 2}} = 9.5131$$

分子は 85−80 となるから，効果量は，

$$d = \frac{85-80}{9.5131} = 0.5256$$

となる．

また，分散は，

$$V_d = \frac{10+10}{10 \times 10} + \frac{0.5256^2}{2(10+10)} = 0.2069,$$

標準誤差は，分散 V_d の正の平方根だから，$SE_d = \sqrt{0.2069} = 0.4549$ となる．

効果量の修正を行うと，

$$J = 1 - \frac{3}{4(10+10-2)-1} = 0.9577 \text{ より},$$

効果量は，$g = 0.9577 \times 0.5256 = 0.5034$

分散は，$V_g = 0.9577^2 \times 0.2069 = 0.1898$

標準誤差は，$SE_g = \sqrt{0.1898} = 0.4356$ となる．

4）ここでは，ボレンステインら（Borenstein et al., 2009）に倣い，ヘッジスの g の分散を $J^2 \times V_d$ という定義を紹介しているが，ヘッジスとオルキン（Hedges & Olkin, 1985）では，V_d それ自体をバイアスを修正した効果量の分散としている．

なお，ここで紹介した標準化された平均値差と修正を行った効果量（ヘッジスの g）については，分散と標準誤差の両方を紹介した．しかし，標準誤差は分散の正の平方根として計算されるものであるため，分散が分かっていれば，標準誤差は容易に求められる．そのため，これ以降は分散のみを示すことにする．

また，前述したように，効果量の分散は，第6章で紹介する平均効果量の計算の際に利用される「重み」を求めるために必要となる．

重みは，効果量の分散の逆数として与えられる．

$$\text{重み} = \frac{1}{\text{効果量の分散}}$$

たとえば，10の研究があって，それぞれから効果量（標準化された平均値差 d）が計算され，10個の d が得られたとする．それらの平均効果量を求める際に，単純に加算平均を求める場合，それは重みなしの平均効果量を計算していることになる．10個の d に優劣を付けずにどれも同じ程度重要であると判断する場合である．一方，10個の d には優劣が存在すると考える立場もある．ある研究は大きなサンプルサイズのもとで実施され，別の研究は小さなサンプルサイズのもとで実施された場合に，前者の方が後者よりも優遇されるべきと考え，重み（weight）を大きくするという処置を施す．重みを，効果量の誤差分散の逆数として定義するのは，効果量の誤差分散が小さいということは，その研究は効果量推定の精度がよいと見なせるためである[5]．誤差分散の小ささに応じて，研究に与える重みを大きくしようという考えである．

5.1.2 オッズ比

薬が効いた・効かなかった，介入の効果があった・なかった，といったように2つの値をとる変数を，2値変数という．2値変数についての効果量としては，オッズ比，リスク比，リスク差などがある．

---

5) 重みは分散の逆数でなくて標準誤差の逆数でもよいと思った読者もいるかもしれない．重みを誤差分散の逆数にすることで，平均効果量の誤差分散を最小にすることができる．このため，重みをこのように定めているのである．

リッテルら（Littell et al., 2008）によると，オッズ比はアメリカでよく利用され，リスク比はヨーロッパでよく利用されているという．ここでは，オッズ比，特に対数オッズ比の持つ性質（後述する）が効果量の解釈において有用であるという点，前述したウィルソン（Wilson, 2002）の分類において「メジャーな効果量」であるという点，これらを踏まえて，オッズ比と対数オッズ比を紹介する．残りのリスク比，リスク差などは5.2節で取り上げることにする．

次の表5.2を2×2クロス集計表という．2値変数のデータはクロス集計表として表現されることが多い．表5.2のデータについて，効果量（オッズ比）を考えてみる．

表5.2　2×2クロス集計表

	効果あり	効果なし	合計
介入群	a	b	$a+b$
統制群	c	d	$c+d$

ある事象（あるいはイベントともいう）のオッズ（odds）は次式で定義される．

　　　オッズ＝ある事象が起こった比率÷ある事象が起こらなかった比率

例えば，介入群のデータについてのオッズは，効果ありとなる比率（これは言い換えると，効果ありのリスクである．リスクについては5.2節を参照）が，

$$\text{介・効果ありの比率} = \frac{\text{介・効有の人数}}{\text{介の人数}} = \frac{a}{a+b}$$

となり，効果なしとなる比率（＝効果ありとならない比率）が，

$$\text{介・効果なしの比率} = \frac{\text{介・効無の人数}}{\text{介の人数}} = \frac{b}{a+b}$$

となるので，

$$\text{介入群のオッズ} = \frac{\text{介・効有の比率}}{\text{介・効無の比率}}$$

$$= \frac{a}{a+b} \div \frac{b}{a+b} = \frac{a}{a+b} \times \frac{a+b}{b} = \frac{a}{b}$$

となる．同様に，統制群のオッズも，

第5章　効果量　109

$$\text{統制群のオッズ} = \frac{\text{統・効有の比率}}{\text{統・効無の比率}}$$

$$= \frac{\dfrac{\text{統・効有の人数}}{\text{統の人数}}}{\dfrac{\text{統・効無の人数}}{\text{統の人数}}}$$

$$= \frac{c}{c+d} \div \frac{d}{c+d} = \frac{c}{c+d} \times \frac{c+d}{d} = \frac{c}{d}$$

となる．オッズはギャンブルでよく使われる．ギャンブルでは「3：1」のようにオッズを表現することがある．これは，「ギャンブルに勝った時の払い戻し金額：賭け金」を表現したもので，たとえば，1万円賭けて勝負に勝つと，3万円の払い戻しがあるという意味である．3：1を言い換えると，4回に1回は勝つ，つまり，負けと勝ちの割合が3：1であることを意味している．

2値変数の効果量として本節で紹介するオッズ比は，介入群のオッズを統制群のオッズで割ったものとして求められる．

効果量：オッズ比

$$OR = \frac{\text{介入群のオッズ}}{\text{統制群のオッズ}}$$

$$= \frac{\text{介・効有の人数}}{\text{介・効無の人数}} \div \frac{\text{統・効有の人数}}{\text{統・効無の人数}}$$

$$= \frac{a}{b} \div \frac{c}{d} = \frac{a/b}{c/d} = \frac{ad}{bc}$$

OR はオッズ比 odds ratio の頭文字を取ったものである．オッズ比が1のときは関連がなく，オッズ比が0から1の間の時は負の関連がある，オッズ比が1より大きいときは正の関連がある，と解釈する．ここで正の関連があるというのは，介入群の方が統制群よりも「効果あり」となるケースが多くなることを，負の関連があるというのは，介入群の方が統制群よりも「効果あり」となるケースが少なくなることを，それぞれ意味する．

0ではなく1を中心に値の解釈をするのでわかりにくい．このため，オッズ比は対数変換されることが多い．

オッズ比を対数変換したものを対数オッズ比と呼ぶ．対数オッズ比は，「2

つの変数に関連がない」という帰無仮説のもとで[6]，平均 0，標準偏差 1.83 の正規分布に近似的に従う．対数オッズ比に変換することにより，正の数なら正の関連を表し，負の数なら負の関連を表すといったふうに 0 を起点にして考えることができるので解釈しやすい．また，標準誤差の計算も容易になる．対数オッズ比を効果量として用いる場合の式は以下の通りである．LOR は log odds ratio の頭文字を取ったものである．

効果量（オッズ比）	介入群のオッズ $= \dfrac{\text{介・効有の人数}}{\text{介・効無の人数}}$ 統制群のオッズ $= \dfrac{\text{統・効有の人数}}{\text{統・効無の人数}}$ $OR = \dfrac{a/b}{c/d} = \dfrac{ad}{bc}$
効果量（対数オッズ比）	$LOR = \ln(OR)$ ln は自然対数（natural logarithm）を意味する
分散（対数オッズ比）	$V_{LOR} = \dfrac{1}{a} + \dfrac{1}{b} + \dfrac{1}{c} + \dfrac{1}{d}$

対数オッズ比（LOR）は次式によりオッズ比（OR）に戻すことができる．exp( ) は指数関数を意味する．

$OR = \exp(LOR)$

表 5.3 についてオッズ比と対数オッズ比を求めてみよう．

表 5.3　2×2 クロス集計表（仮想データ）

グループ	効果あり	効果なし	合計
介入群	30	70	100
統制群	10	90	100

6）つまり，母集団における対数オッズ比が 0 のとき．

オッズ比は，$OR = \dfrac{30 \times 90}{70 \times 10} = 3.8571$ となる．

対数オッズ比は，$LOR = \ln(3.8571) = 1.3499$, 対数オッズ比の分散は，

$$V_{LOR} = \dfrac{1}{30} + \dfrac{1}{70} + \dfrac{1}{10} + \dfrac{1}{90} = 0.1587$$

となる．対数オッズ比をオッズ比に戻すには，$\exp(1.3499) = 3.8571$ とすればよい．

5.1.3　積率相関係数（相関係数）

2つの連続変数の関連はピアソンの積率相関係数（以降単に相関係数という場合は，積率相関係数を意味するものとする）として表現される．ほとんどの論文では相関係数が報告されているので，論文で報告された値をそのまま効果量として利用すればよい．相関係数 r は次式のように，x と y の共分散をそれぞれの標準偏差の積で割って求められる．共分散は，x の偏差と y の偏差の積をデータの数だけ合計して，データの数で割ることで求められる．偏差とは，データから平均を引いたものである．x の偏差と y の偏差の積をデータの数だけ合計して，データの数で割っているということは，「偏差の積」の平均を求めていることになる．

$$\text{相関係数 } r = \dfrac{x \text{ と } y \text{ の共分散}}{x \text{ の標準偏差} \times y \text{ の標準偏差}}$$

$$\text{共分散 } s_{xy} = \dfrac{(x \text{ の偏差} \times y \text{ の偏差}) \text{ の合計}}{\text{データ数}}$$

$$x \text{ の分散 } s_x^2 = \dfrac{(x \text{ の偏差})^2 \text{ の合計}}{\text{データ数}}$$

$$\text{標準偏差} = \sqrt{\text{分散}}$$

相関係数はすでに標準化された指標であり，-1 から 1 の間の値を取る．相関係数はこのように取り得る値の範囲が限られているため，このことが統計的特性として望ましくない場合がある（たとえば，標準誤差の計算など）．そこで，相関係数を効果量として用いる場合，フィッシャーの z 変換を利用するこ

とが多い．

　変換された z は，帰無仮説のもとで平均 0，分散 $\dfrac{1}{n-3}$ の正規分布に近似的に従う．また，変換された z は次式の逆変換により，もとの相関係数に戻すことができる．

$$r=\frac{\exp(2z)-1}{\exp(2z)+1}$$

効果量（相関係数 r）	$r=\dfrac{x と y の共分散}{x の標準偏差 \times y の標準偏差}$
分散（相関係数 r）[7]	$V_r=\dfrac{(1-r^2)^2}{n-1}$
効果量 （フィッシャーの z）	$z=0.5\times\ln\left(\dfrac{1+r}{1-r}\right)$ ln は自然対数（natural logarithm）を意味する
分散（フィッシャーの z）	$V_z=\dfrac{1}{n-3}$

　表 5.4 のデータについて効果量を計算してみると，x と y の共分散が 8.1，x の標準偏差が 4，y の標準偏差が 3 となることから，相関係数 $r=\dfrac{8.1}{4\times 3}=0.675$ となる．

表 5.4　2 つの変数の関係（仮想データ）

x	13	14	7	12	10	4	7	15	4	14
y	7	9	6	11	5	3	4	10	2	3

分散は，$V_r=\dfrac{(1-0.675^2)^2}{10-1}=0.0329$ となる．

7）相関係数の分散については，ヘッジスとオルキン（Hedges & Olkin, 1985, p. 225）では，分母が n の式を紹介している．

フィッシャーの z は，$z = 0.5 \times \ln\left(\dfrac{1+0.675}{1-0.675}\right) = 0.8199$ となる．

フィッシャーの z の分散は，

$$V_z = \frac{1}{10-3} = 0.1429 \text{ となる．}$$

フィッシャーの z を相関係数に戻すには，

$$r = \frac{\exp(2 \times 0.8199) - 1}{\exp(2 \times 0.8199) + 1} = 0.675 \text{ とすればよい．}$$

5.1.4 効果量の変換

これまでに紹介した標準化された平均値差，対数オッズ比，相関係数は互いに変換することができる．

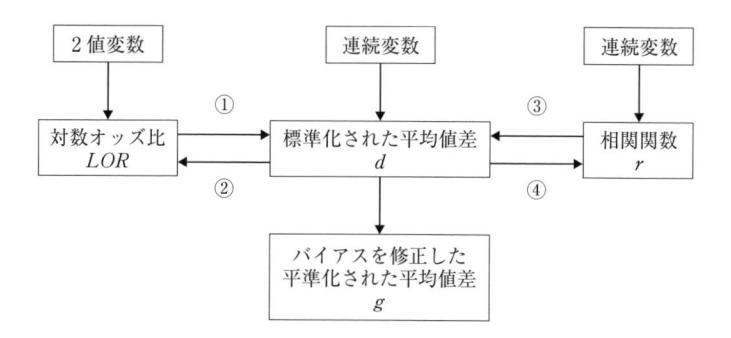

① LOR（対数オッズ比）から d（標準化された平均値差）への変換

効果量[8]：$d = LOR \times \dfrac{\sqrt{3}}{\pi}$，分散：$V_d = V_{LOR} \times \dfrac{3}{\pi^2}$

② d（標準化された平均値差）から LOR（対数オッズ比）への変換

効果量：$LOR = d \times \dfrac{\pi}{\sqrt{3}}$，分散：$V_{LOR} = V_d \times \dfrac{\pi^2}{3}$

③ r（相関係数）から d（標準化された平均値差）への変換

---

8) 式中の π は円周率を表す．

効果量：$d = \dfrac{2r}{\sqrt{1-r^2}}$, 分散：$V_d = \dfrac{4V_r}{(1-r^2)^3}$

④ d（標準化された平均値差）から r（相関係数）への変換

効果量：$r = \dfrac{d}{\sqrt{d^2+a}}$, 分散：$V_r = \dfrac{a^2 V_d}{(d^2+a)^3}$

ただし，$a = \dfrac{(n_1+n_2)^2}{n_1 n_2}$　$n_1 = n_2$ のときは，$a = 4$ となる．

つまり，$r = \dfrac{d}{\sqrt{d^2+4}}$ となる．

具体例で考えてみよう．① $LOR \to d$ については，対数オッズ比 $LOR = 1.3499$，その分散を 0.1587 とすると，

$$d = 1.3499 \times \dfrac{\sqrt{3}}{3.1416} = 0.7442$$

$$V_d = 0.1587 \times \dfrac{3}{3.1416^2} = 0.0482 \text{ となる．}$$

② $d \to LOR$ について，標準化された平均値差 $d = 0.7422$，その分散を 0.0482 とすると（①の逆変換），

$$LOR = 0.7422 \times \dfrac{3.1416}{\sqrt{3}} = 1.3499$$

$$V_{LOR} = 0.0482 \times \dfrac{3.1416^2}{3} = 0.1587 \text{ となる．}$$

③ $r \to d$ について，相関係数 $r = 0.6$，その分散を 0.0084 とすると，

$$d = \dfrac{2 \times 0.6}{\sqrt{1-0.6^2}} = 1.5$$

$$V_d = \dfrac{4 \times 0.0084}{(1-0.6^2)^3} = 0.1282 \text{ となる．}$$

④ $d \to r$ について，標準化された平均値差 $d = 0.7442$，その分散を 0.0482 とすると，

$$r = \dfrac{0.7442}{\sqrt{0.7442^2+4}} = 0.3487$$

$$V_r = \frac{4^2 \times 0.0482}{(0.7442^2 + 4)^3} = 0.0082$$ となる．なお，$n_1 = n_2$ としている．

5.1.5 効果量が変換できることの意味

5.1.4 では，3つの効果量（標準化された平均値差，オッズ比，相関係数）の変換について述べた．数学的には 5.1.4 のようにお互いに変換可能であるが，いつどんな時でも効果量を変換してよいということではない．ここでは，効果量を変換するのが適切である場合がどういう場合かについて述べる．

異なる研究群（同一のリサーチクエスチョンを扱っている）が同じ効果量（たとえば，標準化された平均値差）で表現されるならば，それらを統合するのは問題ない．しかし，研究ごとに異なる効果量が報告されていた場合（ある研究では標準化された平均値差が，別の研究ではオッズ比が，また別の研究では相関係数が，といったように）は，そんな風に簡単にはいかない．

複数の研究が同一のリサーチクエスチョンを扱っている場合，個々の研究から算出される効果量が異なっていたとしても，1つのメタ分析に含めたいと思うだろう．その場合，効果量を変換して共通の指標で比較できるようにする必要がある．ここで問題となるのは，異なる効果量が報告されているような研究群を同一のメタ分析に含めてよいのかということである．

これはケースバイケースであって，唯一の正解があるわけではない．たとえば，本来は同じ心理尺度が使われていたはずなのに，ある研究ではその尺度得点の平均が報告され，別の研究では成功・失敗のように2値で報告される（その尺度得点で基準点を決め，基準を超えたら成功，超えなければ失敗と判定する）ような場合を考えてみよう．このようなケースでは，標準化された平均値差とオッズ比を共通の指標に変換するのは適切と言えるだろう．そうして変換された値は同一のメタ分析に含めることができる．この例のように，効果量を変換することが適切かどうかは，数学的に可能かどうかとは別の次元で慎重に考慮する必要があるのである．

本節では，①標準化された平均値差，②オッズ比（対数オッズ比），③相関係数という3つの代表的な効果量を紹介した．効果量の算出には，本節で紹介

した数式を利用すればよい．しかし，論文によっては効果量を計算するために必要なデータや統計量が明記されていないこともある．

その場合でも，論文に掲載されたさまざまな情報から効果量を算出することが可能である．本書の附録では，限られた情報から効果量を計算するための方法を紹介している．その他にも，リプジーとウィルソン（Lipsey & Wilson, 2001）の Appendix B やボレンステイン（Borenstein, 2009），フレイスとバーリン（Fleiss & Berlin, 2009）などが参考になる．

5.2 その他の効果量

本節で紹介する効果量を大まかに分類すると，①2値変数（2群）から計算されるもの（オッズ比以外），②1つの連続変数（事前・事後）から計算されるもの，③1変数（1群）から計算されるもの，となる．まとめると，表5.5のようになる．本節では，表5.5にあげた効果量を紹介していくことにする．

表 5.5　その他の効果量の分類

変数のタイプ	効果量
2値変数（2群）	リスク比・対数リスク比，リスク差，NNT
1つの連続変数（事前・事後）	対応のあるデータについて，標準化された平均値差
1変数（1群） （2値変数，連続変数）	比率，平均

5.2.1　2値変数（2群）に関する効果量

ここでは，2値変数に関する効果量として，リスク比と対数リスク比，そしてリスク差と NNT を紹介する．ここで，表5.2を再掲する．

表 5.2　2×2 クロス集計表

	効果あり	効果なし	合計
介入群	a	b	$a+b$
統制群	c	d	$c+d$

リスク（Risk）

リスクとは，ある事象（イベント）の生起確率のことである．表 5.2 において，介入群におけるリスクは介入群のデータで効果ありとなる比率のことだから，

$$\text{介入群のリスク} = \frac{\text{介・効有の人数}}{\text{介の人数}} = \frac{a}{a+b}$$

となる．同様に，統制群におけるリスクは，統制群のデータで効果ありとなる比率のことだから，

$$\text{統制群のリスク} = \frac{\text{統・効有の人数}}{\text{統の人数}} = \frac{c}{c+d}$$

となる．

リスク比（Risk Ratio）

介入群のリスクを統制群のリスクで割ったものがリスク比である．RR は risk ratio の頭文字を取ったものである．

対数リスク比を効果量として用いる場合の式は以下の通りである．LRR は log risk ratio の頭文字を取ったものである．

効果量（リスク比）	$\text{介入群のリスク} = \dfrac{\text{介・効有の人数}}{\text{介の人数}} = \dfrac{a}{a+b}$ $\text{統制群のリスク} = \dfrac{\text{統・効有の人数}}{\text{統の人数}} = \dfrac{c}{c+d}$ $RR = \dfrac{\text{介入群のリスク}}{\text{統制群のリスク}} = \dfrac{a/(a+b)}{c/(c+d)}$
効果量（対数リスク比）	$LRR = \ln(RR)$ ln は自然対数（natural logarithm）
分散（対数リスク比）	$V_{LRR} = \dfrac{1}{a} - \dfrac{1}{a+b} + \dfrac{1}{c} - \dfrac{1}{c+d}$

対数リスク比（LRR）は次式によりリスク比（RR）に戻すことができる．exp( ) は指数関数を意味する．ln( ) と exp( ) は逆の関係にあると考えればよい．

$$RR = \exp(LRR)$$

リスク差(Risk Difference)

介入群のリスクと統制群のリスクの差がリスク差である.RD は risk difference の頭文字を取ったものである.

効果量(リスク差)	介入群のリスク $= \dfrac{介・効有の人数}{介の人数} = \dfrac{a}{a+b}$ 統制群のリスク $= \dfrac{統・効有の人数}{統の人数} = \dfrac{c}{c+d}$ $RD =$ 介入群のリスク $-$ 統制群のリスク $= \dfrac{a}{a+b} - \dfrac{c}{c+d}$
分散(リスク差)	$V_{RD} = \dfrac{ab}{(a+b)^3} + \dfrac{cd}{(c+d)^3}$

リスク差(RD)の逆数を NNT という.NNT とは,number needed to treat の頭文字を取ったもので,ポジティブな結果をもう1つ増やすために何人の人に介入を受けさせればよいか,その人数を意味する.

具体的なデータからこれらの効果量を計算してみよう.表5.3(再掲)について,まずリスクを計算してみる.

表5.3 2×2クロス集計表(仮想データ)

	効果あり	効果なし	合計
介入群	30	70	100
統制群	10	90	100

介入群におけるリスクは $\dfrac{30}{100}$,統制群におけるリスクは $\dfrac{10}{100}$ となる.
つづいて,リスク比と対数リスク比を求めると以下のようになる.

第5章 効果量

$$RR = \frac{30/100}{10/100} = 3.0$$

$$LRR = \ln(3.0) = 1.0986$$

対数リスク比の分散は,

$$V_{LRR} = \frac{1}{30} - \frac{1}{100} + \frac{1}{10} - \frac{1}{100} = 0.1133 \text{ となる}.$$

さらに,リスク差を求めると,

$$RD = \frac{30}{100} - \frac{10}{100} = 0.20$$

その分散は, $V_{RD} = \frac{30 \times 70}{100^3} + \frac{10 \times 90}{100^3} = 0.003$ となる.

$RD = 0.20$ より, $NNT = \dfrac{1}{RD} = \dfrac{1}{0.20} = 5$

と求められる.

介入群のリスクが 0.3,統制群のリスクが 0.1 で,リスク差が 0.2 ということから,介入群のほうが統制群に比べて 20% 効果があることになる.NNT は,「効果あり」となる人を 1 人増やすために,何人に介入を行えばよいか,その人数を示す.5 人に介入を行えば,何もしない場合(統制群がこれに当たる)に比べて,5 人の 20%,つまり 1 人は「効果あり」となる人数を増やすことができるということになる.

5.2.2　1つの連続変数(事前・事後)に関する効果量

事前事後のデータやマッチングされたデータなどの対応のあるデータについて効果量を求める場合を紹介する.

効果量(標準化された平均値差)	$d = \dfrac{\text{差得点の平均}}{\text{差得点の標準偏差}/\sqrt{2(1-\text{事前事後の相関係数 }r)}}$
分散	$V_d = \left(\dfrac{1}{n} + \dfrac{d^2}{2n}\right) \times 2(1-r)$

すべての対象者に，事前テストと事後テストを1回ずつ実施し，その前後での変化を検討するようなケースを考えてみよう．このような方法で集められたデータは，プリ・ポスト（事前事後）データと呼ばれる．差得点とは，事後の得点から事前の得点を引いたものをいう．

差得点＝事後の得点－事前の得点

差得点の平均は，事後の平均から事前の平均を引いたものと一致する．

差得点の平均＝事後の平均－事前の平均

表5.6のデータについて効果量を計算してみると，

表5.6　対応のある2群のデータ（仮想データ）

	平均		人数
事　後	85	事前と事後の相関係数＝0.6	50
事　前	80		
差得点	5	差得点の標準偏差＝8	

$$\text{効果量 } d \text{ の分母} = \frac{8}{\sqrt{2(1-0.6)}} = 8.9443$$

$$d = \frac{85-80}{8.9443} = 0.5590$$

$$V_d = \left(\frac{1}{50} + \frac{0.5590^2}{2 \times 50}\right) \times 2(1-0.6) = 0.0185$$

となる．

ヘッジスの g を求めると，対応のあるデータでは，自由度が変わるために修正項が $J = 1 - \dfrac{3}{4(n-1)-1}$ となることに注意して，

$$J = 1 - \frac{3}{4(50-1)-1} = 0.9846$$

$$g = 0.9846 \times 0.5590 = 0.5504$$

$$V_g = 0.9846^2 \times 0.0185 = 0.0179$$

となる.

なお，対応のあるデータについて標準化された平均値差 d を求める場合，

$$d = \frac{\text{事後の平均} - \text{事前の平均}}{\text{事前の標準偏差}}$$

という式を用いることもある（78 ページでは，こちらの効果量を用いたメタ分析研究の例を紹介している）．

5.2.3　1 変数（1 群）についての効果量

1 変数の中心的傾向を記述する統計量としては，代表値，つまり，平均，中央値，最頻値などが論文に報告される．ここでは，1 変数（1 群）についての効果量として，比率と平均を取り上げる．

比率

比率を効果量として扱う場合に 2 つのアプローチがある．1 つはそのまま比率を用いるもの，もう 1 つはロジット変換を行うものである．

効果量として比率をそのまま利用する場合，以下のように表現できる．

効果量（比率）	$p = \dfrac{k}{n}$
分散（比率）	$V_p = \dfrac{p(1-p)}{n}$

ここで，n は標本における被験者の総数，k は当該のカテゴリに属する被験者の数である．比率は 0 から 1 の間の値を取る．ロジット変換を行うことで，0 から 1 という制約がなくなり，あらゆる数値を取ることができるようになる．比率 p をロジット変換した，比率のロジット効果量は以下のようになる．

効果量（ロジット）	$logit = \ln\left(\dfrac{p}{1-p}\right)$ ln は自然対数（natural logarithm）
分散（ロジット）	$V_{logit} = \dfrac{1}{np} + \dfrac{1}{n(1-p)}$

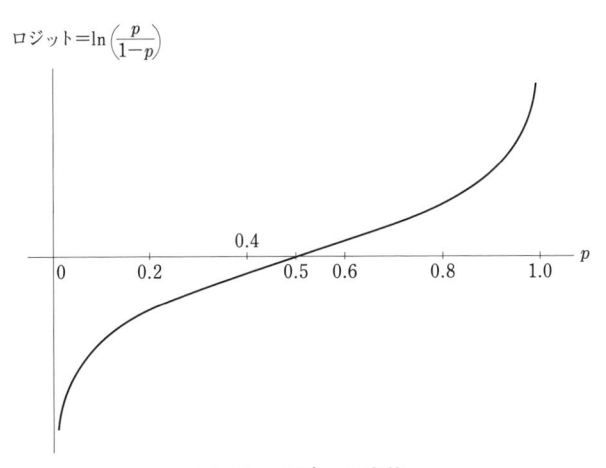

図 5.2 ロジット変換

　図 5.2 は比率 p をロジット変換したときのグラフを描いたものである．横軸は比率なので，0 から 1 の値を取る．縦軸はロジット

$$logit = \ln\left(\frac{p}{1-p}\right)$$

であり，マイナス無限大からプラス無限大まであらゆる値を取る．$p=0.5$ のとき $\ln\left(\frac{0.5}{1-0.5}\right) = \ln(1) = 0$ となる．

　また，以下の式により，ロジットから比率へと逆変換を行うことができる．

$$p = \frac{\exp(logit)}{\exp(logit)+1}$$

平均

効果量として平均を用いる場合，以下のように表される．

効果量（平均）	データの値の総和÷データ数
分散（平均）	データから計算される不偏分散÷データ数

第 5 章　効果量　123

以上のように，本章では代表的な効果量について，具体例を挙げながら，そうした効果量の求め方を紹介してきた．特に実際の研究で利用されることが多い，標準化された平均値差，オッズ比（対数オッズ比），相関係数についてはよく理解を深めてほしい．なお，本章で紹介した以外にもさまざまな効果量が提案されている．それらについては，グリソンとキム（Grissom & Kim, 2012）や大久保・岡田（2012）などを参照されたい．

続く第6章では，本章で紹介した効果量を使った統計解析の方法を紹介していくことにする．

引用文献

Borenstein, M. (2009). Effect size for continuous data. In H. Cooper, L. V. Hedges, & J. C. Valentine (Eds.), *The handbook of research synthesis and meta-analysis* (2nd ed.). pp. 221-235. New York, NY：Russell Sage Foundation.

Borenstein, M., Hedges, L. V., Higgins, J. P. T., & Rothstein, H. R. (2009). *Introduction to meta-analysis*. Chichester, UK：Wiley.

Fleiss, J. L., & Berlin, J. A. (2009). Effect size for dichotomous data. In H. Cooper, L. V. Hedges, & J. C. Valentine (Eds.), *The handbook of research synthesis and meta-analysis* (2nd ed.). pp. 237-253. New York, NY：Russell Sage Foundation.

Grissom, R. J., & Kim, J. J. (2012). *Effect sizes for research：Univariate and multivariate applications* (2nd ed.). New York, NY：Routledge.

Hedges, L. V., & Olkin, I. (1985). *Statistical methods for meta-analysis*. Orlando, FL：Academic Press.

Lipsey, M. W., & Wilson, D. B. (2001). *Practical meta-analysis*. Thousand Oaks, CA：Sage.

Littell, J. H., Corcoran, J., & Pillai, V. (2008). *Systematic reviews and meta-analysis*. New York, NY：Oxford University Press.

大久保街亜・岡田謙介（2012）．伝えるための心理統計　勁草書房

Wilson, D. B. (2002). Meta-analysis stuff. (http://mason.gmu.edu/~dwilsonb/ma.html)

第6章
統計的分析

　本章では，メタ分析における統計的分析を解説する．統計的分析の出発点は，第5章で取り上げた効果量である．個々の研究から効果量とその分散を計算するところまでを第5章では紹介した．本章では，そうした個々の研究から得られた効果量を統合する方法について述べる．具体的には平均効果量の算出と，それを用いた信頼区間，検定について紹介する．ここでは，固定効果モデルと変量効果モデルという2つのモデルを取り上げる．また，効果量の等質性の検定，効果量の差異を検討するための分散分析的アプローチについてその手順を述べる．

6.1　メタ分析における統計解析の手順

　クーパー（Cooper, 1982）は，系統的レビューの中の統計解析の部分を特にメタ分析と呼んでいる．クーパーの分類に従えば，本章がメタ分析を取り扱った章ということになる．

　メタ分析における統計解析の基本的な手順は以下のようになる．

①個々の研究から効果量，効果量の分散（誤差分散），標準誤差，重み（誤差分散の逆数）を計算する．サンプルサイズが小さい場合は，効果量に対する修正を行うとよい（これは第5章で述べてきた内容である）．

②平均効果量とその分散，標準誤差を求める．このために，固定効果モデルと変量効果モデルを利用することができる．

③効果量について検定を行う．あるいは，信頼区間を求める．

④効果量のバラツキについて検討する．このために，効果量の等質性の検定を行う，あるいは，効果量の異質性の程度を査定する記述統計量（I^2 がよく

用いられる）を算出する．効果量の等質性の検定の結果有意になった場合は，さらに効果量が等質でない原因を検討するための分析が行われる（分散分析的アプローチや回帰分析的アプローチなど）．

以下では，メタ分析における統計解析の手順のそれぞれのステップについて解説する．

6.2 固定効果モデルと変量効果モデル

メタ分析における統計的分析では，個々の研究から平均効果量を求め，効果量の変動の大きさを求めることが中心的な作業となる．平均効果量を求めるためには，一般に重み付き平均が利用される．研究ごとにその重要さを反映させた重み（weight）を求め，重み×効果量の総和を重みの総和で割ることで，平均効果量を求めるのである．この手順の詳細は続く 6.3 節で述べることにして，ここでは，その重み，言い換えると，効果量の誤差分散[1]を求めるためのモデルとして広く使われている 2 つのモデルを紹介する．

2 つのモデルとは，固定効果モデル（fixed effect model）と変量効果モデル（random effects model）である．さらに，混合効果モデル（mixed effects model）もあるが，本書ではこちらのモデルについては扱わないこととする．混合効果モデルについては，ローデンブッシュ（Raudenbush, 2009）などを参照されたい．また，安藤（2011）は，固定効果モデルから変量効果モデル，混合モデルまでを統合的に，順を追って分かりやすく解説している．

固定効果モデルでは，真の効果量は固定された値であると仮定する．母集団における真の効果量の値は一定の値であり，研究ごとの真の効果量もこれに等しいと仮定されるのである．しかし，10 個の研究があって，そこから計算される効果量（標本効果量）の値は全く同じ値にはならない（だろう）．それは，標本誤差（sampling error）のためである．固定効果モデルでは，研究ごとに

---

[1] 重みは，効果量の誤差分散の逆数として定義されるため，5.1.1 および 6.3.1 を参照のこと．

標本効果量の値が違うのは，個々の研究で生じるランダムな誤差によってのみ説明されると考えるのである．

一方，変量効果モデルでは，真の効果量それ自体も固定された1つの値ではなく，ある値を中心に一定の幅を持ってばらつくと考える．つまり，研究ごとに真の効果量は異なる，真の効果量についても分布を考えることができるということである．固定効果モデルでは，個々の標本効果量の値が違うのは，標本誤差のみが原因とされた．変量効果モデルでは，まず，真の効果量自体がその平均からのバラツキを持ち，それに加えて，個々の研究ごとに標本抽出に伴うバラツキ（標本誤差）が生じると考える．つまり，2段階のバラツキ（2つのバラツキ）によって説明されることになる．前者のバラツキを研究間の分散（between studies variance），後者を研究内の分散（within study variance）と呼ぶ．リプジーとウィルソン（Lipsey & Wilson, 2001）では，研究間の分散は研究レベル標本誤差（study-level sampling error），研究内の分散は被験者レベル標本誤差（subject-level sampling error）とそれぞれ呼ばれている．

まとめると，次式のようになる．

固定効果モデルにおける効果量の分散 V_i ＝研究内分散のみ

変量効果モデルにおける効果量の分散 V_i^* ＝研究内分散＋研究間分散

2つの分散を区別するため，固定効果モデルにおける研究 i の分散を V_i，変量効果モデルにおける研究 i の分散を V_i^* と表記することにする．研究内分散，研究間分散それぞれの具体的な算出方法は，次の6.3節で紹介する．

固定効果モデルか変量効果モデルか，どちらのモデルを利用するべきだろうか．ボレンステインら（Borenstein et al., 2009）は，真の効果量の値がすべての研究間で全く同一であると仮定する固定効果モデルの前提は，多くのメタ分析にとって適切ではないと述べている．一方で，介入群と統制群で介入の効果を比較する場合，患者の年齢や，教育レベル，健康状態などの要因や，介入の頻度などの要因で，研究ごとに真の効果量の値は変わると考える方が自然であると述べて，変量効果モデルの考え方の方が，多くのメタ分析の対象となる研究にとって適切であると述べている．また，彼らは，固定効果モデルの結果と変量効果モデルの結果の比較を行い，固定効果モデルでは，平均効果量の算出に

ついてサンプルサイズの大きな研究がより大きな影響を持ち，サンプルサイズの小さな研究は小さな影響しか持たないこと，変量効果モデルでは，固定効果モデルに比べてそうしたサンプルサイズの違いによる影響の差異が小さくなっていることなど，統計的な観点からも2つのモデルを比較し，その相違について検討を行っている（Borenstein et al., 2009）．

6.3 効果量の平均と分散

本節では，効果量の平均と分散，そして重みの求め方を紹介する．さらに効果量の信頼区間と検定についても述べる．以上の内容について，固定効果モデル，変量効果モデルそれぞれの立場での考え方を説明する．

6.3.1 固定効果モデル

平均効果量

平均効果量は，個々の研究から算出された効果量と重みにより計算される．重み付き平均効果量[2]の式は以下のようになる．

$$\text{重み付き平均効果量} = \frac{(\text{各研究の重み } W_i \times \text{各研究の効果量})\text{の合計}}{\text{各研究の重み } W_i \text{の合計}}$$

固定効果モデルにおける研究 i の重みを W_i と表記することにする．各研究の効果量にその重みをかけたものを合計し，重みの和で割ることで平均効果量が計算される．効果量のところには，第5章で紹介した，標準化された平均値差，対数オッズ比，相関係数（フィッシャーの z 変換を適用したもの）など（とそれぞれの分散の逆数として計算される重み）を代入すればよい．固定効果モデルにおける研究 i の重み W_i は次式で求められる．

$$\text{重み } W_i = \frac{1}{\text{効果量の分散 } V_i}$$

固定効果モデルでは，i 番目の研究の効果量の分散 V_i は研究内分散に等し

---

2) （重み付き）平均効果量のことを，ボレンステインら（Borenstein et al., 2009）では，summary effect と呼んでいる．

い.
　つまり，これは，第 5 章で紹介した効果量の分散の式を利用して計算することができる.

効果量の信頼区間

　母効果量の信頼区間を求めるために，平均効果量の標準誤差を次式で求める.

$$\text{平均効果量の標準誤差} = \sqrt{\frac{1}{\text{各研究の重み } W_i \text{ の合計}}}$$

たとえば，95% 信頼区間を求めたいときは，この平均効果量の標準誤差を用いて次式で表される.

　　信頼区間の下限 = 平均効果量 − 1.96 × 平均効果量の標準誤差
　　信頼区間の上限 = 平均効果量 + 1.96 × 平均効果量の標準誤差

95% 信頼区間が 0 を含まなければ，効果量は 5% 水準で有意ということになる．90% 信頼区間を求めたいときは 1.96 の代わりに 1.645 を代入し，99% 信頼区間を求めたいときは 1.96 の代わりに 2.57 を代入すればよい.

効果量の検定

　統計量としての平均効果量に関する有意性検定を行うこともできる．帰無仮説は「母集団における真の効果量が 0 である」というものである．帰無仮説が棄却されたら，効果量の値は有意ということになり，母集団においても，複数の研究に共通な，真の効果量は 0 ではないと考えることができる.

$$z = \frac{\text{平均効果量}}{\text{平均効果量の標準誤差}}$$

　この検定統計量は，帰無仮説のもとで標準正規分布に従う．検定統計量の値が 1.96 より大きければ（あるいは，−1.96 より小さければ），5% 水準で有意ということになる（両側検定の場合）.
　ここまでの内容を，具体例をもとに説明してみよう．表 6.1 のようなデータについて考えてみよう.
　表 6.1 には，10 個の研究の効果量とその分散が記されている．ここでの効果

表 6.1　10 個の研究の効果量と分散

研究 id	効果量 g	研究内分散 V_i
1	0.1200	0.0100
2	0.2300	0.0400
3	0.3400	0.0300
4	0.4500	0.0200
5	0.4200	0.0100
6	0.3900	0.0200
7	0.4900	0.0300
8	0.6500	0.0400
9	0.7600	0.0200
10	0.8700	0.0100

量は，5.1.1 で紹介した，標準化された平均値差（ヘッジスの g）であるとする．研究内分散 V_i という表記は，ひとつひとつの研究における分散であることを強調するためである．平均効果量を計算するための重みは，分散の逆数だから，たとえば，研究 id が 1 のものについては，

$$重み\ W_1 = \frac{1}{効果量の分散\ V_1} = \frac{1}{0.01} = 100$$

となる．残りの研究についても，同様に分散の逆数として重み W_i を求める．そして，平均効果量を求めるため，10 個の研究それぞれについて，重み W_i × 効果量を計算する．これらを表 6.1 に追加したのが表 6.2 である．

　合計の欄には，10 個の研究の「重み W_i」の合計（566.667）と，「重み W_i ×効果量 g」の合計（270.667）を書き加えてある．

$$重み付き平均効果量 = \frac{(各研究の重み\ W_i × 各研究の効果量\ g)の合計}{各研究の重み\ W_i の合計}$$

となるから，平均効果量 $= \dfrac{270.667}{566.667} = 0.478$ と求められる．

$$平均効果量の標準誤差 = \sqrt{\frac{1}{各研究の重み\ W_i の合計}}$$

より，

表 6.2　平均効果量の計算（固定効果モデル）

研究 id	効果量 g	研究内分散 V_i	重み W_i	重み $W_i \times$ 効果量 g
1	0.1200	0.0100	100.0000	12.0000
2	0.2300	0.0400	25.0000	5.7500
3	0.3400	0.0300	33.3333	11.3333
4	0.4500	0.0200	50.0000	22.5000
5	0.4200	0.0100	100.0000	42.0000
6	0.3900	0.0200	50.0000	19.5000
7	0.4900	0.0300	33.3333	16.3333
8	0.6500	0.0400	25.0000	16.2500
9	0.7600	0.0200	50.0000	38.0000
10	0.8700	0.0100	100.0000	87.0000
		合計	566.667	270.667

$$\text{標準誤差} = \sqrt{\frac{1}{566.667}} = 0.042$$

となる．よって，母効果量の 95% 信頼区間は，

$$\text{信頼区間の下限} = 0.478 - 1.96 \times 0.042 = 0.395$$
$$\text{信頼区間の上限} = 0.478 + 1.96 \times 0.042 = 0.560$$

と求められた．母効果量の 95% 信頼区間は，[0.395, 0.560] となる．最後に，効果量の検定については，

$$z = \frac{\text{平均効果量}}{\text{平均効果量の標準誤差}} = \frac{0.478}{0.042} = 11.370$$

ここで $0.478 \div 0.042 = 11.381$ となり，値が一致しない．これは丸めの誤差のため，11.370 が正確な値である．

この値は有意水準を 5%（両側検定）とした時の棄却の臨界値 1.96 よりも大きいので，5% 水準で有意となる（両側検定）．

6.3.2 変量効果モデル

平均効果量

変量効果モデルでも，固定効果モデルと同様に，平均効果量を以下の式で求めることができる．

$$\text{重み付き平均効果量} = \frac{(\text{各研究の重み } W_i^* \times \text{各研究の効果量})\text{の合計}}{\text{各研究の重み } W_i^* \text{の合計}}$$

固定効果モデルで計算される重みと，変量効果モデルで計算される重みを区別するために，変量効果モデルで計算される i 番目の研究の重みを，重み W_i^* と表記することにする．2つのモデルで異なるのは，重みの計算方法である．

$$\text{重み } W_i^* = \frac{1}{\text{効果量の分散 } V_i^*}$$

であるから，効果量の分散について考えることは，重みについて考えることと同じ意味を持つ．

6.2節で述べたように，固定効果モデルと変量効果モデルそれぞれにおける，効果量の分散は以下のように定められる．

> 固定効果モデルにおける効果量の分散 V_i
> ＝研究内分散（標本誤差）のみ
> 変量効果モデルにおける効果量の分散 V_i^*
> ＝研究内分散（標本誤差）＋研究間分散

変量効果モデルでは，個々の研究内の分散（標本誤差）だけでなく，研究間の分散（真の効果量の分布におけるバラツキ）も考慮に入れる．研究間分散は以下の式で求められる[3]．

$$\text{研究間分散} = \frac{Q - \text{自由度}}{C}$$

さらに，Q と C は以下の式で計算される[4]．これらは，固定効果モデルにお

---

3) なお研究間分散の分子（Q－自由度）は負の値を取ることもある．その場合は分子＝0として研究間分散を計算する．

ける重み W_i を用いて計算されている．自由度はメタ分析に用いられた研究数 -1 となる．

$$Q = [重み W_i \times (各研究の効果量 - 平均効果量)^2] \text{ の合計}$$

$$= (重み W_i \times 各研究の効果量^2) \text{の合計} - \frac{[(重み W_i \times 各研究の効果量) \text{の合計}]^2}{重み W_i \text{の合計}}$$

$$C = 重み W_i \text{の合計} - \frac{(重み W_i)^2 \text{の合計}}{重み W_i \text{の合計}}$$

Q の式を2通りの方法で表記したが，どちらも同じ計算結果を得ることができる．1つめの式は，それぞれの効果量から平均効果量を引いた偏差を2乗して，これに重み W_i をかけたものをすべて足し加えることで求められる．2つめの式は，計算を簡単にするための方法である．「重み W_i」，「重み $W_i \times$ 効果量」，「重み $W_i \times$ 効果量の2乗」をそれぞれの研究から求めておけば，簡単に Q を計算することが可能である．

Q は続く6.4節で紹介する効果量の異質性の検討において用いられる統計量である．メタ分析における統計的分析では，この Q 統計量は，何度も出てくるし，非常に重要であるので，よく覚えておこう．

このようにして Q を求め，研究間分散を求める．そして，効果量の分散を，

$$効果量の分散 = 研究内分散 + 研究間分散$$
$$= 標本誤差 + \frac{Q - 自由度}{C}$$

として計算し，後は固定効果モデルの時と同じ式を用いて，平均効果量やその標準誤差を計算すればよい．表6.1のデータを用いて，変量効果モデルにおける平均効果量の計算を行ってみよう．まずは，変量効果モデルで肝となる，研究間分散を計算する．表6.3には，研究間分散の計算に便利な，「重み W_i」，「重み $W_i \times$ 効果量」，「重み $W_i \times$ 効果量の2乗」，そして，「重み W_i の2乗」

---

4) C という表記は，ボレンステインら（Borenstein et al., 2009）を参考にした．C が「研究間分散」の分母を表していると理解してもらえればそれでよい．

表 6.3　研究間分散の計算（変量効果モデル）

研究 id	効果量 g	研究内分散 V_i	重み W_i	重み W_i× 効果量 g	重み W_i× 効果量 g の2乗	重み W_i の2乗
1	0.1200	0.0100	100.0000	12.0000	1.4400	10000.0000
2	0.2300	0.0400	25.0000	5.7500	1.3225	625.0000
3	0.3400	0.0300	33.3333	11.3333	3.8533	1111.1111
4	0.4500	0.0200	50.0000	22.5000	10.1250	2500.0000
5	0.4200	0.0100	100.0000	42.0000	17.6400	10000.0000
6	0.3900	0.0200	50.0000	19.5000	7.6050	2500.0000
7	0.4900	0.0300	33.3333	16.3333	8.0033	1111.1111
8	0.6500	0.0400	25.0000	16.2500	10.5625	625.0000
9	0.7600	0.0200	50.0000	38.0000	28.8800	2500.0000
10	0.8700	0.0100	100.0000	87.0000	75.6900	10000.0000
		合計	566.667	270.667	165.122	40972.222

を表 6.2 に追加してある．ここでの重み W_i は固定効果モデルでの重みである．これらを用いて，変量効果モデルの重み W_i^* を計算していくことになる．さらに表の一番下には，それぞれの合計も記した．

$Q=$（重み W_i×各研究の効果量^2）の合計

$$-\frac{[（重み W_i×各研究の効果量）の合計]^2}{重み W_i の合計}$$

$$=165.122-\frac{270.667^2}{566.667}=35.839$$

$$C=重み W_i の合計-\frac{重み W_i^2 の合計}{重み W_i の合計}=566.667-\frac{40972.222}{566.667}=494.363$$

自由度＝研究数－1＝10－1＝9 より，

$$研究間分散=\frac{Q-自由度}{C}=\frac{35.839-9}{494.363}=0.0543$$

研究間分散が求められたので，効果量の分散を研究内分散 V_i ＋研究間分散で置き換えて，平均効果量の計算を行っていく（表 6.4）．

効果量分散 V_i^* ＝研究内分散＋研究間分散　で求められる．重み W_i^* は効果

表6.4　平均効果量の計算（変量効果モデル）

研究id	効果量 g	研究内分散 V_i	研究間分散	効果量分散 V_i^*	重み W_i^*	重み $W_i^* \times$ 効果量 g
1	0.1200	0.0100	0.0543	0.0643	15.5547	1.8666
2	0.2300	0.0400	0.0543	0.0943	10.6057	2.4393
3	0.3400	0.0300	0.0543	0.0843	11.8639	4.0337
4	0.4500	0.0200	0.0543	0.0743	13.4609	6.0574
5	0.4200	0.0100	0.0543	0.0643	15.5547	6.5330
6	0.3900	0.0200	0.0543	0.0743	13.4609	5.2498
7	0.4900	0.0300	0.0543	0.0843	11.8639	5.8133
8	0.6500	0.0400	0.0543	0.0943	10.6057	6.8937
9	0.7600	0.0200	0.0543	0.0743	13.4609	10.2303
10	0.8700	0.0100	0.0543	0.0643	15.5547	13.5326
				合計	131.986	62.650

量分散 V_i^* の逆数である．たとえば，研究idが1の研究については，

$$効果量分散\ V_1^* = 0.0100 + 0.0543 = 0.0643\ となり，$$

$$重み\ W_1^* = \frac{1}{効果量分散\ V_1^*} = \frac{1}{0.0643} = 15.5547$$

というふうに重みが求められる．合計の欄には，10個の研究の「重み W_i^*」の合計（131.985）と，「重み $W_i^* \times$ 効果量」の合計（62.650）を書き加えてある．

$$重み付き平均効果量 = \frac{（各研究の重み\ W_i^* \times 各研究の効果量）の合計}{各研究の重み\ W_i^*\ の合計}$$

となるから，平均効果量 $= \frac{62.650}{131.986} = 0.475$ と求められる．

効果量の信頼区間

$$平均効果量の標準誤差 = \sqrt{\frac{1}{各研究の重み\ W_i^*\ の合計}}$$

第6章　統計的分析　135

表 6.5 平均効果量の計算（固定効果モデルと変量効果モデル）

モデル	平均効果量	標準誤差	95% 信頼区間		検定統計量
			下限	上限	
固定効果モデル	0.478	0.042	0.395	0.560	11.370
変量効果モデル	0.475	0.087	0.304	0.645	5.453

より，標準誤差 $=\sqrt{\dfrac{1}{131.986}}=0.087$ となる．よって，母効果量の 95% 信頼区間は，

$$信頼区間の下限 = 0.475 - 1.96 \times 0.087 = 0.304$$
$$信頼区間の上限 = 0.475 + 1.96 \times 0.087 = 0.645 \quad と求められた．$$

以上により，母効果量の 95% 信頼区間は，[0.304, 0.645] となる．

効果量の検定

最後に，効果量の検定については，

$$z = \dfrac{平均効果量}{平均効果量の標準誤差} = \dfrac{0.475}{0.087} = 5.453$$

となる．検定統計量は帰無仮説の元で標準正規分布にしたがう．この値は有意水準を 5%（両側検定）とした時の棄却の臨界値 1.96 よりも大きいので，5% 水準で有意となる（両側検定）．

固定効果モデルと変量効果モデルの結果をまとめると表 6.5 のようになる．

標準誤差の値について，変量効果モデルの方が大きいことが分かる．これは，効果量分散が研究内分散＋研究間分散で求められる，つまり，固定効果モデルに比べて，研究間分散の増分だけ，効果量の分散が大きく見積もられることがその理由である．変量効果モデルの方が標準誤差の値が大きいため，95% 信頼区間の幅も変量効果モデルの方が固定効果モデルよりも大きく，検定統計量の値は変量効果モデルの方が固定効果モデルよりも小さくなっていることも確認できる．

表 6.6 固定効果モデルと変量効果モデルの重み

研究 id	固定効果モデル		変量効果モデル	
	重み W_i	重み W_i の割合	重み W_i^*	重み W_i^* の割合
1	100.0000	17.6%	15.5547	11.8%
2	25.0000	4.4%	10.6057	8.0%
3	33.3333	5.9%	11.8639	9.0%
4	50.0000	8.8%	13.4609	10.2%
5	100.0000	17.6%	15.5547	11.8%
6	50.0000	8.8%	13.4609	10.2%
7	33.3333	5.9%	11.8639	9.0%
8	25.0000	4.4%	10.6057	8.0%
9	50.0000	8.8%	13.4609	10.2%
10	100.0000	17.6%	15.5547	11.8%
合計	566.666		131.986	

表 6.6 では，固定効果モデル，変量効果モデルの重みとその割合（各研究の重みを重みの合計で割って％で表したもの）を整理している．

個々の研究の重みや重みの合計を比較すると，固定効果モデルの方が変量効果モデルよりも重みの値が大きい．重みは効果量の分散の逆数として計算されるから，言い換えると，固定効果モデルの方が変量効果モデルよりも効果量の分散が小さいことを意味している．変量効果モデルでは，研究間分散の分だけ，固定効果モデルよりも効果量の分散が大きくなるので，これはその通りである．さらに，重みの割合を2つのモデルで比較してみると，固定効果モデルの方が重みの大小の差が大きい，つまり，メリハリがあることがわかる．これに比べると，変量効果モデルは重みの割合の差が小さくなっている．たとえば，研究 id が1の研究について見てみると，固定効果モデルでは17.6%もあった割合が，変量効果モデルでは11.8%にまで減っているし，研究 id が2の研究について見てみると，今度は反対に，固定効果モデルでは4.4%しかなかった割合が，変量効果モデルでは8.0%に増加している．このように固定効果モデルで重みの割合が大きかった研究は，変量効果モデルではそれほど大きな割合には

ならず，固定効果モデルで重みの割合が小さかった研究は，変量効果モデルではそれほど小さな割合にはならない，といった具合に重みのメリハリが少なくなる方へ変わっていることがわかる．これも，変量効果モデルの重みが（研究内分散＋研究間分散）の逆数として計算される，つまり，すべての研究に「研究間分散」が加算されるため，研究内分散のみによって重みを求める固定効果モデルに比べて，重みのメリハリが小さくなるということによって説明できる．

6.4 研究間の効果量のバラツキの検討

前節では，メタ分析の対象となる研究から効果量を算出し，それらの重み付き平均である平均効果量を求めた．さらに，平均効果量の標準誤差を求め，信頼区間や検定統計量も算出した．それぞれについて，固定効果モデルと変量効果モデルのもとでの計算の過程を紹介してきた．

本節では個々の研究から計算される効果量が，同一の母集団効果量を推定しているといえるのか，つまり，メタ分析の対象となった複数の研究がすべて，単一の研究母集団からの標本であると見なせるのかを考える．標本効果量のバラツキが標本誤差のみによるものといえるのか，つまり，標本効果量が等質であるかどうかを検討することになる．このためには，「効果量は等質である」という帰無仮説の検定を行うことができる．帰無仮説が棄却された場合，効果量の変動には標本誤差で想定される以上のものがあるということになる．つまり，個々の効果量は共通の母集団効果量を推定していないということである．このときは，研究の特性に関連した差異が生じていると考えて，さらに分析を進めていくことになる．

6.4.1 では，効果量の等質性の検定の手順を紹介する．つづく 6.4.2 では，効果量のバラツキの大きさを評価するための記述統計量を紹介する．そして，6.4.3 では，群の違いによって効果量のバラツキを説明できるかを検討するための方法である，分散分析的アプローチを紹介する．

6.4.1 効果量の等質性の検定

効果量の等質性の検定では，以下の Q 統計量を利用する（どちらの式も同

じ計算結果を導くものである)．これは既に前節で紹介した．

$$Q = [重み \times (各研究の効果量 - 平均効果量)^2] の合計$$
$$= (重み \times 各研究の効果量^2) の合計 - \frac{[(重み \times 各研究の効果量) の合計]^2}{重みの合計}$$

こうして求められる Q は，「効果量は等質である」という帰無仮説のもとで，近似的に自由度＝研究数－1のカイ2乗分布にしたがう．この性質を利用して効果量の等質性に関する検定を行うことができる．

6.3.2 では，表6.3の値から研究間分散の値を求めた．その過程で，既に我々は Q 統計量を計算している．

$$Q = (重み \times 各研究の効果量^2) の合計 - \frac{[(重み \times 各研究の効果量) の合計]^2}{重みの合計}$$

$$= 165.122 - \frac{270.667^2}{566.667} = 35.839$$

この Q は，帰無仮説のもとで，近似的に自由度＝研究数－1＝10－1＝9のカイ2乗分布にしたがう．自由度9のカイ2乗分布における棄却域は，有意水準を5%とすると，$\chi^2 \geq 16.919$ となる．Q の値が35.839だから，これは棄却域に入る．よって，効果量の等質性の検定の結果，「母集団における効果量は等質である」という帰無仮説は棄却されることとなった．帰無仮説が棄却されたため，効果量の変動は標本誤差だけでは説明できないことになる．標本誤差を超えた，研究間の差異が効果量の変動に影響をおよぼしていると考える．このとき，6.3.2で紹介した変量効果モデルを用いることで（標本誤差以外の標本効果量の変動を研究間分散で説明することで），効果量の変動をとらえるという考え方ができる．さらに，研究上の特徴によってメタ分析の対象となる研究をいくつかの研究群に分けることができるとする．このとき，研究群の違いにより効果量のバラツキを説明できるかを検討できる．これを分散分析的アプローチと呼ぶが，6.4.3でその手順を紹介する．

6.4.2　効果量のバラツキの大きさを表現する統計量

6.4.1 では，効果量のバラツキを検討するための方法として，効果量の等質性の検定を取り上げた．検定統計量 Q の値は，メタ分析に用いられた研究数に依存する．研究数が多いほど，Q の値は大きくなる．ボレンステインら (Borenstein, 2009) は，ある程度の効果量のバラツキを持つ 6 つの研究について Q と p 値（有意確率）を求め，全く同じ 6 つの研究を加えて 12 個の研究と見なしたもの（研究の数は倍になっているが，バラツキの程度は同じ）について同様に Q と p 値を求めて比較している．その結果，Q の値は増加し（研究数 6 の場合は $Q=12.00$，研究数 12 の場合は $Q=27.12$），p 値は減少する（研究数 6 の場合は $p=0.035$，研究数 12 の場合は $p=0.0044$）ことを報告している．このことを踏まえて，実質的な効果の大きさ（この場合，効果量のバラツキの程度）が同じでも，研究の数が増えることで有意になりやすくなるという検定の問題点を指摘している．さらに，「検定の結果，有意にならなかったとしても，そのことで効果量が等質であることを強く主張することにはならない」と述べている．これは，「検定力が低い」ためであるかもしれないからである．メタ分析で用いられた研究の数が少なかったり，研究内分散の値が大きかったり（個々の研究におけるサンプルサイズが小さいため）すると，本質的な研究間分散があったとしても，検定ではそれを見抜けないかもしれない．これとは逆に，検定の結果，有意になったとしても，それは，研究内分散が小さいために，ちょっとした効果量のバラツキ（本質的ではない研究間分散）が検出されてしまっただけかもしれない．

このような検定の問題に対しては，記述統計的な手法により効果量のバラツキを考えるという提案がなされている．

I^2 は，ヒギンスら (Higgins et al., 2003) により提案された，効果量のバラツキの程度を評価する記述統計的指標である．I^2 は，次式で求められる[5]．

$$I^2 = \left(\frac{Q - 自由度}{Q} \right) \times 100\%$$

---

5) 前出の注 3）と同様に，ここでも I^2 の分子が負の値になることがある．その場合 $I^2 = 0 (0\%)$ とする．

6.3.2 の変量効果モデルの説明において,「研究間分散」を求める式

$$\frac{Q-自由度}{C}$$

の分子も同じ「$Q-$自由度」となっていた.Qは効果量のバラツキの観測値を表し,自由度は帰無仮説(メタ分析に含まれるすべての研究は共通の母集団効果量を持つ)のもとでの効果量のバラツキの期待値を表している.すると,「$Q-$自由度」は観測値と期待値のズレを表しており,このズレが大きいほど,研究内分散(=標本誤差)だけでは説明できない,研究ごとの真の効果量の差異(研究間分散)が顕著であることを意味する.

I^2は,観測された効果量のバラツキのうち,研究ごとの効果量の違いの程度(つまり,効果量の異質性)の占める割合を%で表すものである.結果が%で表現されるため,研究に含まれる測定の単位には依存しない.このため,どのような研究のセットからでもI^2を求めることができ,互いに比較することができる.Qを用いた検定のように,研究数に依存することもない.

ヒギンスら(Higgins et al., 2003)は,I^2の値についての簡易的な解釈基準を提案している.そこでは,25%で低い異質性,50%で適度な(moderate)異質性,75%で高い異質性があるとしている.さらにヒギンスら(2003)は,コクランコラボレーション(Cochrane Collaboration,第1章参照)のデータベースに収録された509件のメタ分析についてI^2を算出している.そして,およそ半分にあたる250のメタ分析でI^2の値が0%になったとしている.また,残りの半分の研究については,0%から100%までほぼ均等に分布していると報告している.

先ほど求めたQと自由度を用いて,I^2を計算してみよう.

$$I^2 = \left(\frac{Q-自由度}{Q}\right) \times 100 = \left(\frac{35.839-(10-1)}{35.839}\right) = 74.9\%$$

$I^2 = 74.9\%$ はほぼ「高い異質性」あり,と判断できる値である.

6.4.3 効果量のバラツキの原因を探る(分散分析的アプローチ)

効果量の等質性の検定の結果,有意となり,効果量が等質であるという帰無仮説が棄却されたとする.このとき,効果量が等質でない,言い換えると,効

果量が異質である原因を追究していくことになる.このための方法として,分散分析的アプローチ (analog to analysis of variance, subgroup analysis などと呼ばれる) がある.分散分析的アプローチでは,調整変数 (moderator variable) として,ある研究上の特徴により分けられた群を考える.たとえば,群にはAとBの2つの群があるとする (無作為配分を行っている研究群が群Aであり,無作為配分を行っていない研究群が群Bであるといったことを考えることができる).研究群Aと研究群Bによって効果量のバラツキを説明できるかを考えてみよう.

分散分析的アプローチでは,これまでに紹介してきた統計量 Q を $Q_{研究群間}$ と $Q_{研究群内}$ に分ける.

$$Q = Q_{研究群間} + Q_{研究群内}$$

ここで,$Q_{研究群間}$ は,研究群の違いによって説明される効果量のバラツキを意味する.上記の例で言えば,無作為配分を行っている研究群Aと,無作為配分を行っていない研究群Bとの違いで説明できる効果量のバラツキである.$Q_{研究群間}$ は Q_B と表記されることも多い.Q_B のBは between studies のBを表している.

$Q_{研究群内}$ は,研究群の違いでは説明できない効果量のバラツキである.$Q_{研究群内}$ は Q_W と表記されることも多い.Q_W のWは within-study のWを表している.

$Q_{研究群間}$ は,帰無仮説のもとで近似的に「自由度=比較する群の数−1」のカイ2乗分布に従い,$Q_{研究群内}$ は,近似的に「自由度=研究数−比較する群の数」のカイ2乗分布に従う.このことを利用して,一元配置の分散分析のように検定を行うことができる.まとめると右記のようになる.

Q	研究全体の効果量のバラツキを意味する	帰無仮説のもとで近似的に，自由度＝研究数−1のカイ2乗分布に従う
$Q_{研究群間}$	研究群の違い（例：無作為配分をしているかどうか）で説明できる効果量のバラツキを意味する	帰無仮説のもとで近似的に，自由度＝群の数−1のカイ2乗分布に従う
$Q_{研究群内}$	群の違いでは説明できない，誤差のバラツキを意味する	帰無仮説のもとで近似的に，自由度＝研究数−群の数のカイ2乗分布に従う

表 6.7　研究間分散の計算（固定効果モデル）

群	研究 id	効果量 g	研究内分散 V_i	重み W_i	重み $W_i \times$ 効果量 g	重み $W_i \times$ 効果量 g の2乗	重み W_i の2乗
A	1	0.1200	0.0100	100.0000	12.0000	1.4400	10000.0000
A	2	0.2300	0.0400	25.0000	5.7500	1.3225	625.0000
A	3	0.3400	0.0300	33.3333	11.3333	3.8533	1111.1111
A	4	0.4500	0.0200	50.0000	22.5000	10.1250	2500.0000
A	5	0.4200	0.0100	100.0000	42.0000	17.6400	10000.0000
B	6	0.3900	0.0200	50.0000	19.5000	7.6050	2500.0000
B	7	0.4900	0.0300	33.3333	16.3333	8.0033	1111.1111
B	8	0.6500	0.0400	25.0000	16.2500	10.5625	625.0000
B	9	0.7600	0.0200	50.0000	38.0000	28.8800	2500.0000
B	10	0.8700	0.0100	100.0000	87.0000	75.6900	10000.0000
			全合計	566.667	270.667	165.122	40972.222
			A 合計	308.333	93.583	34.381	24236.111
			B 合計	258.333	177.083	130.741	16736.111

固定効果モデル

　これまでと同じデータを用いて分析を行ってみよう．まずは固定効果モデルのもとで，分散分析的アプローチを実行してみる．表 6.7 は，表 6.3 に「研究群」の情報を追加したものである．研究 id が 1 から 5 までの研究を研究群 A，研究 id が 6 から 10 までの研究を研究群 B とする．研究群 A と研究群 B によって，効果量の異質性を説明できるかどうかを検討する．

表 6.7 のデータから，平均効果量，その分散，Q 統計量，自由度，研究間分散を求めていく．このとき，①全データ，②研究群 A のデータ，③研究群 B のデータ，それぞれを用いて上記の統計量を計算していく．

まずは，①全データを用いた場合から見ていこう．

全データを用いて

$$平均効果量_{全データ} = \frac{(重み\ W_i \times 各研究の効果量)\ の合計}{重み\ W_i\ の合計}$$

$$= \frac{270.667}{566.667} = 0.478$$

$$平均効果量の分散_{全データ} = \frac{1}{重み\ W_i\ の合計} = \frac{1}{566.667} = 0.0018$$

$$Q_{全体} = (重み\ W_i \times 各研究の効果量^2)の合計 - \frac{[(重み\ W_i \times 各研究の効果量)の合計]^2}{重み\ W_i\ の合計}$$

$$= 165.122 - \frac{270.667^2}{566.667} = 35.839$$

$$自由度_{全体} = 研究数 - 1 = 10 - 1 = 9$$

$$C_{全体} = 重みの合計 - \frac{重み\ W_i^2\ の合計}{重み\ W_i\ の合計} = 566.667 - \frac{40972.222}{566.667} = 494.363$$

$$研究間分散_{全体} = \frac{Q_{全体} - 自由度_{全体}}{C_{全体}} = \frac{35.839 - 9}{494.363} = 0.0543$$

つづいて，②研究群 A とラベルの付いた，5 つの研究のデータを用いて統計量を計算していく．

研究群 A のデータを用いて

$$平均効果量_A = \frac{(重み\ W_i \times 各研究の効果量)\ の合計}{重み\ W_i\ の合計} = \frac{93.583}{308.333} = 0.304$$

$$平均効果量の分散_A = \frac{1}{重み\ W_i\ の合計} = \frac{1}{308.333} = 0.0032$$

$$Q_A = (\text{重み } W_i \times \text{各研究の効果量}^2) \text{の合計} - \frac{[(\text{重み } W_i \times \text{各研究の効果量})\text{の合計}]^2}{\text{重み } W_i \text{の合計}}$$

$$= 34.841 - \frac{93.583^2}{308.333} = 5.977$$

自由度$_A$ = 研究数 − 1 = 5 − 1 = 4

$$C_A = \text{重み } W_i \text{の合計} - \frac{\text{重み } W_i^2 \text{の合計}}{\text{重み } W_i \text{の合計}}$$

$$= 308.333 - \frac{24236.111}{308.333} = 229.730$$

$$\text{研究間分散}_A = \frac{Q_A - \text{自由度}_A}{C_A} = \frac{5.977 - 4}{229.730} = 0.0086$$

さらに,③研究群Bとラベルの付いた,5つの研究のデータを用いて統計量を計算していく.

研究群Bのデータを用いて

$$\text{平均効果量}_B = \frac{(\text{重み } W_i \times \text{各研究の効果量})\text{の合計}}{\text{重み } W_i \text{の合計}} = \frac{177.083}{258.333} = 0.685$$

$$\text{平均効果量の分散}_B = \frac{1}{\text{重み } W_i \text{の合計}} = \frac{1}{258.333} = 0.0039$$

$$Q_B = (\text{重み } W_i \times \text{各研究の効果量}^2)\text{の合計} - \frac{[(\text{重み } W_i \times \text{各研究の効果量})\text{の合計}]^2}{\text{重み } W_i \text{の合計}}$$

$$= 130.741 - \frac{177.083^2}{258.333} = 9.353$$

自由度$_B$ = 研究数 − 1 = 5 − 1 = 4

$$C_B = \text{重み } W_i \text{の合計} - \frac{\text{重み } W_i^2 \text{の合計}}{\text{重み } W_i \text{の合計}}$$

$$= 258.333 - \frac{16736.111}{258.333} = 193.548$$

$$研究間分散_B = \frac{Q_B - 自由度_B}{C_B} = \frac{9.353 - 4}{193.548} = 0.0277$$

　これで分散分析的アプローチを実行するための準備が整った．前述のように，「$Q_{全体}$」は，研究群の違いによって説明される効果量のバラツキを意味する「$Q_{研究群間}$」と研究群の違いでは説明できない効果量のバラツキを意味する「$Q_{研究群内}$」に分解される．

$$Q_{全体} = Q_{研究群間} + Q_{研究群内}$$

　さらに，「$Q_{研究群内}$」は，研究群 A のデータから求めた「Q_A」と研究群 B のデータから求めた「Q_B」の和として計算することができる．

$$Q_{研究群内} = Q_A + Q_B = 5.977 + 9.353 = 15.330$$

「$Q_{研究群間}$」は，「$Q_{全体}$」から「$Q_{研究群内}$」を引けばよいので，

$$Q_{研究群間} = Q_{全体} - Q_{研究群内} = 35.839 - 15.330 = 20.508$$

と求められた．後は，この統計量「$Q_{研究群間}$」が，帰無仮説の元で近似的に自由度＝群の数 -1 のカイ 2 乗分布に従うことを利用して検定を行えばよい．自由度＝群の数 $-1 = 2 - 1 = 1$ となるから，自由度 1 のカイ 2 乗分布を利用する．自由度 1 のカイ 2 乗分布における棄却域は，有意水準を 5% とすると，$\chi^2 \geq 3.841$ となる．$Q_{研究群間}$ の値が 20.508 だから，これは棄却域に入る．つまり，研究群 A と研究群 B によって，効果量の異質性を説明できたということになる．

変量効果モデル

　変量効果モデルのもとで分散分析的アプローチを実行する場合，2 通りの方法がある．1 つ目は群ごとに異なる「研究間分散」を用いる場合で，2 つ目は群の「研究間分散」をプールした，共通の「研究間分散」を用いる方法である（Borenstein et al., (2009)を参照のこと）．ここでは，前者の「群ごとに異なる研究間分散を用いる方法」を紹介する．

　表 6.8 は，表 6.7 に「研究間分散」の情報を追加したものである．効果量分

表6.8　研究間分散の計算（変量効果モデル）

群	研究id	効果量 g	研究内分散 V_i	研究間分散	効果量分散 V_i^*	重み W_i^*	重み $W_i^* \times$ 効果量 g	重み $W_i^* \times$ 効果量 g の2乗	重み W_i^* の2乗
A	1	0.1200	0.0100	0.0086	0.0186	53.7464	6.4496	0.7739	2888.6802
A	2	0.2300	0.0400	0.0086	0.0486	20.5736	4.7319	1.0883	423.2747
A	3	0.3400	0.0300	0.0086	0.0386	25.9028	8.8069	2.9944	670.9544
A	4	0.4500	0.0200	0.0086	0.0286	34.9578	15.7310	7.0790	1222.0509
A	5	0.4200	0.0100	0.0086	0.0186	53.7464	22.5735	9.4809	2888.6802
B	6	0.3900	0.0200	0.0277	0.0477	20.9831	8.1834	3.1915	440.2886
B	7	0.4900	0.0300	0.0277	0.0577	17.3438	8.4985	4.1642	300.8073
B	8	0.6500	0.0400	0.0277	0.0677	14.7803	9.6072	6.2447	218.4581
B	9	0.7600	0.0200	0.0277	0.0477	20.9831	15.9471	12.1198	440.2886
B	10	0.8700	0.0100	0.0277	0.0377	26.5551	23.1030	20.0996	705.1752
					全合計	289.573	123.632	67.236	10198.658
					A合計	188.927	58.293	21.416	8093.640
					B合計	100.645	65.339	45.820	2105.018

散は研究内分散（固定効果モデルでは分散はこの成分のみを考えた）と研究間分散の和として求められる．たとえば，研究idが1の研究について見てみると，研究内分散 = 0.01，研究間分散 = 0.0086 で，効果量分散 V_1^* は 0.01 + 0.0086 = 0.0186 と求められる．他の9つの研究についても同様である．固定効果モデルにおける分散分析的アプローチのところで，研究群A，研究群Bの各データを用いて「研究間分散」を計算した．

$$\text{研究間分散}_A = \frac{Q_A - \text{自由度}_A}{C_A} = \frac{5.977 - 4}{229.730} = 0.0086$$

$$\text{研究間分散}_B = \frac{Q_B - \text{自由度}_B}{C_B} = \frac{9.353 - 4}{193.548} = 0.0277$$

表6.8では，研究idが1から5までの研究群Aに属する研究については，研究間分散の値を0.0086とし，研究idが6から10までの研究群Bに属する研究については，研究間分散の値を0.0277としている．このように，研究群ごとに異なる研究間分散の値を用いて，分散分析的アプローチを実行していく．

固定効果モデルの時と同様に，研究群 A と研究群 B によって，効果量の異質性を説明できるかどうかを検討する．

表 6.8 のデータから，平均効果量，その分散，Q 統計量を求めていく．このとき，①全データ，②研究群 A のデータ，③研究群 B のデータ，それぞれを用いて上記の統計量を計算していく．なお，変量効果モデルのもとでの分析であることを踏まえて，以下では Q 統計量を Q^* と表記することにする．

まずは，①全データを用いた場合から見ていくことにする．

全データを用いて

平均効果量$_{全データ}$
$$= \frac{（重み W_i^* \times 各研究の効果量）の合計}{重み W_i^* の合計} = \frac{123.632}{289.573} = 0.427$$

平均効果量の分散$_{全データ} = \frac{1}{重み W_i^* の合計} = \frac{1}{289.573} = 0.0035$

$Q^*_{全体} = (重み W_i^* \times 各研究の効果量^2)の合計 - \frac{[(重み W_i^* \times 各研究の効果量)の合計]^2}{重み W_i^* の合計}$

$$= 67.236 - \frac{123.632^2}{289.573} = 14.452$$

つづいて，②研究群 A とラベルの付いた，5 つの研究のデータを用いて統計量を計算していく．

研究群 A のデータを用いて

平均効果量$_A = \frac{（重み W_i^* \times 各研究の効果量）の合計}{重み W_i^* の合計}$

$$= \frac{58.293}{188.927} = 0.309$$

平均効果量の分散$_A = \frac{1}{重み W_i^* の合計} = \frac{1}{188.927} = 0.0053$

$Q^*_A = (重み \times 各研究の効果量^2)の合計 - \frac{[(重み \times 各研究の効果量)の合計]^2}{重みの合計}$

$$= 21.416 - \frac{58.293^2}{188.927} = 3.430$$

最後に,③研究群 B とラベルの付いた,5つの研究のデータを用いて統計量を計算していく.

研究群 B のデータを用いて

$$\text{平均効果量}_B = \frac{(\text{重み } W_i^* \times \text{各研究の効果量})\text{ の合計}}{\text{重み } W_i^* \text{ の合計}}$$

$$= \frac{65.339}{100.645} = 0.649$$

$$\text{平均効果量の分散}_B = \frac{1}{\text{重み } W_i^* \text{ の合計}} = \frac{1}{100.645} = 0.0099$$

$$Q^*_B = (\text{重み } W_i^* \times \text{各研究の効果量}^2)\text{ の合計} - \frac{[(\text{重み } W_i^* \times \text{各研究の効果量})\text{ の合計}]^2}{\text{重み } W_i^* \text{ の合計}}$$

$$= 45.820 - \frac{65.339^2}{100.645} = 3.402$$

これで分散分析的アプローチを実行するための準備が整った.「$Q^*_{全体}$」は,研究群の違いによって説明される効果量のバラツキを意味する「$Q^*_{研究群間}$」と研究群の違いでは説明できない効果量のバラツキを意味する「$Q^*_{研究群内}$」に分解される.

$$Q^*_{全体} = Q^*_{研究群間} + Q^*_{研究群内}$$

さらに,「$Q^*_{研究群内}$」は,研究群 A のデータから求めた「Q^*_A」と研究群 B のデータから求めた「Q^*_B」の和として計算することができる.

$$Q^*_{研究群内} = Q^*_A + Q^*_B = 3.430 + 3.402 = 6.832$$

「$Q^*_{研究群間}$」は,「$Q^*_{全体}$」から「$Q^*_{研究群内}$」を引けばよいので,

$$Q^*_{研究群間} = Q^*_{全体} - Q^*_{研究群内} = 14.452 - 6.832 = 7.620$$

と求められた.後は,この統計量「$Q^*_{研究群間}$」が,帰無仮説のもとで近似的に

自由度＝研究群の数−1のカイ2乗分布に従うことを利用して検定を行えばよい．自由度＝研究群の数−1＝2−1＝1となるから，自由度1のカイ2乗分布を利用する．自由度1のカイ2乗分布における棄却域は，有意水準を5%とすると，$\chi^2 \geq 3.841$ となる．$Q^*_{研究群間}$ の値が7.620だから，これは棄却域に入る．つまり，研究群Aと研究群Bによって，効果量の異質性を説明できたということになる．

　本節では，固定効果モデル，変量効果モデルそれぞれのもとでの，分散分析的アプローチの手順を紹介してきた．分散分析的アプローチは研究上の特徴（たとえば，研究群の違い）によって，効果量の異質性を説明できるかどうかを検討するものであった．

　このように，分散分析的アプローチは，検討する要因が質的な変数（カテゴリカル変数）の場合に有効な方法である．検討する要因が連続変数の場合は，回帰分析的アプローチを適用するとよい．回帰分析的アプローチはSPSSやSASなどの統計ソフトウェアを用いて実行することができる．回帰分析的アプローチの詳細については，ボレンステインら（Borenstein et al., 2009），ヘッジスとオルキン（Hedges & Olkin, 1985），ローデンブッシュ（Raudenbush, 2009）などを参照して頂きたい．

6.5　統計的分析におけるその他のトピック

　本節では，本章の最後として，本書では詳しく取り上げることのできなかった，メタ分析の統計的分析におけるいくつかのトピックを紹介する．具体的には，ハンターとシュミットによるアーティファクトの修正，p 値による研究結果の統合，そして，メタ分析の統計的分析を行うためのソフトウェアについて簡単に述べることにする．

6.5.1　ハンターとシュミットのアーティファクトの修正

　ハンターとシュミット（Hunter & Schmidt, 1990；2004）は，変数の測定における正確さの程度によって，効果量が影響を受けると考えた．こうした変数の測定に介入する誤差などをアーティファクトと呼び，アーティファクトの修正

を行うことで，効果量の観測値に含まれる誤差の影響を取り除くことを考えたのである．以下では，ハンターとシュミットのアーティファクトの修正についてその手続きを簡単に紹介する．

測定の信頼性の程度に応じて希薄化が生じる．一般に，測定の信頼性は，測定値の分散に対する真値の分散の比として定義される．

$$測定の信頼性 = \frac{真値の分散}{測定値の分散}$$

両辺の平方根をとると，

$$\sqrt{測定の信頼性} = \frac{真値の標準偏差}{測定値の標準偏差}$$

両辺の分母を払う（測定値の標準偏差をかける）と，

$$真値の標準偏差 = \sqrt{測定の信頼性} \times 測定値の標準偏差$$

となる．

ところで，効果量（標準化された平均値差）は，2群の平均値差を標準偏差（2群をプールした標準偏差）で割って求められる．

$$修正前の効果量 = \frac{2群の平均値差}{測定値の標準偏差}$$

$$修正後の効果量 = \frac{2群の平均値差}{真値の標準偏差}$$

これらの式と，上で述べた

$$真値の標準偏差 = \sqrt{測定の信頼性} \times 測定値の標準偏差$$

をあわせると，

$$修正後の効果量 = \frac{修正前の効果量}{\sqrt{測定の信頼性}}$$

という式が得られる．この式により，つまり測定の信頼性を用いて，効果量の修正を行う．効果量を上式で修正すると共に，標準誤差についても修正も行う．

$$\text{修正後の標準誤差} = \frac{\text{修正前の標準誤差}}{\sqrt{\text{測定の信頼性}}}$$

この式の両辺を2乗すると，

$$\text{修正後の誤差分散} = \frac{\text{修正前の誤差分散}}{\text{測定の信頼性}}$$

両辺の逆数をとると，

$$\frac{1}{\text{修正後の誤差分散}} = \frac{\text{測定の信頼性}}{\text{修正前の誤差分散}}$$

となる．ところで，重み $= \frac{1}{\text{誤差分散}}$ であったから，

$$\text{修正後の重み} = \text{修正前の重み} \times \text{測定の信頼性}$$

となる．ここでは，標準化された平均値差を例に，測定の信頼性を用いて，効果量，標準誤差，重みを修正する方法について簡単に紹介した．さらなる詳細については，ハンターとシュミット（Hunter & Schmidt, 1990；2004），シュミットら（Schmidt, Le, & Oh, 2009）を参考にされたい．

　本節で紹介したアーティファクトの修正については，実際のメタ分析研究においては問題も指摘されている．ハンターとシュミットによりこのような統計的な技法が提案されているものの，多くのメタ分析を行うレビュアーは，こうした修正を行わなかったり，行ったとしても方法が適切でなかったりするものが多い．フィールド（Field, 2005）は，ハンターとシュミットとは異なるアプローチとして，研究の質を調整変数として用いることで，良い測定が行われた研究とそうでない研究の間で，効果量の大きさに有意な差異があるかを検討することを提案している．

6.5.2　p 値の統合

　効果量を統合するのではなく，検定の結果得られる p 値を統合する方法がある．この方法について簡単に紹介する．k 個の研究で報告された k 個の p 値を統合する場合，p 値の自然対数 ln を取って，$-2\ln(p_i)$ とすると，これらの合計である下記の式

$$\chi^2 = -2\sum_{i=1}^{k} \ln(p_i)$$

が，帰無仮説（例えば，2群の平均値を比較する研究であれば，k個の研究すべてにおいて2群の母平均に差がない，という仮説になる）のもとで自由度$2k$のカイ2乗分布に従うことを利用して検定を行うことができる．

この方法の詳細については，ローゼンタール（Rosenthal, 1991），芝・南風原（1990），ウルフ（Wolf, 1986）などを参照していただきたい．

6.5.3 統計的分析のためのソフトウェア

本章では，メタ分析における統計的分析について，その手順を述べてきた．実際にメタ分析を行う場合は，こうした統計的分析にはソフトウェアを利用することになる．商用のソフトウェアとしては，COMPREHENSIVE META-ANALYSIS（CMA, http://meta-analysis.com/）というソフトがある．このソフトウェアは第5章や第6章で述べてきた分析，さらには続く第7章で紹介する方法にも対応していて，さまざまな分析を行うことができる．ボレンスタインら（Borenstein et al., 2009）の41章に，このソフトでできることが紹介されている．RevManは，コクランコラボレーションが提供している無料のソフトウェアである．CMAもRevManもメタ分析の統計的分析に特化した専用のソフトウェアである．

この他，汎用の統計パッケージ上でメタ分析における統計的分析を実行することもできる．アーサーら（Arthur et al., 2001）はSASによるメタ分析の手順を，スターン（Sterne, 2009）はStataを利用したメタ分析を，増井（2003）はExcelを使った統計的分析の手順をそれぞれ紹介している．

さらに，オープンソースのソフトウェアであるR（http://www.r-project.org/）でメタ分析を実行するためのパッケージが複数提供されている．代表的なパッケージにrmeta（Lumley, 2009），meta（Schwarzer, 2010），metafor（Viechtbauer, 2010）などがある．本書の附録Dでは，metaforパッケージを用いたメタ分析の実行について紹介している．

メタ分析の統計的分析を実行するためのソフトウェアについては，ボレンスタインら（2009）を参考にされたい．

引用文献

安藤正人（2011）．マルチレベル入門——実習：継時データ分析　ナカニシヤ出版

Arthur Jr., W., Bennett Jr., W., & Huffcutt, A. I. (2001). *Conducting meta-analysis using SAS*. Mahwah, NJ：Lawrence Erlbaum Associates.

Borenstein, M., Hedges, L. V., Higgins, J. P. T., & Rothstein, H. R. (2009). *Introduction to meta-analysis*. Chichester, UK：Wiley.

Cooper, H. (1982). Scientific guidelines for conducting integrative research reviews. *Review of Educational Research, 52*, 191-302.

Field, A. (2005). Meta-analysis. In J. Miles & P. Gilbert (Eds.), *A handbook of research methods in clinical & health psychology*. pp. 295-308. New York, NY：Oxford University Press.

Hedges, L. V., & Olkin, I. (1985). *Statistical methods for meta-analysis*. Orlando, FL：Academic Press.

Higgins, J., Thompson, S. G., Deeks, J. J., & Altman, D. G. (2003). Measuring inconsistency in meta-analysis. *British Medical Journal, 327*, 557-560.

Hunter, J. E., & Schmidt, F. L. (1990). *Methods of meta-analysis：Correcting error and bias in research settings*. Newbury Park, CA：Sage.

Hunter, J. E., & Schmidt, F. L. (2004). *Methods of meta-analysis：Correcting error and bias in research settings*（2nd ed.）. Newbury Park, CA：Sage.

Lipsey, M. W., & Wilson, D. B. (2001). *Practical meta-analysis*. Thousand Oaks, CA：Sage.

Lumley, T. (2009). rmeta：Meta-Analysis. http://CRAN.R-project.org/package

増井健一（2003）．ここからはじめるメタ・アナリシス——Excelを使って簡単に　真興交易医書出版部

Raudenbush, S. W. (2009). Analyzing effect sizes：Random-effects models. In H. Cooper, L. V. Hedges, & J. C. Valentine (Eds.), *The handbook of research synthesis and meta-analysis*（2nd ed.）. pp. 295-315. New York, NY：Russell Sage Foundation.

Rosenthal, R. (1991). *Meta-analytic procedures for social research*（Revised edition）. Thousand Oaks, CA：Sage.

Schmidt, F. L., Le, H., & Oh, I. (2009). Correcting for the distorting effects of study artifacts in meta-analysis. In H. Cooper, L. V. Hedges, & J. C. Valentine (Eds.), *The handbook of research synthesis and meta-analysis*（2nd ed.）. pp. 317-333. New York, NY：Russell Sage Foundation.

Schwarzer, G. (2010). meta：Meta-Analysis with R. http://CRAN.R-project.org/

package

芝祐順・南風原朝和（1990）．行動科学における統計解析法　東京大学出版会

Sterne, J. A. C. (ed.). (2009). *Meta-Analysis in Stata*: *An Updated Collection from the Stata*. Journal. Stata Press, College Station, TX.

Viechtbauer, W. (2010). Conducting meta-analysis in R with the metafor package. *Journal of Statistical Software, 36*, 1-48.

Wolf, F. M. (1986). *Meta-analysis*: *Quantitative methods for research synthesis*. Beverly Hills, CA: Sage.

第7章
結果の解釈と公表

　第5章・第6章を通じて見てきたように，メタ分析では一次研究の結果が効果量として取り出され，効果量にもとづいて種々の分析が行われ結論が導かれる．伝統的なナラティブ・レビューと比べるとき，先行研究の結果を量的に集約・分析することで実証性・客観性を確保できることが，メタ分析の大きな利点となる．ただし，どんなに優れた分析法を用いたとしても，分析の対象となるデータが適切なものでなければ，所期の疑問に答えることはできない．一次研究を集めはじめる前に，収集対象となる一次研究の範囲を決めておくことの重要性は，第2章で述べた通りである．しかし，メタ分析におけるデータは，すでに行われた一次研究（先行研究）に依拠せざるを得ないため，目的に合致したデータがかならず得られる保証はない．したがって，効果量の算出に使われた一次研究が，あらかじめ想定した一次研究母集団から偏りなく得られたものかどうかを，効果量の解釈に先だって確かめておくことが重要になる．

　本章では，7.1節で公表バイアスとして知られる問題について概説してから，7.2節で効果量の大きさの解釈を論じることにしよう．最後に7.3節で，メタ分析研究の公表に際して留意すべきことがらをまとめる．

7.1　公表バイアス

　研究に着手してデータ収集，統計的分析まで終えたのに，結果の公表に至らなかった経験を持つ研究者は少なくないだろう．未完成あるいは未公表の理由はさまざまだが，統計的に有意な結果が得られなかった研究は，公表されない割合が高いといわれる．実際，有意な結果が得られたときには60%の研究が公表されているのに対して，結果が有意でないときに公表される研究は6%に

過ぎないという報告がある（Greenwald, 1975）。有意でない結果は，多くの場合，研究者自身の当初の仮説が支持されなかったことを意味し，研究者本人あるいは学術論文誌の編集者や査読者に価値が認められにくいため，公表に至らないケースが増えるものと思われる。結果が有意ではない研究が，有意な結果が得られた研究よりも公表されない割合が大きいとすれば，公表された研究結果だけにもとづく効果量は，有意な方向に偏る（大きめに推定される）おそれが強い。この点についても実証的な証拠があり，たとえばリプジーとウィルソンによれば，心理，教育，行動的介入の効果に関するメタ分析研究で得られた平均効果量が，公表された研究で0.53，未公表研究で0.39だったという（Lipsey & Wilson, 1993）。一般に，未公表研究は公表研究と比べて，探索や入手が格段に困難であり，公表された研究だけを収集対象とするメタ分析も少なくない。

　結果が有意ではない研究が，結果が有意な研究よりも公表されにくく，公表された研究のみにもとづく効果量が有意な方向に偏るおそれがあるという問題は，公表バイアス（publication bias, 出版バイアスとも呼ばれる）として知られ，メタ分析の限界・短所のひとつに数えられる（実際のところ，これはメタ分析にかぎらずレビュー研究全般に関わりのある問題である）。有意ではない研究が公表されないままファイル用引き出しにしまいこまれる，という意味から引き出し問題（file-drawer problem,（Rosenthal, 1979））と呼ばれることもある。この問題を完全に回避することは不可能だが，公表バイアスの影響を見つける方法，その影響を補正する方法は，これまでに数多く提案されてきた。ここでは，適用しやすく用いられることも多い方法として，漏斗プロット（funnel plot），フェイルセーフN（fail-safe N），トリム・アンド・フィル法（trim-and-fill method）を紹介しよう。

7.1.1　漏斗プロット（funnel plot）

　公表バイアスの有無を検討する目的でよく用いられるのは，漏斗プロットである。漏斗プロットは，効果量推定値を横軸に，サンプルサイズを縦軸にとって，各研究をプロットした散布図である（Light & Pillemer, 1984）。研究が偏りなく集められていれば，それらの研究から得られる効果量推定値は，おおよそ，

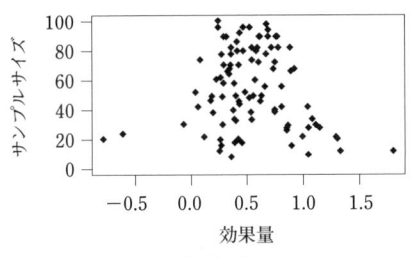

図 7.1 漏斗プロット

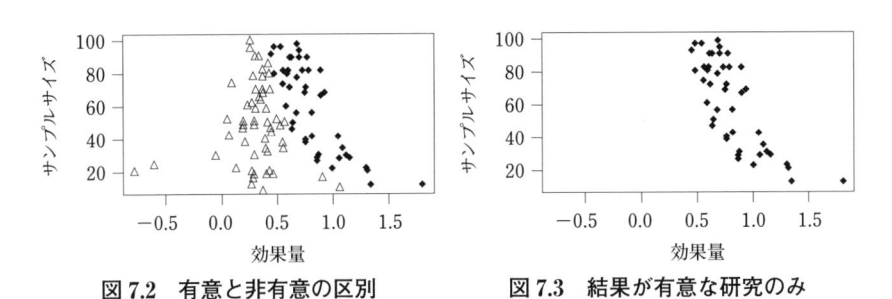

図 7.2 有意と非有意の区別

図 7.3 結果が有意な研究のみ

真の効果量を中心とした左右対称に近い分布になるはずである．また，推定値の散らばりは，サンプルサイズが小さいときには大きく，サンプルサイズが大きくなるほど小さくなるので，ちょうど漏斗を逆さに伏せたような散布図が得られると期待される．図 7.1 は，効果量（標準化された平均値差）0.5 の母集団から 100 個の研究の標本効果量をコンピュータによって生成（サンプルサイズは 8〜100 を範囲とする一様乱数を用いて設定）して描いた漏斗プロットである．プロットの散らばりの形状は，予期された通りになっていることがわかる（縦軸に，サンプルサイズのかわりに標準誤差の逆数などをとることもある）．しかし，有意ではない結果が公表されず，有意な結果にもとづく効果量だけで漏斗プロットが描かれるならば，形状は変わってくる．

図 7.2 では，有意な結果が得られない研究を△のプロットで表してある．0 を中心として，サンプルサイズが小さいときほど，広い範囲で有意にならないことを確認できる．結果が有意ではない研究がすべて未公表で，それらの研究を入手できなかったとしたら（これは極端な仮定ではあるが），漏斗プロットは，図 7.3 のように，左下方が大きくえぐられた形状となり，もはや漏斗には

見えない.

漏斗プロットは簡単に描くことができ原理も単純でわかりやすいが，対象となる研究の個数が少ないときには，公表バイアスの有無に関する特徴が現れにくい．とくに，研究間におけるサンプルサイズの違いが小さいときには，形状がはっきりしなくなる（サンプルサイズがすべての研究で同じである場合を想像してみよう）．公表バイアスについて検討する際に，漏斗プロットは真っ先に試す価値がある．しかし，バイアスの有無に関する判断は結局主観に頼らざるを得ないこと，偏りが疑われたとしても，漏斗プロットだけではそれを補正することができないなどの制約がある．

7.1.2　フェイルセーフ N（fail-safe N）

結果が有意ではない未公表研究がデータとして利用でき，公表バイアスの存在が疑われるとき，ローゼンタールは，フェイルセーフ N と呼ぶ統計量を計算することを勧めている（Rosenthal, 1979）[1]．いま，k 個の研究がメタ分析の対象になっており，それら k 個の研究から得られる効果量を z 得点に換算し平均した $\bar{z}$ が有意であるとする．これら k 個の研究に，平均効果量が0である X 個の研究を追加したとき，$X+k$ 個全体での平均効果量が有意でなくなるときの X がフェイルセーフ N である．有意水準を5%とすると，以上の関係を，次の式で表すことができる（1.645は標準正規分布において上側確率が0.05となる z の値，つまり片側検定を行ったときに p 値が0.05となる z の値である）．

$$1.645 = \frac{k\bar{z}}{\sqrt{k+X}}$$

フェイルセーフ N（X）を求めるには，次のように書き直した式が便利である（ただし式中の $\sum_{i=1}^{k} z_i$ は，k 個の研究から得られた z 得点の合計．すなわち，$k\bar{z} = \sum_{i=1}^{k} z_i$）．

---

[1] フェイルセーフとは誤作動や誤操作に対する安全を保障するための装置のことである．

$$X = \frac{\left(\sum_{i=1}^{k} z_i\right)^2}{2.706} - k$$

たとえば，100個の研究がメタ分析の対象となっていて，それらの研究から求められた z 得点の合計が 25 だとする $\left(k=100, \sum_{i=1}^{k} z_i = 25\right)$ と，$\frac{25^2}{2.706} - 100 = 130.97$ となるので，フェイルセーフ N は，131 である．

ローゼンタールは，自分たちが行った対人期待効果に関するメタ分析の中で，このフェイルセーフ N を算出している (Rosenthal & Rubin, 1978)．彼らは，345の研究の効果量を統合して，対人期待効果が有意であるという結論を得た後にフェイルセーフ N を計算し，結果が有意でなくなるためには，平均効果量が0の研究が6万5122個必要であることを示している．つまり，有意でない未公表研究が多少存在したとしても，対人期待効果が有意であるという結論自体は揺らがないと考えられる．

フェイルセーフ N は計算が簡単で，公表バイアスへの対処法として，メタ分析が行われるようになった初期のころから広く用いられている．しかし，未公表研究の平均効果量が0という仮定が恣意的であること，有意性検定のみに注意を向けており効果量の補正はできないことなど，いろいろな限界も指摘されている (Sutton, 2009)．

7.1.3 トリム・アンド・フィル法（trim-and-fill method）

公表バイアスの影響を補正するための方法として，近年もっともよく使われる方法の1つがトリム・アンド・フィル法である (Duval, 2005 ; Duval & Tweedie, 2000)．公表バイアスの影響がある場合，すでに見たように，漏斗プロットは左下方のプロット（研究）が欠けて非対称になる．このようなとき，このデータから計算される効果量平均は，右方向へ引っ張られて大きめに推定されていると考えられる．そこで，トリム・アンド・フィル法では，まず，右方の何個かの研究を取り去った（*trim off*）上で「中心」を求め直す．つぎに，取り去った研究を元の位置に戻すとともに，新しい「中心」を対称の軸として左側に反転した位置に，取り去った研究と同じ個数の研究を充当する（*fill*）．この

表 7.1 トリム・アンド・フィル法の計算過程

オリジナルデータ				右方の4研究を除いてΔ_2を計算		右方の5研究を除いてΔ_3を計算		右方の研究を戻し, 左方に5研究を追加	
㋐ 効果量 (対数オッズ比)	㋑ 標準誤差	㋒ 効果量 $-\Delta_1$	㋓ 符号付順位	効果量 $-\Delta_2$	符号付順位	効果量 $-\Delta_3$	符号付順位	効果量	標準誤差
−0.20	0.41	−0.31	−6	−0.23	−5	−0.22	−5	−0.20	0.41
−0.07	0.18	−0.17	−5	−0.10	−2	−0.08	−2	−0.07	0.18
0.04	0.30	−0.06	−2	0.01	1	0.03	1	0.04	0.30
0.16	0.53	0.06	1	0.14	3	0.15	3	0.16	0.53
0.21	0.51	0.11	3	0.18	4	0.20	4	0.21	0.51
0.27	0.33	0.16	4	0.24	6	0.25	6	0.27	0.33
0.53	0.74	0.42	7	0.50	7	0.51	7	0.53	0.74
0.56	1.08	0.46	8	0.54	8	0.55	8	0.56	1.08
0.80	0.62	0.69	9	0.77	9	0.78	9	0.80	0.62
1.08	0.66	0.97	10	1.05	10	1.06	10	1.08	0.66
2.11	1.55	2.01	11	2.09	11	2.10	11	2.11	1.55
								−0.50	0.74
								−0.54	1.08
								−0.77	0.62
								−1.05	0.66
								−2.09	1.55

ようにして対称に近づけたデータにもとづいて，最終的な効果量平均と分散を求めるのである．

トリム・アンド・フィル法の要諦は，右方から取り去るプロットの個数 k_0 の決め方にある．具体例として表 7.1 を用いながら，k_0 を決める手順について説明しよう（数値例は Duval (2005)）．

① n 個の研究それぞれの効果量（㋐列）から平均効果量を引く（㋒列．平均効果量は，㋐列の効果量と㋑列の標準誤差から計算される（第 6 章参照）．この例では，$\Delta_1 = 0.108$）．

② ①で得られた値を絶対値の小さい方から順位付けして，平均より小さいものにはマイナスの符号を付ける．その結果，(−6，−5，−2，1，3，4，7，8，

図7.4 トリム・アンド・フィル法

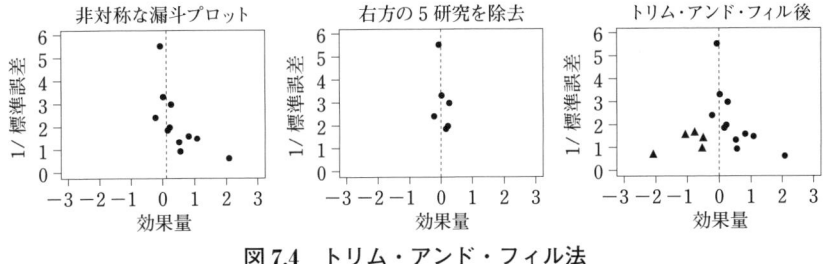

9, 10, 11) のような n 個の数値が得られる（㊁列）．公表バイアスがある場合，大きな順位は正の方向に偏ることになる．

③ k_0 の推定量として，R_0 あるいは L_0 を用いることが提案されている．②で得られた n 個の数値のうち正方向で連続的に大きな値を示すデータの個数を γ^* とする．R_0 は γ^*-1 で与えられる．表7.1の数値例（㊁列）では，7, 8, 9, 10, 11 の5個が連続的に大きいので，$\gamma^*=5$，$R_0=4$ となる．一方，L_0 は，$\dfrac{[4T_n - n(n+1)]}{[2n-1]}$ で与えられる．ただし，T_n は符号付順位のうち正の順位を合計したものである．数値例では，$T_n = 1+3+4+7+8+9+10+11=53$ で，$\dfrac{[4\times 53 - 11\times(11+1)]}{[2\times 11 - 1]} = 3.81$ になるので，これを丸めて $L_0=4$ となる（この例では，R_0 と L_0 の値が一致するが，いつでもそうなるとはかぎらない）．R_0 と L_0 のどちらか一方が明らかに優れているということはなく，両方を用いることが勧められている．

④ k_0 が暫定的に4と決まったので，効果量が大きい方から4個の研究を取り除いて平均効果量を求め直す（この例では，$\Delta_2 = 0.029$）．

以下，①から④の手順を繰り返して，得られる R_0（または L_0）の値が変わらなくなったとき，その R_0（または L_0）の値を以って，右側から最終的に取り去る研究の個数 k_0 とすればよい．表7.1の数値例では $k_0=5$ である．非対称な漏斗プロットから右側 k_0 個のプロットを取って（trim off）平均効果量を求め直し，プロットを戻した上で左側に k_0 個のプロットを補って（fill）対称な漏斗プロットを得るまでの経過を，図7.4に示す．図中に縦に引かれた破線は，各段階で求められた平均効果量の位置である．

第7章 結果の解釈と公表

7.1.4 統計的感度分析

統計的感度分析（statistical sensitivity analysis）は，データの分析に際していくつかの異なる統計手法を用いることができるとき，採用する手法による結果の違いの有無や，違いがあるとすればその程度を確かめるために行われる．各研究から得られる効果量を平均する際に，重み付き平均と重み付きなし平均の両方を算出することや，研究間の効果量の変動を説明するモデルとして，固定効果モデル（fixed-effect model）と変量効果モデル（random-effects model）の両方を用いること，あるいはトリム・アンド・フィル法で取り去る研究の個数を決めるのに R_0 と L_0 の両方を用いるなどは，いずれも感度分析の例である．もとづいた手法によらず一貫した結果が得られるならば，結論により強い信頼を置くことができる．一方，どの手法・モデルに依拠したかによって結果が食い違うならば，それぞれの手法・モデルの性質を踏まえた解釈が必要になる．

7.2 効果量の大きさの解釈

7.2.1 目安となる値

メタ分析が設定しうるリサーチクエスチョンは多様であり，いろいろな目的を持って分析が行われるが，どんなメタ分析にも共通するのは，結果が効果量として要約・報告されることである．したがって，効果量の値をどのように解釈するかは非常に重要だが，効果量はかならずしも直感的にわかりやすい指標とはいえない．実際のメタ分析論文を読んでいると，「$d = 0.53$ で，中程度の効果量であった」などの表現を目にするが，効果量の大きさを「大きい（large）」，「中程度（medium）」，「小さい（small）」などと形容するときのもっとも有名な基準は，コーエンによるものである（むしろ，「例外なくコーエンによる」と言ってもよい）．コーエンは，検定力分析を論じた著書（Cohen, 1977;1988）の中で，標準化された平均値差について，0.20を小さい効果量，0.50を中程度の効果量，0.80を大きい効果量の目安として示している（図7.5）．コーエンは，相関係数についても，0.10, 0.30, 0.50を，それぞれ小さい効果量，中程度の効果量，大きい効果量の目安として挙げている．

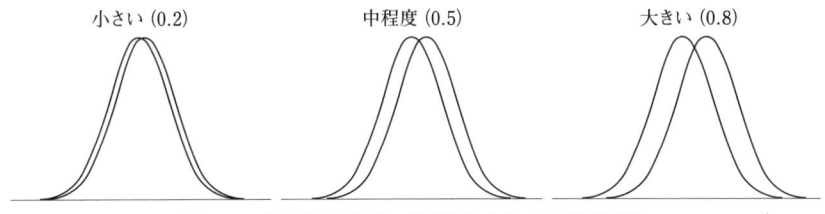

　　　　小さい (0.2)　　　　　中程度 (0.5)　　　　　大きい (0.8)

図7.5　効果量の目安（標準化された平均値差）

　コーエンの基準は，コーエン自身の長年の観察と深い洞察から導かれたものであり，実際の効果量分布を検討して求められたものではない．しかし，1980年頃以降，多くのメタ分析が行われてきたことにより，現在ではいろいろな領域に関する効果量の値について，比較・参照できるデータが蓄積されている．たとえば，リプジーとウィルソンは，心理，教育，行動的介入に関する302個のメタ分析の結果を検討し，標準化された平均値差の分布の平均が0.50，中央値が0.47，標準偏差が0.29であったことを示している（Lipsey & Wilson, 1993）．

7.2.2　解釈しやすい規準での表現

　標準化された平均値差にせよ相関係数にせよ，効果量が示す数値は直感的にわかりやすいものではない．たとえば，標準化された平均値差0.8は，「2群の平均の違いは，両群に共通な標準偏差0.8個分に相当する」（図7.5一番右の図を参照）と意味づけられるが，統計学に習熟していない者には腑に落ちないだろう．また，相関係数 r については，これを2乗した分散説明率 r^2 と呼ばれる指標を，「従属変数の変動のうち独立変数の違いで説明できる割合」と解釈することが多い．しかし，これもわかりやすい表現だとは言い難い．そこで，標準化された平均値差や相関係数といった効果量を，直感的に把握しやすい規準で表現しなおす工夫もいろいろと行われてきた．

　測定された変数の単位が明確で分かりやすいものであるときには，単位をそのまま使うのが簡単でわかりやすい．たとえば，ウェクスラー知能検査のIQのように，得点自体が標準化され広く流布しているものであれば，2群のIQの差をそのまま示せば，この検査を熟知した人には意味が伝わりやすい．血圧のmmHg（水銀柱ミリメートル）や体重のkg（キログラム）など，われわれ

図7.6　U3

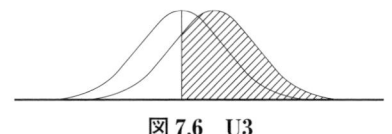

が日常慣れ親しみ，単位を具体的にイメージしやすい場合も同様である．ただ，心理学をはじめとする行動科学の領域で現れる変数は，単位が明瞭ではなく，意味が通じにくいものが少なくない．しかも，多くの場合がそうであるように，メタ分析の対象研究の中に多様な単位が含まれているときには，もとの単位を捨てて標準化せざるを得ない．標準化された効果量は，そのままでは意味が伝わりにくいので，わかりやすい指標に変換するための提案がいろいろと行われている．ここではそれらの工夫のうち，U3，優越率，BESDを紹介する．

U3

コーエンは，2群の分布のズレ（nonoverlap）に着目した指標 U1, U2, U3 によって効果量を解釈することを提案している（Cohen, 1977; 1988）．これらのうちもっともよく用いられるのは U3 である．U3 は，結果変数の母集団分布が 2 群において等分散の正規分布に従うことを仮定し，介入群の分布のうちで，統制群の平均を超える部分の割合として定義される．効果がまったくない（2 群の分布が重なりあう）ときに U3 = 50% となり，正の効果が見られるときには U3 は 50% を超える．図 7.6 には，標準化された平均値差が 0.8 であるときの統制群の分布（左）と介入群の分布（右）が描かれており，斜線の部分が U3 に相当する．このとき，U3 = 79% である（表 7.3 参照）．

優越率

2 群の母集団分布が等分散の正規分布に従うという U3 と同じ状況で，効果量の大きさを解釈するための指標として，南風原・芝は優越率を提案している（南風原・芝，1987；芝・南風原，1990）．優越率は，介入群からの標本の値 y_1 が統制群からの標本の値 y_2 を超える確率として定義される．2 群の分布が同一（効果量 = 0）のときに優越率は 0.5 となり，正の効果量で絶対値が大きくなる

表 7.2　BESD の例示

	成功	不成功	計
介入群	66	34	100
統制群	34	66	100
計	100	100	200

ほど優越率は大きくなっていく．

BESD

2 値変数どうしの連関は，ϕ 係数（ファイ係数）を 2 乗した分散説明率に基づいて解釈されることが多い（ϕ 係数は 2 値変数どうしの相関係数）．たとえば，介入群と統制群における成功（改善）と不成功（未改善）が表 7.2 の 2×2 クロス集計表にまとめられているとしよう．このときの ϕ 係数は 0.32，分散説明率は 0.10 となり，影響は微々たるものと解釈されがちである．しかし，介入群における成功率（66%）を統制群の成功率（34%）と比べると 32% も増えており，介入の効果は小さいとはいえない．

ローゼンタールとルビンは，介入群と統制群における成功率の違いを BESD （binomial effect size display）として定義し，効果の大きさの解釈に用いることを提案している（Rosenthal & Rubin, 1982）．表 7.2 のクロス集計表に関して ϕ 係数 = 0.32，BESD も 32%（0.32）となり値が一致するが，これは偶然ではなく，2 群の成功率が 50% をはさんで対称であるときには（たとえば 66% と 34%），BESD は ϕ 係数と一致するという性質を持っている．

表 7.3 は，標準化された平均値差のいくつかの値を U3，優越率，BESD に対応させたものである．ここで相関係数への換算に用いられているのは，標準化された平均値差 d と 2 群のサンプルサイズが等しいときの点双列相関係数 r_{pb}（point-biserial correlation coefficient）の間の関係式

$$r_{pb} = \frac{d}{\sqrt{d^2+4}}$$

である（点双列相関係数は，2 値変数と連続変数の間の相関係数）．

表 7.3　標準化された平均値差と相関係数，U3，優越率，BESD の対応

標準化された平均値差 (d)	相関係数 (r)	分散説明率 (r^2)	U3 (%)	優越率	BSED 統制群の成功率	BSED 実験群の成功率	BSED 成功率の差
0.1	0.05	0.00	54	0.53	0.47	0.52	0.05
0.2	0.10	0.01	58	0.56	0.45	0.55	0.10
0.3	0.15	0.02	62	0.58	0.42	0.57	0.15
0.4	0.20	0.04	66	0.61	0.40	0.60	0.20
0.5	0.24	0.06	69	0.64	0.38	0.62	0.24
0.6	0.29	0.08	73	0.66	0.35	0.64	0.29
0.7	0.33	0.11	76	0.69	0.33	0.66	0.33
0.8	0.37	0.14	79	0.71	0.31	0.68	0.37
0.9	0.41	0.17	82	0.74	0.29	0.70	0.41
1.0	0.45	0.20	84	0.76	0.27	0.72	0.45
1.1	0.48	0.23	86	0.78	0.26	0.74	0.48
1.2	0.51	0.26	88	0.80	0.24	0.75	0.51
1.3	0.54	0.30	90	0.82	0.23	0.77	0.54
1.4	0.57	0.33	92	0.84	0.21	0.78	0.57
1.5	0.60	0.36	93	0.86	0.20	0.80	0.60
1.6	0.62	0.39	95	0.87	0.19	0.81	0.62
1.7	0.65	0.42	96	0.89	0.17	0.82	0.65
1.8	0.67	0.45	96	0.90	0.16	0.83	0.67
1.9	0.69	0.47	97	0.91	0.15	0.84	0.69
2.0	0.71	0.50	98	0.92	0.14	0.85	0.71
2.1	0.72	0.52	98	0.93	0.14	0.86	0.72
2.2	0.74	0.55	99	0.94	0.13	0.87	0.74
2.3	0.75	0.57	99	0.95	0.12	0.87	0.75
2.4	0.77	0.59	99	0.96	0.11	0.88	0.77
2.5	0.78	0.61	99	0.96	0.11	0.89	0.78
2.6	0.79	0.63	99.5	0.97	0.10	0.89	0.79
2.7	0.80	0.65	99.7	0.97	0.10	0.90	0.80
2.8	0.81	0.66	99.7	0.98	0.09	0.90	0.81
2.9	0.82	0.68	99.8	0.98	0.09	0.91	0.82
3.0	0.83	0.69	99.9	0.98	0.08	0.91	0.83

7.3 結果の公表

ここまで見てきたような効果量の吟味と解釈が終われば，いよいよメタ分析の結果を世に問う段階に至る．一次研究を公表する際の体裁や統計分析結果の記述法については，アメリカ心理学会の *Publication Manual*（APA, 2010），日本心理学会の『執筆・投稿の手びき』（日本心理学会，http://www.psych.or.jp/publication/inst.html）などのガイドラインがある．過去の研究結果を統合することの重要性が近年になって認識され，メタ分析の研究報告についても，備えるべき要件をスタンダードとしてまとめる試みが増えている．とくに，医学研究の研究者，統計家による以下の4つの提案が重要である．

- QUOROM Statement（quality of reporting of meta-analysis）
- PRISMA（preferred reporting items for systematic reviews and meta-analyses）
- MOOSE（meta-analysis of observational studies in epidemiology）
- Potsdam consultation on meta-analysis

社会科学の分野では，アメリカ心理学会の作業部会が，上記4つのスタンダードを比較・検討し，整理した上で，MARS（meta-analysis reporting standards）をまとめている（APA Publications and Communications Board Working Group on Journal Article Reporting Standards, 2008）．MARS がまとめられたのは比較的最近であり，これまでに行われてきた実際のメタ分析研究すべてがこのスタンダードに従っているわけではない．しかし，MARS の内容を念頭におけば，メタ分析の研究論文を読む際に参考になるのはまちがいない．以下では，MARS に沿って，メタ分析報告における重要なポイントを概観しておこう．

7.3.1 タイトル（title）

メタ分析研究のタイトルには，かならず「メタ分析（meta-analysis）」という単語を入れるべきである．これにより研究報告の内容が端的に伝わるだけでなく，コンピュータによる検索でヒットする可能性を高めることができる．

表7.4 MARS：メタ分析研究の報告に含めることが勧められる情報

報告のセクション・トピック	記述
タイトル（title）	・研究統合（research synthesis）についての報告であることを明示し，できれば「メタ分析（meta-analysis）」という語を含める． ・資金の提供者を脚注にする．
要旨（abstract）	・研究される問題あるいは関係 ・研究の適格性基準 ・一次研究に含まれる研究参加者の種類 ・メタ分析の方法（固定効果モデルと変量効果モデルのいずれが用いられたか） ・主な結果（とくに重要な効果量とそれらの効果量に関わる重要な調整変数を含む） ・結論（限界を含む） ・理論，政策および［または］実践への示唆
イントロダクション（introduction）	・研究される問題や関係についての明確な記述 　―― 歴史的背景 　―― 関心を向けられた問題あるいは関係についての理論的，政策的および［または］実践的な論点 　―― 潜在的な調整変数の選択とコーディングの根拠 　―― 一次研究で用いられている研究デザインの種類とその長所，短所 　―― 用いられた予測変数，結果変数の種類とそれらの計量心理学的特徴 　―― 問題あるいは関係に関連する母集団 　―― もしあるならば，仮説
方法（method） 適格性基準（inclusion and exclusion criteria）	・予測変数(独立変数)と結果変数(従属変数)の操作的定義の特徴 ・適格とされる研究参加者の母集団 ・適格とされる研究デザインの特徴（たとえば，無作為配分のみ，最低限必要なサンプルサイズなど） ・研究が行われた期間 ・地理的および［または］文化的な制限
媒介変数と調整変数の分析（moderator and mediator analyses）	・媒介変数あるいは調整変数の検討に用いられるすべてのコーディングカテゴリーの定義

探索方略 (searching strategies)	・探索に用いた文献データベースおよび引用データベース ・レジストリ 　—— データベースあるいはレジストリで用いられたキーワード 　—— 探索ソフトウェアの名称とバージョン ・研究が行われた期間 ・利用可能な研究をすべて見つけ出すための，その他の努力 　—— リストサーブ（メーリングリスト） 　—— 著者との接触（著者を選んだ方法） 　—— すでに入手した研究の引用文献 ・英語以外の報告の扱い ・研究の適格性を決める過程 ・報告のどの点を調べたか（タイトル，要旨および［または］全文） 　—— 適切性の判定者の人数と質 　—— 一致の程度 　—— 不一致があった場合の解決法 ・未公表研究の扱い
コーディング手順 (coding procedures)	・コーダーの人数と質（領域に関する習熟度，訓練） ・コーダー間の信頼性あるいは一致度 ・各報告は複数のコーダーによってコーディングされたか，もしそうならば，不一致はどのように解決されたか ・研究の質の評価 　—— 質尺度が用いられた場合には，その基準と適用の手順 　—— 研究デザインの特徴がコーディングされたならば，その結果 ・欠測データの扱い方
統計的分析法 (statistical methods)	・効果量 　—— 効果量の計算公式（平均と標準偏差，1変量 F の r への変換など） 　—— 効果量の補正（サンプルサイズが小さいことからくる偏り，サンプルサイズの不揃いの補正など） ・効果量を平均および［または］重み付けする方法 ・効果量の信頼区間（*confidence interval*）（あるいは標準誤差）は，どのように計算されたか ・効果量の確信区間（*credibility interval*）が用いられているならば，その計算法 ・1研究について複数の効果量がある場合の扱い ・固定効果モデルと変量効果モデルのいずれが用いられているか，その根拠 ・効果量の等質性についての評価・推定法

統計的分析法（つづき）	・概念レベルでの関係に焦点があるならば，測定のアーティファクトの平均と標準誤差 ・データの一部欠如の検出と補正（たとえば，公表バイアス，選択的な報告） ・統計的外れ値の検出 ・メタ分析の検定力 ・統計分析に用いられた統計プログラムあるいはソフトウェアパッケージの名称
結果（results）	・適切性を検討した引用（citation）の個数 ・メタ分析に含まれる引用のリスト ・多くの点で適切だが適格性基準のどれかを満たさないために除外された引用の個数 ・除外基準（たとえば，効果量を計算できない）のそれぞれについて，それらにより除外された引用の数といくつかの例 ・メタ分析に含めた研究（study）のそれぞれについて，記述的情報（効果量，サンプルサイズなど）をまとめた表 ・もしあるならば，研究の質の評価 ・表および［または］グラフによる要約 　——全体的なデータベースの性質（異なる研究デザインによる研究の数など） 　——全体的な効果量推定値を不確実性の指標（信頼区間あるいは確信区間）とともに ・調整変数・媒介変数の分析結果（研究の下位集合についての分析） 　——調整変数分析のそれぞれについて，研究の数とサンプルサイズの合計 　——調整変数分析に用いられた変数間の相関の評価 ・潜在的なデータの一部欠如を含む偏りの評価
討論（discussion）	・主要な発見についての記述 ・観察された結果についての他の説明可能性の考慮 　——データの一部欠如の影響 ・結論の一般化可能性，たとえば， 　——関連する母集団 　——研究間に見られる処遇の違い 　——従属変数（結果変数） 　——研究デザインなど ・一般的な限界（研究の質の評価など） ・理論，政策，実践への示唆，解釈 ・将来の研究へのガイドライン

7.3.2 要旨（abstract）

一次研究の要旨に準じて，問題，メタ分析に含まれる研究の種類，方法と結果，主要な結論を短く簡潔にまとめる．研究を探索する人の立場に立ち，探索者が用いそうなキーワードを適切に用いるとともに，要旨しか読まない読者のことも念頭において，重要な結論を書き落とすことのないように気をつける．

7.3.3 イントロダクション（introduction）

このセクションでは，問題を概念的に定式化し，問題の意義を記述する．メタ分析研究では，リサーチクエスチョンに関わる理論や概念，あるいは実践的な背景や研究の歴史などを詳述するため，一次研究よりもイントロダクション部分が長くなることが多い．これらをていねいに記述しておかなければ，効果量を意味づける基盤が脆弱であるという批判を招きかねない．問題の背景の記述が終わったら，行おうとしているメタ分析について，取り上げる一次研究の種類，注目する変数や研究参加者（被験者）母集団などを，それらを選んだ根拠とともに記述する．

関連する領域で，すでに別のメタ分析研究が行われている場合には，それらの研究で明らかになっていること，明らかになっていないこと，方法論上の長所・短所，結論における不一致や矛盾などをまとめた上で，これから行おうとしているメタ分析の意義を論じることになるだろう．

7.3.4 方法（method）

方法セクションには，研究が行われた手順を記述する．メタ分析研究の方法セクションが含むべき事項として，MARS には，以下の5つが挙げられている．

- 適格性基準（inclusion and exclusion criteria）
- 調整変数および媒介変数[2]の分析（moderator and mediator analyses）
- 探索方略（searching strategies）

---

2) 変数 M が独立変数 x に影響を受け従属変数 y に影響を与えると考えられるとき，変数 M を媒介変数（mediator）と呼び，調整変数（moderator）と区別する．

・コーディング手順（coding procedures）
・統計的分析法（statistical methods）

適格性基準

適格性基準は，リサーチクエスチョンに照らしてどんな一次研究をメタ分析の対象とするか，対象となる研究が備えるべき要件を定めたものである（第2章参照）．たとえば，変数の操作的定義，研究参加者母集団，研究のデザイン，時間的・地理的範囲などについて，メタ分析の具体的方針に従って記述する．他の点では適格性基準に合っていても，何らかの理由でメタ分析に含めない研究がある場合には，その除外基準も明確にしておかねばならない．

調整変数および媒介変数の分析

調整変数あるいは媒介変数として分析しようとする変数がある場合には，それらの変数をどのように定義したか，それらの変数の値をどのようにコーディングするかなどについて記述するべきである．

探索方略

文献収集過程の透明性，再現性を確保する上でも，探索方略を明記することは重要である．文献の探索では電子的なデータベースに頼る部分が大きく，用いたデータベースの種類，検索に用いたキーワード，キーワードの組合せ方などを記す．また，それ以外の文献探索法，たとえば，研究の引用文献リストからの遡及（いわゆる芋づる式の探索），著者への直接問い合わせなどを用いたときには，それも記述する．探索された文献が適格性基準に合致するかどうかを決める方法や，未公表研究の扱いなどについても記述することが望ましい．探索方略に関する記述が長くなる場合には，詳細は本文と切り離して附録（アペンディクス）とすることもある．

コーディングの手順

コーダーの質（その領域に関する経験や訓練の程度），コーダーの人数，各研究について複数のコーダーがコーディングしているかどうか，複数のコーディング結果が一致しなかった場合の解決法などについて記述する．独立にコーディングしたコーダー間の信頼性（コーディング結果の一致の程度．第4章を参照）も重要な情報である．

統計的分析法

メタ分析で実際に用いた分析法,および利用可能な研究の制約から実行できなかったが当初計画した分析法について記述する.研究結果を要約する効果量としてどの指標を用いたのか,効果量の平均を求める際に適用した方法(重み付きの有無など)も記すべきである.

7.3.5 結果 (results)

結果セクションには,文献の検索や統計的分析の結果を要約し,記述する.

メタ分析の対象研究についての要約

すでに何度も述べているように,対象として集められた研究の範囲を超えて結論を導くことはできない.したがって,適格性基準を満たした研究について明確に記述しておくべきである.たとえば,メタ分析の対象となったそれぞれの研究の第一著者名,公表年,研究デザイン,研究参加者の特徴,結果変数の種類,効果量などを表にまとめるとよい.研究の質の評価をした場合には,その情報も表に含めるべきである.適格性基準を満たしていても何らかの理由から除外された研究があるならば,恣意的に除外したという誤解を避けるためにも,除外の理由を明記しなければならない.

統計的分析の結果

メタ分析に含めた研究,効果量,標本の個数,全研究を通じての研究参加者の総数などは,かならず記すべきである.1つの研究が複数の標本や効果量を含むときには,研究の数と標本や効果量の個数との間に不一致が生じる.不一致がある場合には,その理由も記述しなければならない.

方法セクションで提示された分析については,有意ではなかった場合も含めて,かならず結果を報告する.用いたのが固定効果モデルであるか,変量効果モデルであるかを明記した上で,効果量の平均(重み付きなし,重み付きあり)や信頼区間を記述する.また,効果量の分布の範囲や中央値,正負それぞれの効果量の個数,外れ値などについても報告した方がよい.調整変数に関する分析についても,適切に記述する.

公表バイアスの有無について検討した結果も記述し,欠測値のために分析の一部が実行できなかった場合には,そのことを明瞭に記すべきである.

グラフの利用

メタ分析の技術的な側面に習熟していない読者にとって，結果の要点を把握することは簡単ではない．複雑な統計分析の結果を提示するのに，文章とその合間に埋め込まれた数値だけに頼るのではなく，適切にグラフを用いることの効用は非常に大きいといえる．ボーマンとグリッグによれば，*Psychological Bulletin* 誌に掲載されたメタ分析の中で，結果を示すためにグラフが用いられた割合は，1985〜1991 年の間では 19%，2000〜2005 年の間では 52% と大きく増えており (Borman & Grigg, 2009)，報告中でグラフを用いる傾向が強まっていることはまちがいない．

公表バイアスの可能性を検討するために用いられる漏斗プロットについてはすでに紹介したが，そのほかにもさまざまな目的でグラフが用いられる．効果量の分布の様子（分布の中心，広がり，形状）を示すために使われることが多いのは，幹葉表示 (stem-and-leaf plot) である．実際，*Psychological Bulletin* 誌で 29%，*Review of Educational Research* 誌では 30% のメタ分析論文で幹葉表示が使われているという (Borman & Grigg, 2009)．図 7.7 は，18 個の標準化された平均値差の分布を幹葉表示で示したものである（数値は，Greenhouse & Iyengar (2009) より）．左側に縦に並んでいる −4 から 3 までの数値（この部分が「幹 (stem)」にたとえられる）は，標準化された平均値差の小数点以下 1 桁目を，幹の各数値の横に並んでいる数値（「葉 (leaf)」）は小数点以下 2 桁目を表している．葉は全部で 18「枚」付いており，幹の数値と組み合わせて，18 個の標準化された平均値差の値を知ることができる．標準化された平均値差の最大値が +0.34，最小値が −0.48 であることや，分布の形状などを読み取ることができる．

研究の特徴による効果量の違いを探り出すためには，分布の様子をグループ別に比較するグラフが役に立つ．この目的のためには，複数のグループで幹を共有させて葉の部分だけをグループ別に描いた幹葉表示や平行箱ヒゲ図 (parallel box-and-whisker plot) が有効である．図 7.7 の幹葉表示で表された 18 研究は，オープンエデュケーションの自己概念への効果を調べたもの (Greenhouse & Iyengar, 2009) であるが，研究参加者の学年によって研究を 2 群に分け

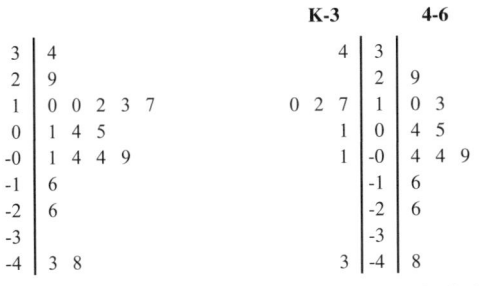

```
  3 | 4                       K-3         4-6
  2 | 9                    4 | 3 |
  1 | 0 0 2 3 7            2 | 9 |
  0 | 1 4 5          0 2 7 | 1 | 0 3
 -0 | 1 4 4 9              1 | 0 | 4 5
 -1 | 6                    1 |-0 | 4 4 9
 -2 | 6                      |-1 | 6
 -3 |                        |-2 | 6
 -4 | 3 8                    |-3 |
                           3 |-4 | 8
```

　　　　図 7.7　幹葉表示　　　　図 7.8　学年別の幹葉表示

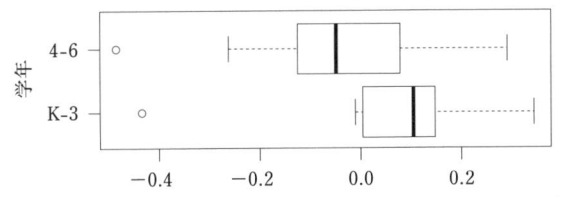

図 7.9　平行箱ヒゲ図（標準化された平均値差の学年別分布）

　て，標準化された平均値差の分布を群別に示したのが図 7.8（幹葉表示），図 7.9（平行箱ヒゲ図）である．

　図 7.8 の幹葉表示では，幹の左側に K-3（幼稚園から小学 3 年生），右側に 4-6（小学 4 年生から 6 年生）の値が葉として付けられていて，K-3 の方が効果量の値がやや大きい方に寄っていることを読み取ることができる．図 7.9 の平行箱ヒゲ図においては，「箱」の内側の縦線の位置で中央値（50 パーセンタイル），箱の左の辺の位置で第 1 四分位数（25 パーセンタイル），右の辺の位置で第 3 四分位数（75 パーセンタイル）を示している．第 3 四分位数から第 1 四分位数を引いたもの（すなわち箱の横の長さ）は四分位範囲と呼ばれる．また，第 1 四分位数 −1.5 × 四分位範囲から第 1 四分位数までに収まるデータ範囲は箱の左側の「ヒゲ」で，第 3 四分位数から第 3 四分位数 + 1.5 × 四分位範囲までのデータ範囲は箱の右側の「ヒゲ」で表される．これらの範囲を超えるデータ値が存在する場合には，それらは外れ値の可能性があると見なされ，個別のプロットで表現される．つまり，個別のプロットが存在しないときには，

左のヒゲの先端が最小値,右のヒゲの先端が最大値であり,ヒゲのほかにプロットが存在するときには,左端のプロットが最小値,右端のプロットが最大値を示す.図7.9からは,K-3 を対象とする研究ではほとんどの標準化された平均値差が正の値だったのに対して,4-6 年では分布の中央値でさえ負の値であること,どちらの学年でも他と比べて大きく負の方向に偏った研究が1つ存在したことなどを読みとることができる.

フォレストプロット (forest plot)[3] は,医学領域のメタ分析で広く用いられている.フォレストプロットを用いれば,個々の研究から算出された平均効果量と母集団効果量の信頼区間,全研究にもとづく効果量推定値と信頼区間をわかりやすく表現することができる (Lewis & Clarke, 2001).フォレストプロットの縦軸には個々の研究,横軸には効果量がとられる.縦軸にはそれぞれの研究を表す名称(著者名と出版年など)が並べられ,横軸上の効果量推定値の位置には正方形ないし円形のプロットが示される(プロットの面積は効果量の重み付けに比例させる).そして,各プロットの左右には母集団効果量の 95% 信頼区間を表す線分が引かれる.また,全研究の効果量を平均した推定値は,図の底部に描かれる菱形の中心の位置で,信頼区間は菱形の横幅で表わされる(図7.10).

心理学をはじめとする社会科学領域では,メタ分析の対象研究の効果量推定値と信頼区間は表を用いてまとめられることが多く,フォレストプロットはあまり用いられていない(2000〜2005 年の間の *Psychological Bulletin* 誌,*Review of Educational Research* 誌での利用例は1件もないという (Borman & Grigg, 2009) が,フォレストプロットには効果量に関する情報が包括的かつコンパクトにまとめられており,もっと活用されてもよいと思われる.幹葉表示や(平行)箱ヒゲ図は,SPSS や R などの汎用的な統計解析ソフトでも描くことができるのに対して,フォレストプロットを描くには,メタ分析のための特別なソフトウェアが必要であり,このことが普及を妨げている一因かもしれない[4](メタ分析のためのソフトウェアについては,6.5.3 を参照).

---

3) フォレストプロットという名称の由来は,よくわからないという (Lewis & Clarke, 2001).

Impact of Intervention

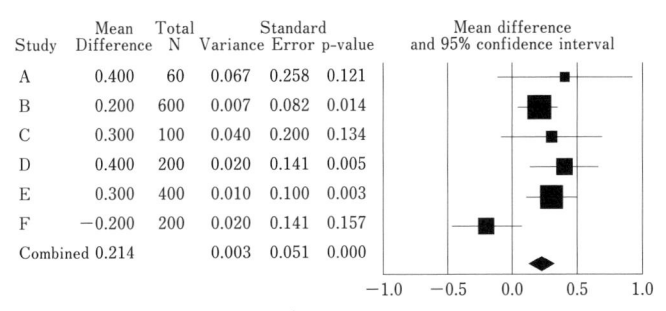

Study	Mean Difference	Total N	Variance	Standard Error	p-value
A	0.400	60	0.067	0.258	0.121
B	0.200	600	0.007	0.082	0.014
C	0.300	100	0.040	0.200	0.134
D	0.400	200	0.020	0.141	0.005
E	0.300	400	0.010	0.100	0.003
F	−0.200	200	0.020	0.141	0.157
Combined	0.214		0.003	0.051	0.000

図7.10 フォレストプロット (Borenstein et al., 2009)

7.3.6 討論 (discussion)

討論セクションの典型的な構成要素として，クーパーは以下の5つを挙げている (Cooper, 2009)．

①メタ分析の主要な発見の要約．この部分は長くなりすぎないようにし，解釈の際に中心となる結果に焦点を当てる．

②主要な発見の解釈．重要な効果量の大きさとその実質的な意味を記述する．また，イントロダクションで述べられた予測や理論と結果の関連についても記述するべきである．

③得られたデータについて，ほかの説明可能性．とくに，欠測データ，調整変数間の相関，対象となる一次研究の方法論的問題の影響などについて考慮する必要がある．

④発見の一般化可能性．この点に関しては，(a)メタ分析の対象研究の中に，関連する下位母集団すべてから研究参加者が得られているか，(b)研究の中に，重要な独立変数（予測変数），従属変数（結果変数）が含まれているか，(c)個々の研究で用いられている研究デザインは，行おうとしている推論の種類にふさわしいかなどを考慮すべきである．

---

4) 近年，Rでも metafor (Viechtbaner, 2010) や rmeta (Lumley, 2009) など，メタ分析のための使いやすいパッケージが提供されている．これらを用いることで，フォレストプロットを簡単に描くことができる（巻末附録D参照）．

⑤将来の研究に残された課題．メタ分析の結果を受けて生じた新たな疑問，未解決のまま残された問題などを記述する．

第2章にはじまったメタ分析の手順の解説は，これでおしまいである．メタ分析に関する理解を深めていただくことができただろうか．第8章では，一事例実験のメタ分析を取り上げる．

引用文献

American Psychological Association (2010). *Publication Manual* (6th ed.). Washington, DC：Author.

APA Publications and Communications Board Working Group on Journal Article Reporting Standards (2008). Reporting standards for research in psychology：Why do we need them? What might they be? *American Psychologist, 63*, 839-851.

Borenstein, M., Hedges, L. V., Higgins, J. P. T., & Rothstein, H. R. (2009). *Introduction to meta-analysis*. Chichester, UK：Wiley.

Borman, G. D., & Grigg, J. A. (2009). Visual and narrative interpretation. In H. Cooper, L. V. Hedges, & J. C. Valentine (Eds.), *The handbook of research synthesis and meta-analysis* (2nd ed.) pp. 497-519. New York, NY：Russell Sage Foundation.

Cohen, J. (1977). *Statistical power analysis for the behavioral sciences*. New York：Academic Press.

Cohen, J. (1988). *Statistical power analysis for the behavioral sciences* (2nd ed.). Hillsdale, NJ：Lawrence Erlbaum.

Cooper, H. (2009). *Research synthesis and meta-analysis* (4th ed.). Thousand Oaks, CA：Sage Publications.

Duval, S. (2005). The trim and fill method. In H. R. Rothstein, A. J. Sutton, & M. Borenstein (Eds.), *Publication bias in meta-analysis：prevention, assessment and adjustment*, pp. 435-452. Chichester, UK：John Wiley & Sons.

Duval, S., & Tweedie, R. (2000) A nonparametric "trim and fill" method of accounting for publication bias in meta-analysis. *Journal of the American Statistical Associtaion, 95*, 89-98.

Greenhouse, J. B., & Iyengar, S. (2009). Sensitivity analysis and diagnostics. In H. Cooper, L. V. Hedges, & J. C. Valentine (Eds.), *The handbook of research synthesis and meta-analysis* (2nd ed.) pp. 417-433. New York, NY：Russell Sage Foundation.

Greenwald, A. G. (1975). Consequences of prejudices against the null hypothesis. *Psychological Bulletin, 82*, 1-10.

南風原朝和・芝祐順（1987）相関係数および平均値差の解釈のための確率的な指標 教育心理学研究, *35*, 259-265.

Lewis, S., & Clarke, M. (2001). Forest plots：Trying to see the wood and the trees. *British Medical Journal, 322*, 1479-1480.

Light, R., & Pillemer, D. (1984). *Summing up：The science of reviewing research.* Cambridge, MA：Harvard University Press.

Lipsey, M. W., & Wilson, D. B. (1993). The efficacy of psychological, educational, and behavioral treatment：Confirmation from meta-analysis. *American Psychologist, 48*, 1181-1209.

Lumley, T. (2009). *rmeta：Meta-analysis.* R package version 2.16. (http://cran.r-project.org/web/package/rmeta/index.html)

日本心理学会（編）執筆・投稿の手びき（http://www.psych.or.jp/publication/inst.html）

Rosenthal, R. (1979). The file drawer problem and tolerance for null results. *Psychological Bulletin, 86*, 638-641.

Rosenthal, R., & Rubin, D. (1978). Interpersonal expectancy effects：The first 345 studies. *Behavioral and Brain Sciences, 3*, 377-415.

Rosenthal, R., & Rubin, D. (1982). A simple, general purpose display of magnitude of experimental effect. *Journal of Educational Psychology, 74*, 166-169.

芝祐順・南風原朝和（1990）行動科学における統計解析法　東京大学出版会

Sutton, A. J. (2009). Publication bias. In H. Cooper, L. V. Hedges, & J. C. Valentine (Eds.), *The handbook of research synthesis and meta-analysis* (2nd ed.) pp. 435-452. New York, NY：Russell Sage Foundation.

Viechtbauer, W. (2010). *metafor：Meta-analysis package for R*, R package version 1.6.0. (http://cran.r-project.org/web/package/metafor/index.html)

第8章
一事例実験のメタ分析

前章までで見てきたメタ分析の説明や手続きは，介入群と統制群を比較する，いわゆる群比較研究を対象とするものであった．本章では，「一事例実験」を対象に行われるメタ分析を取り上げる．一事例実験（single-case research design, single-case experiment design）とは，1つのケース（一般的には1人のヒト）を対象として，これに注目する実験デザインである．

一事例実験では，介入の効果を評価するのにデータをグラフで表現し，そのグラフを目で見て判断する方法が一般的に用いられてきた．しかし近年，この方法を補完してより確かなエビデンスを示すために，一事例実験の効果量が提案され，またメタ分析の方法が提案されるようになってきている．

本章ではまず一事例実験について簡単に説明し，続いて一事例実験のメタ分析の特徴と提案されているいくつかの効果量の算出方法を例示する．最後に，「行動問題」への介入効果に関する一事例実験のメタ分析を紹介する．

8.1 一事例実験

8.1.1 一事例実験とは

群比較研究[1]では，介入群にのみ介入を行い，統制群との比較により，その介入の効果を検討する．しかし実際の臨床場面においては，たとえば重度の患者を対象とする場合，介入群と統制群を用意できるほど多くの人数を集められ

---

[1] 群比較研究とは，介入群と統制群を設けて，介入群に介入を施し，関心下の従属変数（標的行動）の差異を2群で比較することで，介入の効果を検討するようなアプローチを言う．群比較研究は，第7章までに紹介してきたメタ分析の対象となる．

ない等の制約がある．また，この手法では主に群間の平均値によって介入の効果を検討するため，個々の事例の行動変容過程を知ることもできない．それに対して一事例実験[2]は，1つまたは少数の事例から科学的に妥当な結論を得ることを目的とする実験デザインである．また，この場合の事例とは，1人の対象者を指すことも，1つのグループを指すこともある．一事例実験は，臨床や教育の分野の研究，とくに行動療法と呼ばれる治療アプローチの適用と効果の評価において広く用いられている（南風原，2001）．

　一事例実験では，介入を導入する以前に従属変数の測定を複数回行う．この期間をベースライン期と呼ぶ．続いて介入を導入した状態で，従属変数の測定を継続する．この期間を介入期と呼ぶ．ベースライン期と介入期で従属変数の値を比較し，介入期の従属変数の値がベースライン期のそれに比べて問題行動の軽減や適切な行動の増加といった望ましい方向へと十分に変化していれば，導入した介入の効果によるものと判断できる．

8.1.2　一事例実験の例

　一事例実験を用いた実践研究の例として，道城ら（2004）を紹介する．この研究では，児童が教室で授業を受ける際に必要であろう行動（以後，授業準備行動と呼ぶ）を取れるように，学級単位で効果的に支援する方法を検討している．

　道城ら（2004）は，授業準備行動の1つ「（授業開始の）チャイムがなったらすぐに帰ってきて座る」ことを，離席率（席に着いていない児童の人数／出席人数）の変化で調べている．図8.1ではベースラインで14回（だが，従属変数の値がわかっているのは13回分），介入で27回の従属変数の測定値が示されている．

　ベースラインでは，介入を行わずに児童の授業準備行動を観察した．図8.1より離席率が0%の第2・第7回のセッション（第1セッションの値は不明）を除いて，介入前は対象児童の1割以上が授業開始前に着席していない．その

---

[2] または単一事例実験，シングルケース研究，一事例実験研究とも呼ばれる．本章では，引用以外の箇所では一事例実験と表記する．

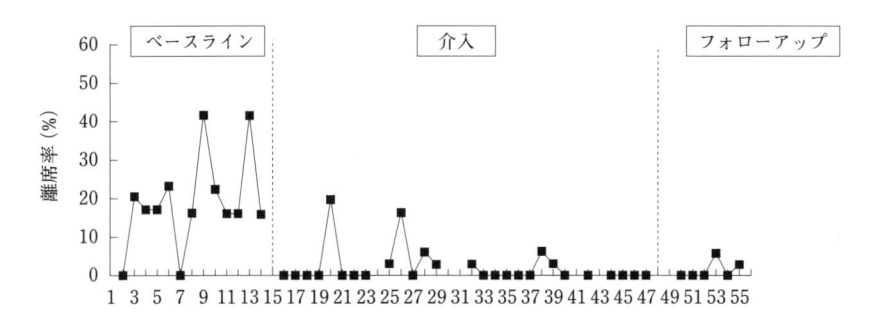

図 8.1　一事例実験の研究例（道城ら，2004）

後の介入段階では，学級担任が授業準備行動を目標として提示し，児童はそれを「めあてカード」に記入し，机に貼って過ごした．このグラフに見られる学級の離席率の推移や各期間の平均離席率の差により，道城ら（2004）はこの介入が効果的であったと報告している．

なお，一事例実験では，ベースライン期を A，介入期を B，C……などで表す．たとえば，ベースラインの後に一種類の介入を実施した場合は AB デザインとなる．道城ら（2004）では AB デザインを採用し，さらに介入の効果が維持されているかを確認するため，ベースラインと同様の状態で観察を行うフォローアップの期間を設定している．

8.1.3　事例における介入効果の評価

ところで近年，医学領域では EBM（evidence-based medicine：エビデンスにもとづいた医療）の考え方を受けて，治療効果のエビデンスを示すことが求められている．また，EBM の一環として心理学分野では「経験的に支持された治療（empirically supported treatment；EST）」運動が起こり，治療法や介入を判断する基準が設定された．一事例実験は「エビデンスにもとづいた実践を確立するために用いられる厳密で科学的な手法」（e.g., Horner et al., 2005）と位置づけられている．

本章 8.1.2 の例のように，一事例実験ではデータをグラフ化し，グラフを目

表 8.1　視覚的判断における判断基準

判断基準（隣接した期間を比較）
A　レベル（平均的なデータポイントの値）が変化している．
B　データポイントの重なりが最小限である．
C　（望ましい方向へ）トレンドが変化している．
D　適当な観測数（少なくとも3つ以上のデータポイント）がある．
E　データが安定している（データポイントの変動が効果検出を妨げない）．

(*Procedural and coding manual for review of Evidence-Based Interventions* を改変)

で見て評価する視覚的判断によって効果を示すことが慣例となっている．たとえば，*Procedural and coding manual for review of Evidence-Based Interventions*（American Psychological Association Task Force，以後「EBIのためのコーディングマニュアル」とする）は，ベースライン期と隣接した介入期のデータポイント[3]の変化を視覚的に判断する上での基準を示している（表8.1）．さらに，事例の結果が表8.1の基準をどの程度満たしているか，つまり明らかに見てとれるかにより，エビデンスの強さを0〜3点で表している（たとえば，Aの基準を満たし，かつB〜Eの基準のうち3つ以上を満たす場合は3点とする等）．

また，一事例実験データから効果量を算出する方法も開発されている（本章8.2.3で一部を紹介する）．上記の「マニュアル」にも，エビデンスを判断する方法として視覚的判断と効果量（Busk & Serlin, 1992）が並記されている．

8.2　一事例実験のメタ分析

前節の最後では，個々の事例の介入効果を評価する方法について述べた．実際の臨床場面を考える時，ある事例に効果があったといわれる介入が他の事例に対しても効果があるのかという「汎用性」が問題になる場合もあろう．本節

---

[3] 本章では，これ以降「データポイント」という言葉がしばしば出てくる．データポイントとは，一事例実験データをグラフに図示する際にプロットされた値のことをいう．従属変数（標的行動）の値を意味する場合が多い．

では，治療や介入の一般化可能性，つまり報告された事例とは異なる状況や，他の参加者にも治療や介入の効果があるといえるか検討する方法について述べる（以後，特に断らない限り本章におけるメタ分析の対象は一事例実験である）．

8.2.1 一事例実験の介入効果の一般化

前節で触れた「経験的に支持された治療（EST）」では，「十分立証された治療」，「おそらく有効な治療」，「実験的な治療」という3段階のエビデンスのレベル付けがなされている（中野，2004）．そして一事例実験では，「実験デザインが厳密であり，かつ大がかりな一連の一事例実験（参加者が9名を超える）によって，効果が実証されたもの」が「十分立証された治療」と定められている．

一事例実験の場合，一般化可能性を検討するためには複数事例の介入効果を視覚的に判断し，記述的レビューを行うのが一般的であった．しかし，視覚的判断にはその客観性や信頼性について問題が指摘されている．たとえば，信頼性については，複数の視覚的判断の結果が一貫しないなどの報告がある（e.g., Deprospero & Cohen, 1979；Edgington 1995；Matyas & Greenwood, 1990；Wampold & Furlong, 1981）．その場合，もし個々の事例に対する評価が人によって異なってしまったら，追試研究を重ねても結果がまとまらず，介入の汎用性を確かめられないかもしれない．効果量という共通の物差しを用いることでこの問題を解決し，効果の一般化可能性を検討することが可能となる．

8.2.2 メタ分析の手続き

一事例実験を対象としたメタ分析の手続きは，基本的には本書第1章の図1.5の流れを踏襲している．つまり，明らかにしたい「問題の定式化（本書第2章）」をし，「定式化した問題と関連のある一事例実験の文献を検索（第3章）」し，メタ分析の対象となる一次研究（個々の事例）を決定する．そして，収集した「研究から情報を引き出す（コーディングを行う，本書第4章）」．さらに，「統計解析を行い，その結果を解釈し，研究結果を公表する（本書第5～7章）」段階に至る．ただし，「コーディング」と「効果量の算出」の手続

きでは，群比較研究とは異なる一事例実験の特徴が反映される（群比較研究と一事例実験研究両方がメタ分析の対象論文となることも考えられる．そのような場合は両方の文献を集めてコーディングを行い，それぞれの実験デザインに従って効果量を得る必要がある）．また，一事例実験のメタ分析では，推計統計学的な手法を用いることは少ない．算出された効果量の要約統計量として，平均（と標準偏差）あるいは，中央値などを報告することが多い．

コーディング　本章末にコーディングシートの一例を示す．このシートは，ソーシャルスキル介入を行った一事例実験に対するメタ分析（Kavale et al., 1997；Mathur et al., 1998）や，いくつかの実践研究（日本で実施されたもの）を参考に，筆者らが仮に作成したものである．

一事例実験では，対象者の特徴や事前アセスメントに関する記述が多く，メタ分析でもそれらに関するコーディングが多くなるだろう．また，メタ分析の対象となる一事例実験の一次研究では効果量や記述統計量を報告している論文が少ないため，各研究に掲載されたグラフから読み取ることのできる個々のデータポイントの具体的な値やデータポイント数[4]も記述しておくと，効果量の算出に役立つ．

効果量　上記のコーディングと重複するが，論文からデータポイントの値とデータポイント数を調べて，自ら記述統計量や効果量を算出する必要がある．さらに効果量も，本書第5章で紹介したものと異なるものが提案されている．次項では，提案されたいくつかの一事例実験のための効果量を紹介する．

8.2.3　一事例実験のための効果量

ここでは，以下の効果量を紹介する（表8.2）．

たとえば本章8.1.2で紹介したような，従属変数（標的行動）の値が減少することが望ましいとする状況を考える．図8.2は，その状況を表すような架空データをもとに作成したグラフである．このデータについて，表8.2に示した効果量を算出してみよう．

4）　データポイント数とは，グラフにプロットされたデータポイントの個数のことである．ここでは，セッション数のこととらえればよい．

表8.2 本章で紹介する一事例実験の効果量

効果量	特徴
d	「標準化された平均値差」に準じた効果量
PND (percentage of nonoverlapping data)	介入期での従属変数の値(データポイント)が,基準値と比較して改善されているかを表す
PZD (percentage of zero data)	介入期での従属変数の値(データポイント)が,基準値=0となった割合を表す
MBLR (mean baseline reduction)	ベースライン期と介入期の平均値差が,ベースライン期の平均値と比較してどの程度改善されたかを表す

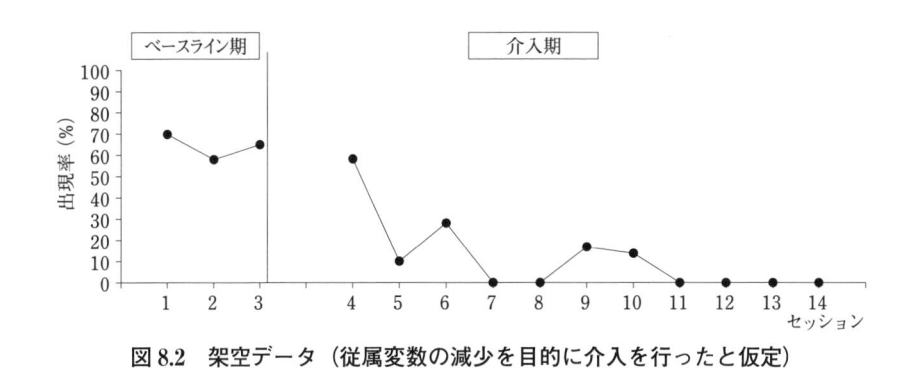

図8.2 架空データ(従属変数の減少を目的に介入を行ったと仮定)

①d　まず,本書第5章で紹介されている「標準化された平均値差」に準じた効果量 d を紹介する.

一事例実験では,ベースライン期を前章までで見てきた群比較研究における「統制群」,介入期を「介入群」と見立てて比較を行っている.それをそのまま当てはめて一事例実験の効果量を算出すると,以下の式(Busk & Serlin, 1992；White et al., 1989)となる.

$$d = \frac{\text{ベースライン期の平均} - \text{介入期の平均}}{\text{ベースライン期と介入期をプールした標準偏差}}$$

この効果量 d は,第5章で紹介した標準化された平均値差である,コーエ

表 8.3　図 8.2 における各期の平均値

	ベースライン期	介入期
平均値	64.3	11.5

ンの d と計算過程は似ているが，同一のものではない．しかし，本章では効果量 d と言った場合，ここで紹介した，ベースライン期の平均と介入期の平均の差をベースライン期と介入期をプールした標準偏差で除したものを d と呼ぶことにする．また，バスクとサーリン（Busk & Serlin, 1992）は，分母をベースライン期の標準偏差にした d も紹介している．

表 8.3 に各期の平均値を示した．ベースライン期と介入期をプールした標準偏差 ≒ 15.9 より，図 8.2 のデータの効果量は $(64.3 - 11.5) \div 15.9 \fallingdotseq 3.3$ となる．

② ***PND***　*PND* は percentage of nonoverlapping data の略，つまり，ベースライン期の従属変数の値と重複（オーバーラップ）しなかった介入期のデータポイント数の割合によって効果を示す指標である．

PND は，以下の式によって算出される．

$$PND = \frac{\begin{pmatrix}\text{ベースライン期の従属変数の最小値よりも，}\\\text{従属変数の値が小さくなるデータポイント数}\end{pmatrix}}{(\text{介入期における総データポイント数})} \times 100 \; (\%)$$

PND を算出するためには，まず，ベースライン期で最良の状態になっている値を基準とする．次に，介入期において先の基準よりも小さい（改善されている）ものがいくつあるかを数え，その数を介入期の総データポイント数で割り百分率で表す（Scruggs et al., 1987）．

図 8.2 の架空データにおいて，基準となる従属変数の値（標的行動の出現率）は 58（%）となる．介入期において，この基準値 58 を下回ったデータポイント数は 10 である．介入期における総データポイント数は 11 だから，$PND = 10 \div 11 \times 100 \fallingdotseq 90.9$（%）と求められる．

③ ***PZD***　上記の *PND* は，基準値を少しでも下回れば効果があったと判断する指標である．しかし，従属変数が 0 になって（たとえば，問題行動がまった

く起こらなくなるようになって），はじめて効果があると見なせるような場合もあろう．そうしたことから考案された指標が PZD である．

PZD は percentage of zero data の略であり，以下の式で算出される．

$$PZD = \frac{（介入期内の 0 の数）}{\begin{pmatrix}介入期で初めて 0 になったデータ\\ポイント以降のデータポイント数\end{pmatrix}} \times 100 \ (\%)$$

PZD では介入期内で初めて 0 になったデータポイントを基準とし，それ以降のデータポイントの数を分母，その区間で 0 になったデータを分子として百分率で表す（Scotti et al., 1991）．そのため PZD は，PND よりも基準が厳しい指標であるといえる（Campbell, 2004；Scotti et. al., 1991）．

図 8.2 を見ると，介入期ではじめて標的行動の出現率が 0 になったのは 7 セッション目であり，それ以降のデータポイント数は 8 である．その 8 つのデータポイント（セッション）中，0 となったのは 6 であるため，$PZD = 6 \div 8 \times 100 = 75 \ (\%)$ となる．

④ **MBLR**（**mean baseline reduction**）　ベースライン期と介入期の平均値差をベースライン期の平均値で割って 100 を掛けたものを効果の指標とする（Campbell, 2004）．

$$MBLR = \frac{ベーススライン期の平均 - 介入期の平均}{ベースライン期の平均} \times 100 \ (\%)$$

表 8.3 より，$MBLR = (64.3 - 11.5) \div 11.5 \times 100 \fallingdotseq 82.1$ となる．

なお，上記で紹介した効果量の式は，すべて従属変数の減少によって介入効果を示している．したがって，従属変数の増加によって介入効果を示す場合は，式を変更する必要がある（たとえば，d は分子を（介入期の平均値－ベースライン期の平均値），とする）．また，各期のデータポイント数が 2 以下の場合や，ベースライン期がすべて 0（%）または 100（%）の場合は効果量を算出することができない．

表 8.4 に，図 8.2 のデータから算出した効果量の値をまとめた．たとえばPND では 90% 以上（Scruggs & Mastropieri, 1998），PZD では 80% 以上（Scotti

表 8.4 　図 8.2 のデータの効果量の値

d	PND	PZD	MBLR
3.3	90.9	75.0	82.1

et al., 1991）が，「介入が非常に効果的であった」と見なされる基準となる．

　一事例実験の効果量に関しては，本章で紹介した他にさまざまなものが存在する（e.g., Beretvas & Chung, 2008；Shadish & Rindskopf, 2007）．とりわけ，近年 PND を拡張したさまざまな効果量が開発されている．例えば，マ（Ma, 2006）による PEM（percentage of data exceeding the median），パーカーら（Parker et al., 2007）による PAND（percentage of all nonoverlapping data）やパーカーとハーガンバーク（Parker & Hagan-Burke, 2007）による IRD（improvement rate difference），パーカーら（Parker et al., 2011）による Tau-U などがある．これらの詳細については，ウォールリーら（Wolery et al., 2010）やパーカーら（Parker, et al., 2011）を参照されたい．しかし，一事例実験研究の結果を統合する最良の方法に関しては，未だコンセンサスが得られていない（Beretvas & Chung, 2008）．

　効果量による効果の判断に関して，たとえば PND や PZD は，本章 8.1.3 で紹介した「EBI のためのコーディングマニュアル」の「データポイントの重なりが最小限である」という視覚的判断基準を反映しているため，実践家にとって解釈しやすいと思われる．さらに算出方法が簡単である上に，効果の大きさの判断基準も提案されている（e.g., Scotti et al., 1991；Scruggs & Mastropieri, 1998）ため，使いやすい指標といえるだろう．ただし PND や PZD は，2 種類の介入方法で PND または PZD = 100% となった場合，どちらの介入方法がより効果的なのかわからないことや，1 つのデータポイントを基準に算出されるため，その基準が偶然「（従属変数に対して）良い値」となってしまった場合，介入効果を正しく評価できない等の問題点も指摘されている（e.g., White, 1987）．

　また，「EBI のためのコーディングマニュアル」にも掲載されている d 効果量は「レベル（平均的なデータポイントの値）が変化している」ほど大きな値を示すため，PND・PZD と同様に解釈しやすいと思われる．また，効果の大

きさについては，理論的には群比較実験の場合と同様，標準偏差いくつ分離れているかといった判断ができる（第7章参照）．しかし，一事例実験ではもともと効果量が大きく算出されやすい傾向にある（e.g., Maughan et al., 2005; Swanson & Sachse-Lee, 2000）ため，群比較実験で得られた効果量の値と直接比較することが可能とはいえない．従って，d を用いて効果の大きさを判断するためには，一事例実験用の判断基準を新たに設定していく必要がある[5]．

結局，どの効果量を用いたらよいかについては，複数の効果量を算出して結果を補完することが提案されている（e.g., Beretvas & Chung, 2008）．本章でも，図8.2のデータに対して4種類の効果量を算出し，どれも高い値であったことを確認した（もちろん，同じデータから算出される効果量によって，結果が異なるケースもあると思われるため「どの効果量を（組み合わせて）用いるか」の問いに関しては，引き続き検討されるべきである）．

群比較研究のメタ分析と比較して，一事例実験のメタ分析の歴史はまだ浅い．効果の大きさの評価に関しては，当面は慎重になされるべきであろう．

8.3 メタ分析の紹介――発達障害児者の示す行動問題に対する介入

ここでは，一事例実験を対象としたメタ分析の例として，対象児者の行動問題に対する介入効果を検討したメタ分析を紹介する．行動問題とは，自傷行動や他害，物壊しなどさまざまな行動上の問題をさす．これまで，こうした行動を示す人に対して，個人の尊厳や価値観を考慮せず，非人間的でその人にとって嫌悪的な手続きを用いて行動を低減することが多くあった．ノーマライゼーションや共生社会といった世界的な動きの中で，行動問題を示す人に対して，その人の権利や尊厳，生活の質を保証するうえでどのようなアプローチに効果があるのかということを検証することは緊急の課題であった．こうした課題を解決すべく，1988年に行われたレノックスら（Lennox et al., 1988）の論文を皮

---

[5] 一事例実験の効果の大きさを判断する基準を設定するために，たとえば論文から算出された効果量の分布のパーセンタイルにもとづいて，効果の大・中・小を示す試みがなされている（高橋・山田, 2008）．

切りに,「行動問題に対するアプローチとして,どんな介入を行った場合に効果が高いのかを明らかにする」といった共通の目的をもったメタ分析が2006年までに7本発表されている.表8.5には,これら7本のうち,6本のメタ分析研究について,その概要(効果量,分析手続き,結果,結論)を紹介している[6]).

それぞれの研究は相互に関連性を持ちつつ展開され,非嫌悪的な手続きを用いた場合の介入効果が客観的に示された.つまり,一事例実験のメタ分析により,「非人間的な方法,嫌悪的な方法を使わなくても行動問題の低減に効果のある方法はある」ということが明らかになったのである.さらに,こうした一連の研究が政府の要請のもとに行われたことも特筆すべきことであろう.このように,行動問題に対する介入効果を検討した一事例のメタ分析は,この研究領域の発展に大きく寄与したといえる.

次に,表8.5に示したメタ分析研究のなかで,3種類の効果量を扱ったキャンベル(Campbell, 2003)のメタ分析(研究⑤)を紹介する.

8.3.1 文献探索

PsycLit, ERIC, MedLine というデータベースと,16種類の雑誌を探索し,以下の基準を満たす研究を対象とした.

- 自閉症が対象となっていること
- 一事例実験を実施した研究であること
- ベースライン期と介入期があること
- 介入により,行動問題を低減させることを目的としていること

8.3.2 コーディング

参加者の情報,介入手続きについてコーディングを行っている.参加者の情報については,性別,IQ,知的障害の程度,言語能力の程度,診断基準となっているものの5種類である.介入手続きについては,標的行動,介入の種類,

---

6) スコッティら(Scotti et al., 1996)は表8.5の研究②に示した研究と同様の方法で分析期間を変えたメタ分析論文を発表している.表8.5ではこの論文を省略した.

機能的アセスメントの実施の有無，行動変容を試みているか否か，般化を試みているか否か，フォローアップデータの有無とその期間，実験デザイン，データ収集期間の8種類である．

8.3.3 効果量

効果量として用いたのは，MBLR, PND, PZD の3種類である．

また，4つに分類した介入のタイプ（嫌悪性の高い手続き[7]，ポジティブな手続き[8]，それぞれの組み合わせ，消去手続き[9]）ごとに効果量の平均値と標準偏差を算出している．

8.3.4 結果

分析対象とした論文数は117本，対象者は181名であった．

表8.6に，介入のタイプごとの効果量の平均値と標準偏差を示した．

表8.6について，キャンベルは，「介入のタイプ」により著しい効果量の違いは見られなかったとしている．つまり，どのタイプの手続きもそれほど効果量に差がなかったとして，キャンベルはさらなる分析を実施している．

その分析結果の一部は，表8.5のメタ分析研究⑤の結論に記されている．「実験的機能分析を実施している研究はそうでない研究よりもPZDが高い」「データの信頼性についての記載がある場合はない場合よりもPZDが高い」「介入期のデータ数が多いほどPZDが高い」といった，研究デザイン上の特徴にもとづいてメタ分析の対象となる研究を分類し，効果量の違いについて検討を行っている．

以上のように，本章では一事例実験のメタ分析を紹介してきた．一事例実験のメタ分析は，第7章までの群比較研究のメタ分析と似ているところもあるが

---

[7] 行動を低減するための直接的な手続き（ここでは，過剰修正やタイムアウトを用いたもの）

[8] 低減を目指す行動に対する直接的な手続きではなく，介入場面で生起する適応行動を増やすための手続き（ここでは，他行動分化強化や強化の非随伴性手続きを用いたもの）

[9] 低減を目指す行動に対する随伴手続きを行わないもの

表 8.5　行動問題に対するメタ分析一覧

メタ分析研究	①レノックスら (Lennox et al., 1988)	②スコッティら (Scotti et al., 1991)	③ディドンら (Didden et al., 1997)
分析対象となる 研究の出版年	1981-1985	1976-1987	1968-1994
論文数	162	403	482
対象者数	482	795	1451
用いられた効果量	MPE [i)]	PND, PZD	PND
分析手続き	・介入タイプごとに効果量の平均値の算出	・介入のタイプ，標的行動のタイプごとに効果量の平均値の算出	・標的行動の種類と介入のタイプの効果量のそれぞれの平均値および標準偏差を算出
分析結果	$90<MPE$ は 8.7% [ii)] $70<MPE\leq90$ は 43.5%	$99<PND$ は 33% $80<PZD$ は 25% $80<PND\leq99$ は 30% $55<PZD\leq80$ は 25%	$90<PND$ は 20% $70<PND\leq90$ は 38%
結論	・嫌悪性の低い介入ほど行動問題の低減に効果量が高い	・激しい行動問題ほど嫌悪性の高い介入を用いており，ほかに比べてPZDが高い ・適応行動の形成，行動問題の生起場面での介入，般化の査定，機能分析がそれぞれなされているとき，なされていないときに比べてPZDは高い	・外的破壊行動は社会的破壊行動や内的破壊行動問題よりPNDが低い [iii)] ・結果操作にもとづいた介入手続きがもっともPNDが高い ・機能分析を実施した場合はしなかった場合よりPNDが高い

i) Mean Percentage Effectiveness = 100 − (介入期の最後 50% のデータポイントの平均値÷ベースライン期の最後 50% のデータポイントの平均値)

ii) 分析対象としたデータのうちで，効果量がある値より大きかった論文の割合を示す．たとえば①では 90 より大きい MPE が得られた論文は全体の 8.7% であった．②〜⑥の介入効果についても同様．

iii) 外的破壊行動……物を壊す，社会的破壊行動……不適切な言語や社会性障害，内的破壊行動……自傷，常同行動，異食．

メタ分析研究	④カーら (Carr et al., 1999)	⑤キャンベル (Campbell, 2003)	⑥ディドンら (Didden et al., 2006)
分析対象となる研究の出版年	1985-1996	1966-1998	1980-2005
論文数	109	117	133
対象者数	230	181	119
用いられた効果量	MBLR3	MBLR, PND, PZD	PND, PZD
分析手続き	・MBLR 90以上の対象数の割合を介入のタイプごとに算出	・介入のタイプごとに効果量の平均値と標準偏差を算出	・対象者の性別や診断,介入のタイプ,実験デザイン,介入場面ごとに,効果量の平均値,平均順位,z値,標準偏差を算出
分析結果	MBLR>90 は 51.6%	MBLR の平均は 76% トータルの PND 平均は 84% トータルの PZD 平均は 43%	トータルの PND 平均は 75% トータルの PZD 平均は 35%
結論	・MBLR3 は PBS がもっとも高く,続いて結果操作にもとづいた手続き,刺激にもとづいた手続き	・実験的機能分析を実施している研究はそうでない研究よりも PZD が高い ・データの信頼性についての記載がある場合は,ない場合に比べて PZD が高い ・介入期のデータ数が多いほど PZD が高い	・AB デザインを用いた研究よりも ABAB デザインや多層ベースラインデザインを用いた研究の方が PND, PZD は高い ・記述的分析を用いた研究よりも機能分析を用いた研究の方が PND, PZD は高い ・データの信頼性についての記載がある場合は,ない場合に比べて PZD が高い ・般化の査定をしている場合には,していないものよりも PZD が高い

平澤(2009)を改変

表 8.6 介入のタイプによる効果量の平均値および標準偏差
(Campbell, 2003 より)

介入のタイプ	効果量		
	MBLR	PND	PZD
嫌悪性の高い手続き (n=21)	80.35 (23.36)	88.77 (22.34)	29.31 (38.34)
ポジティブな手続き (n=58)	73.62 (31.00)	81.06 (26.90)	42.39 (33.70)
組み合わせた手続き (n=28)	79.25 (31.06)	88.80 (20.45)	52.45 (38.00)
消去手続き (n=10)	77.06 (14.30)	82.29 (13.05)	47.19 (28.18)
全体 (n=117)	75.47 (28.56)	84.40 (24.80)	42.86 (35.59)

＊( )内が標準偏差

(メタ分析の手順など),群比較研究のメタ分析とは異なる独自性を持っている(提案されている効果量など)こともご理解いただけただろう.続く第9章では,さまざまなメタ分析の実例を紹介する.

引用文献

American Psychological Association Task Force. *Procedural and coding manual for review of Evidence-Based Interventions*. Retrieved May 6, 2011, from http://www.indiana.edu/~ebi/projects.html

Beretvas, S. N., & Chung, H. (2008). A review of meta-analysis of single-subject experimental designs：Methodological issues and practice. *Evidence-Based Communication Assessment and Intervention, 2*, 129-141.

Busk, P. L., & Serlin, R. C. (1992). Meta-analysis for single-case research. In T. R. Kratochwill, & J. R. Levin (Eds.), *Single-case research design and analysis：New directions for psychology and education*, pp. 187-212. Hillsdale, NJ：Lawrence Erlbaum Associates, Inc.

Campbell, J. M. (2003). Efficacy of behavioral interventions for reducing problem behavior in persons with autism：A quantitative synthesis of single-subject research. *Research in Developmental Disabilities, 24*, 120-138.

Campbell, J. M. (2004). Statistical comparison of four effect sizes for single-subject designs. *Behavior Modification, 28*, 247-260.

Carr, E. G., Horner, R. H., Turnbull, A. P., Marquis, J. G., Magito-McLaughlin, D., McAtee, M. L., Smith, C. E., Ryan, K. A., Ruef, M. B., & Doolabh, A. (1999). *Positive* behavior support for people with developmental disabilities: A research synthesis (AAMR Monograph). Washington, DC: American Association on Mental Retardation.

Deprospero, A., & Cohen, S. (1979). Inconsistent visual analysis of intrasubject data. *Journal of Applied Behavior Analysis, 12*, 573-579.

Didden, R., Duker, P. C., & Korzilius, H. (1997). Meta-analytic study on treatment effectiveness for problem behaviors with individuals who have mental retardation. *American Journal on Mental Retardation, 101*, 387-399.

Didden, R., Korzilius, H., van Oorsouw, W., & Sturmey, P. (2006). Behavioral treatment of challenging behaviors in individuals with mild mental retardation: meta-analysis of single-subject research. *American Journal of Mental Retardation, 111*, 290-298.

道城裕貴・松見淳子・井上紀子（2004）．通常学級において「めあてカード」による目標設定が授業準備行動に及ぼす効果　行動分析学研究 *19*, 148-160.

Edgington, E. S. (1995). *Randomization Tests* (3rd. ed.). New York, NY: Marcel Dekker.

南風原朝和（2001）．準実験と単一事例実験　南風原朝和・市川伸一・下山晴彦（編）心理学研究法入門：調査・実験から実践まで　東京大学出版会, pp. 123-152.

平澤紀子（2009）．発達障害者の行動問題に対する支援方法における応用行動分析学の貢献：エビデンスに基づく権利保障を目指して　行動分析学研究, *23*, 33-45.

Horner, R. H., Carr, E. G., Halle, J., McGee, G., Odom, S. L., & Wolery, M. (2005). The use of single-subject research to identify evidence-based practices in special education. *Exceptional Children, 71*, 165-179.

加藤哲史（2000）．行動問題．小出進（編）発達障害指導事典第2版　学研, pp. 184-185.

Kavale, K. A., Mathur, S. R., Forness, S. R., Rutherford, R. B., & Quinn, M. M. (1997). Effectiveness of social skills training for students with behavior disorders: A meta-analysis. In T. E. Scruggs & M. A. Mastropieri (Eds.), *Advances in learning and behavioral disabilities*, pp. 1-26. Greenwich, CT: JAI Press.

Lennox, D. B., Miltenberger, R. G., Spengler, P., & Erfanian, N. (1988). Decelerative treatment practices with persons who have mental retardation: A review of five years of the literature. *American Journal on Mental Retardation, 92*, 492-501.

Ma, H. H. (2006). An alternative method for quantitative synthesis of single-subject researches. *Behavior Modification, 30*, 598-617.

Mathur, S. R., Kavale, K. A., Quinn, M. M., Forness, S. R., & Rutherford, R. B. (1998).

Social Skills interventions with students with emotional and behavioral problems: A quantitative synthesis of single-subject research. *Behavioral Disorders, 23*, 193-201.

Matyas, T. A., & Greenwood, K. M. (1990). Visual analysis of single-case time series: Effects of variability, serial dependence, and magnitude of intervention effects. *Journal of Behavior Analysis, 23*, 341-351.

Maughan, D. R., Christiansen, E., Jenson, W. R., Olympia, D., & Clark, E. (2005). Behavioral parent training as a treatment for externalizing behaviors and disruptive behavior disorders: A meta-analysis. *School Psychology Review, 34*(3), 267-286.

中野良顯 (2004). 行動倫理学の確立に向けて：EST 時代の行動分析の倫理　行動分析学研究, *19*(1), 18-51.

Parker, R. I., & Hagan-Burke, S. (2007). Median-based overlap analysis for single-case data: A second study. *Behavior Modification, 31*, 919-936.

Parker, R., Hagan-Burke, S., & Vannest, K. (2007). Percent of all non-overlapping data (PAND): An alternative to PND. *The Journal of Special Education, 40*(4), 194-204.

Parker, R. I., Vannest, K. J., Davis, J., & Sauber, S. B. (2011). Combining nonoverlap and trend for single-case research: Tau-U. *Behavior Therapy, 42*, 284-299.

Scotti, J. R., Evans, I. M., Meyer, L. H., & Walker, P. (1991). A meta-analysis of intervention research with problem behavior: Treatment validity and standards of practice. *American Journal on Mental Retardation, 96*, 233-256.

Scotti, J. R., Ujcich, K. J., Weigle, K. L., Holland, C. M., & Kirk, K. S. (1996). Interventions with challenging behavior of persons with developmental disabilities: A review of current research practices. *Journal of the Association for Persons with Severe Handicaps, 21*, 123-134.

Scruggs, T. E., & Mastropieri, M. A. (1998). Synthesizing single subject research: Issues and applications. *Behavior Modification, 22*, 221-242.

Scruggs, T. E., Mastropieri, M. A., & Casto, G. (1987). The quantitative synthesis of single subject research: Methodology and validation. *Remedial and Special Education, 8*, 24-33.

Shadish, W. R., & Rindskopf, D. M. (2007). Methods for evidence-based practice: Quantitative synthesis of single-subject designs. In G. Julnes, & D. J. Rog (Eds.), *Informing federal policies on evaluation methodology: Building the evidence base for method choice in government sponsored evaluation*, pp. 95-109. San Francisco, CA：Jossey-Bass.

Swanson, H. L., & Sachse-Lee, C.（2000）. A meta-analysis of single-subject-design intervention research for students with LD. *Journal of Learning Disabilities, 33*, 114-136.

高橋智子・山田剛史（2008）．一事例実験データの処遇効果検討のための記述統計的指標について：行動分析学研究の一事例実験データの分析に基づいて　行動分析学研究, *22*, 49-67.

Wampold, B. E., & Furlong, M. J.（1981）. The heuristics of visual inference. *Behavioral Assessment, 3*, 79-82.

White, D. M., Rusch, F. R., Kazdin, A. E., & Hartmann, D. P.（1989）. Applications of meta-analysis in individual subject research. *Behavioral Assessment, 11*, 281-296.

White, O. R.（1987）. Some comments concerning "The quantitative synthesis of single-subject research". *Remedial and Special Education, 8*, 34-39.

Wolery, M., Busick, M., Reichow, B., & Barton, E. E.（2010）. Comparison of overlap methods for quantitatively synthesizing single-subject data. *The Journal of Special Education, 44*, 18-28.

ソーシャルスキル介入の効果に関する研究のコーディングシート例（研究レベル）

	項目	情報の種類	説明
	1 研究の識別番号	数値	各研究に固有の識別番号を与える（詳細は本書第4章を参照のこと）
	2 文献情報	文字	
	3 刊行のタイプ	カテゴリー	1. 本……
	4 出版年	数値	
対象者について	5 対象者数	数値	
	6 学年/年齢	文字	（適宜カテゴリー化）
	7 性別	カテゴリー	M/F
	8 所属	カテゴリー	1. 幼稚園・保育園……
	9 診断名	カテゴリー	1. PDD, 2. Autism Spectrum Disorder, 3. Down Syndrome, 4. Mental Retardation, 5. Developmental Disorder, 6. ADHD, 7. LD……
	10 IQ（MA）	カテゴリー	1. 重度（25〜20以下），2. 中度（25〜50），3. 軽度（50〜75），4. 境界（75以上），9. 記載なし
介入計画	11 実験デザイン	カテゴリー	1. BA, 2. ABAB, 3. ABC, ……
	12 セッション数	数値	
	13 般化測定	カテゴリー	1. 有，0. 無
	14 フォローアップの測定	カテゴリー	1. 有，0. 無
介入の性質	15 実験・介入手続き（独立変数）	カテゴリー	1. ロールプレイ，2. 対話スキル指導，3. 感情認知，4. セルフコントロール，5. ピアトレーニング，6. ソーシャルナラティブ，7. プロンプトのタイプ，8. 社会的強化……
	16 アセスメントの有無	カテゴリー	1. 事前　2. 事前・事後　3. 事後　0. なし
	17 （アセスメントについて）	カテゴリー・文字	（事前・事後アセスメントの内容・尺度の種類・アセスメントの評定者等に関して記述）
	18 プレ指導（トレーニング期）	カテゴリー	1. 有，0. 無
	19 他の指導	カテゴリー	1. 有，0. 無
	20 実験・介入者	カテゴリー	1. 親，2. 教師，3. 仲間（ピア），4. 参加者自身，5. 実験者……
	21 実験・介入場所	カテゴリー	1. 学級，2. 家庭，3. 療育機関，4. 大学（実験室），5. 病院……
	22 実験・介入場面	カテゴリー	1. 集団指導，2. 個別指導，3. ピア参加型指導……
	23 実験・介入頻度	文字	

ソーシャルスキル介入の効果に関する研究のコーディングシート例（効果量レベル）

	項目	情報の種類	説明
	1 研究の識別番号	数値	
	2 効果量の番号	数値	1つの研究から複数の効果量が計算されることもあるので，それぞれについて固有の数値を割り当てる
従属変数について	3 従属変数	カテゴリー	1. 協調的，肯定的関わり行動（非言語），2. コミュニケーション・言語，3. 自己統制，4. 集団参加，5. 発話内容……
	4 （従属変数の概要）	文字	研究で用いられた従属変数（標準化されている心理検査や，その他の指標）についての情報を記述する
	5 測定方法	カテゴリー	1. 直接行動観察，2. ビデオ記録……
	6 従属変数の属性	カテゴリー	1. 増加すべき，2. 減少すべき
効果量のデータ	7 効果量の記載	カテゴリー	1. はい，0. いいえ
	8 効果量算出のソース	数値	（効果量を計算する根拠となる情報が載っている論文中のページ）
	9 効果量算出に用いたデータファイル名	文字	（グラフのデータポイントを数値化したファイル）
	10 効果量算出に用いたベースライン期	数値	（たとえばABABデザインの場合，A1またはA2など）
	11 効果量算出に用いた介入期	数値	（たとえばABABデザインの場合，B1またはB2など）
	12 データポイント数（ベースライン期）	数値	（表内・項目10のデータポイント数）
	13 データポイント数（介入期）	数値	（表内・項目11のデータポイント数）
	14 平均（ベースライン期）	数値	（表内・項目10の平均）
	15 平均（介入期）	数値	（表内・項目11の平均）
	16 SD（ベースライン期）	数値	（表内・項目10のSD）
	17 SD（介入期）	数値	（表内・項目11のSD）
	18 算出した効果量：（複数種類の効果量を算出する場合）：	数値 数値	（算出した効果量の種類と値）

第9章
メタ分析の実例紹介

　本章では，メタ分析の実例を紹介する．領域や発表年度において多様なメタ分析を9つ選んだ．それらは以下の通りである（配列は公表年の順）．
　①心理療法の効果研究のメタ分析（Smith & Glass, 1977）
　②接触と感情：1968〜1987年に行われた研究の概観とメタ分析（Bornstein, 1989）
　③親の離婚と子どものウェルビーイング：メタ分析（Amato & Keith, 1991）
　④ごく短い表現的行動から対人行動の帰結を予測する：メタ分析（Ambady & Rosenthal, 1992）
　⑤パーソナリティの5因子モデルと職務満足：メタ分析（Judge, Heller, & Mount, 2002）
　⑥個人主義と集団主義を再考する：理論的仮説の評価とメタ分析（Oyserman, Coon, & Kemmelmeier, 2002）
　⑦発達障害児者の示す行動問題に対する介入効果におけるメタ分析（小笠原・朝倉・末永，2004）
　⑧宿題によって学力は向上するか？　1987〜2003年の研究の統合（Cooper, Robinson, & Patall, 2006）
　⑨パーソナリティ特性の平均水準の生涯にわたる変化のパターン：縦断研究のメタ分析（Roberts, Walton, & Viectbauer, 2006）
　紙数の制約もあるため，各論文（メタ分析）の内容すべてを網羅的に紹介しているわけではない．また，結果をまとめた表や記号の使い方などにも手を加えた箇所があり，原著メタ分析とかならずしも同じではない．しかし，それぞれの論文について，メタ分析の手順が見通せるように配慮してまとめてある．これらの実例を通じて，メタ分析の流れを具体的に実感してもらえたらと思う．

メタ分析論文の構成は，かならずしも一様ではない．たとえば，適格性基準について，文献収集の手順の説明より前に記述される論文もあれば，後ろで説明されているものある．論文によっては適格性基準（eligibility criteria あるいは inclusion and exclusion criteria）ということばも使われない．しかし，この章では，9つのメタ分析のそれぞれを「問題と目的」「適格性基準」「文献の探索・収集」「コーディング・統計的分析」「結果」という区分に統一してまとめた．本書の章立てに対応させると，「問題と目的」と「適格性基準」は第2章，「文献の探索・収集」は第3章，「コーディング・統計的分析の方法」は第4章から第6章，「結果」は第5章から第7章に関連している．（なお，＊を付した語は各紹介の末尾に用語解説を入れた．）

本章における紹介を通じて興味を惹かれたメタ分析があれば，ぜひ実際に入手して，読んでみてほしい．メタ分析論文のまとめ方の流儀がわかれば，論文中の要点をつかみやすくなるはずである．そうなれば，メタ分析は読みにくいものではないと感じられるだろう．

> ①スミスとグラス　1977年
> 「心理療法の効果研究のメタ分析」
> Smith, M. L., & Glass, G. V. (1977). Meta-analysis of psychotherapy outcome studies, *American Psychologist, 32*, 752-760.

問題と目的

本研究が行われた当時，心理療法・カウンセリングの有効性に関する論争が続いていた．心理療法の効果を検討する研究はすでに400近く存在し，心理療法の有効性を示すレビュー研究もいくつかあった．しかし，それらのレビュー研究が取り上げたのはごく一部の研究に限定されており，結論を導くのに用いた手法（投票法＊）にも問題があった．本研究の目的は，①カウンセリング，心理療法の効果を検証したすべての研究を特定，収集すること，②個々の研究における効果の大きさを決めること，③療法の種類ごとに効果を比較し，効果の大きさを研究の特徴（患者の診断名，治療者の訓練など）に関連づけることであった．

適格性基準

少なくとも1つの治療群を治療なしの統制群，あるいは別の治療群と比較した研究を選択した．研究計画の厳格さは適格性基準とはせずに，治療の効果と関係しうる特徴の1つとしてコーディングした．いろいろな種類の心理療法の中から，どれを対象に含めるかの選択は，メルツォフとコーンライヒ（Meltzoff & Kornreich, 1970）による心理療法の定義にもとづいて行った．

先行するレビューでは，治療の継続時間が限られる研究や治療者が十分訓練されていない研究などを除外している．しかし，多くの研究を恣意的に除外して価値があるかもしれない情報を失うよりも，治療の継続時間，治療者の訓練の程度，その他の変数と効果量の関係を調べる方が望ましいと判断して，本研究ではこれらの研究を残した．博士論文なども同様な理由から残し，研究の出所にもとづいて効果量の比較を行った．

文献の探索・収集

Psychological Abstracts, *Dissertation Abstracts* および文献中の引用文献リストを利用して1000の文書を探索・特定した後，その中から約500の文献を選び，375の研究を分析の対象とした．

コーディング・統計的分析

使われている結果変数は研究によって異なり（自尊感情，不安，学力など），1つの研究から複数の効果量を算出できることも多いが，それらを区別せずにすべての効果量を求めた．効果量としては，標準化された平均値差（治療群と統制群の平均値差を統制群の標準偏差で割ったもの．グラスの Δ．第5章参照）を用いた．論文中に各群の平均と統制群の標準偏差が記されていないときには，t や F の値をもとに効果量を計算した．改善した患者の割合が示されている場合には，プロビット変換[*]により効果量に変換した．効果量を算出するために必要な情報を文献から得られない場合には，著者に問い合わせた．

375の研究から得られた833の効果量を平均した．各研究につき複数の効果量を求めることは統計的には問題があるかもしれない．しかし，ここでは情報の損失を抑えることを重視した．「治療法の種類」「治療の継続時間」「治療者の経験年数」「患者の年齢」「患者のIQ」「治療者と患者の社会的，民族的類似性」「結果変数のタイプ」「結果変数の反応性（reactivity）」「結果変数が測定

表 9.1　結果変数の種類別にみた効果量

結果変数	平均効果量	効果量の個数
恐怖・不安の低減	0.97	261
自尊感情	0.90	53
適応感	0.56	229
学校/仕事の成績	0.31	145

されたのは治療の何カ月後か」「発表の形式（雑誌／図書／学位論文／未公表）」「研究計画（research design）の内的妥当性（高／中／低）」など，治療あるいは研究の特徴 16 をコーディングして，これらと効果量の関係を検討した．

結果

375 研究から求められた 833 の効果量の平均は 0.68 だった．効果量 0.68 は，統制群の 75 パーセンタイルに相当する．これは，心理療法，カウンセリングには効果があるといえる値である．なお，効果量の標準偏差は 0.67，歪度は 0.99，833 の効果量のうち負の値を示したものは 12% だった．

833 の効果量を，結果変数の種類あるいは心理療法の違いによって，それぞれ 10 個のカテゴリに分類した．表 9.1 は，10 種類中 4 つの結果変数について効果量の個数と平均をまとめたもの，表 9.2 は，10 種類の心理療法ごとに効果量の個数と平均をまとめたものである．

25 人の臨床家による評定を多次元尺度法によって分析し，10 種類の治療法を行動療法クラス（インプローシブ，系統的脱感作，行動変容）と非行動療法クラス（精神力動学，アドラー派，ロジャース派（来談者中心），論理情動，折衷派，交流分析など）に大別した．そして，クラス別に求めた効果量をさまざまな角度から分析した結果，両クラスの効果には実質的な差異はないと結論された．

効果量は，患者の IQ（0.15），治療者と患者の類似性（−0.19），結果変数の反応性（0.30）などと相関があり，いろいろな変数を集めると効果量との重相関は 0.70 にもなる．精神力動学，系統的脱感作，行動変容のそれぞれについて，診断（精神病か神経症か），知能，変換された年齢，治療者の経験×精神

表9.2 心理療法の種類別にみた効果量

心理療法	平均効果量	効果量の個数
精神力動学	0.59	96
アドラー派	0.71	16
折衷派	0.48	70
交流分析	0.58	25
論理情動	0.77	35
ゲシュタルト	0.26	9
来談者中心	0.63	94
系統的脱感作	0.91	223
インプローシブ	0.64	45
行動変容	0.76	132

病，治療者の経験×神経症などを独立変数，結果変数を従属変数とする重回帰分析を行ったところ，治療法ごとに偏回帰係数の値に違いが見られた．

コメント

先駆的かつ古典的なメタ分析である．第3章でも紹介したように，データベースが整備されていない時代に，非常に苦労して文献を探索・収集した様子がハントに紹介されている（Hunt, 1997）．統計的な方法についても，最近のメタ分析と比べると洗練されているとはいえない．しかし，現在に通じるメタ分析の原型を，すでにはっきりと見て取ることができる．標準化された平均値差を用いて研究全体における効果量平均を求め，心理療法の有効性を示したことで有名な研究だが，さまざまな調整変数についての分析も試みられている．研究の質を問わなかったことから「ゴミを入れてもゴミしか出ない（garbage in, gabage out）」との批判を，結果変数の種類や心理療法の違いを無視して多様な研究をまとめたことから「リンゴとオレンジ問題（apples and oranges problem）」と呼ばれる批判を招いたことでも有名である（これらの批判については，第1章および第2章を参照）．

Hunt, M. M.（1997）. *How science takes stock*：*The story of meta-analysis*. New York, NY：Russell Sage Foundation.

用語解説

投票法（voting method）：票数カウント法（vote-counting method）と呼ば

れることが多い．複数の研究の結果のうち，有意であったものの個数を数え上げることで，全体における有意性検定の結論を求める．しかし，母集団平均にほんとうは差があっても，母集団効果量が大きくないときやサンプルサイズが小さいときには，有意な結果が得られにくい（統計学の用語では「検定力が低い」）．このため，「有意ではない」が多数になる可能性が高くなる．

プロビット変換（probit transformation）：結果変数を連続変数で表した研究と2値変数としてまとめた研究が混ざっているとき，効果量として標準化された平均値差を使うために，2値変数の結果を変換することが多い．プロビットとは，割合pを標準正規分布上のz値に変換したもののことである（たとえば$p=0.5$のプロビットは$z=0$である）．2群のそれぞれについて求めたプロビットの差は，標準化された平均値差の推定値として使われる．

>②ボーンシュタイン　1989年
>「接触と感情：1968-1987年に行われた研究の概観とメタ分析」
>Bornstein, R. F. (1989). Exposure and affect: Overview and meta-analysis of research, 1968-1987, *Psychological Bulletin*, *106*, 265-289.

問題と目的

特定の刺激に単にくり返し接触するだけで，その刺激に対する好感度や親近感が増大するという現象は，単純接触効果（mere exposure effect）と呼ばれる．単純接触効果についてのザイアンスの研究（Zajonc, 1968）は画期的なもので，それ以降の20年間に，接触―情動の関係について200以上の実験を報告する130以上の論文が発表された．それらの論文を対象として，接触の持続時間，接触の最大回数，被験者の年齢などの変数が接触効果の大きさに与える影響を検討し，接触効果の仕組みを説明するための種々の理論がどの程度支持されるのかを評価することが，このメタ分析の目的である．

適格性基準

以下のような適格性基準のもとで，文献が収集された．
- ザイアンスの研究が発表された1968年から1987年までの20年間に発表された研究．
- 視覚刺激や聴覚刺激の単純接触による変化を調べた実験に限定する．嗅覚

刺激や味覚刺激は接触の持続時間や刺激の複雑さなどの統制が難しく，また刺激接触自体が強化となり単純接触の定義に反しかねないなどの理由からメタ分析には含めない．
・社会的場面での親近性効果研究は，接触あるいは評価の段階で何らかの強化を含む可能性があるため，メタ分析の対象から除外する．
・乳幼児の選好注視研究はメタ分析の対象から除外する．
・被験体が人間である研究に限定し，それ以外はメタ分析の対象から外す．

文献の探索・収集

Psychological Abstracts によって，1968〜1987年の間に公表された人間を対象とする単純接触効果に関する研究を探索したほか，*Psychological Abstracts* に載せられていない研究を探すために *PsycINFO* も併用した．探索のために用いられた検索語は以下の通りである．*mere exposure, exposure effects, exposure-affect, familiarity-affect, familiarity effects, stimulus frequency-affect, stimulus duration-affect, stimulus complexity-affect, stimulus interval-affect, novelty-affect, novelty effects*．また，見つかった論文で引用されている論文のうち，1968〜1987年の間に発表されたものも収集した．

コーディング・統計的分析

接触効果研究では，2つの量的変数（たとえば，刺激の接触回数と刺激に対する好感度）間の関係が分析されることが多い．そこで，効果量として相関係数 r を採用した．134論文で報告された独立な208の研究から効果量を算出したのち，それらの r を統合した．また，刺激のタイプ，刺激接触と評価の間の遅延の量，刺激接触の最大回数，刺激接触の持続時間，被験者の年齢などの観点から研究をカテゴリ分けして，カテゴリ別に効果量を計算し，それらの変数が接触効果に与える影響を検討した．そのほかに，ストゥーファー法*によって p 値を統合し，フェイルセーフ N を計算した．

結果

208個の独立な効果量の最小値は -0.81，最大値は 0.93．多くは0から0.6の間で，ほぼ対称で正規形に近い分布をしていた．208個の効果量を統合したところ $r = 0.260$，統合された z は 20.80（$p < 0.0000001$）でフェイルセーフ N は33,047であった．単純接触効果の効果量はコーエンの基準に照らすと大き

表 9.3 「刺激のタイプ」別に求められた効果量

刺激のタイプ	独立な効果量の個数	統合された効果量 (r)	統合された z	p 値	フェイルセーフ N
音声	22	0.239	6.00	<0.0000001	271
表意文字	23	0.220	9.11	<0.0000001	682
無意味語	32	0.239	10.63	<0.0000001	1304
絵	38	−0.030	−1.71	0.05	3
写真	20	0.367	9.28	<0.0000001	616
有意味語	41	0.486	13.49	<0.0000001	2716
多角形	16	0.413	8.00	<0.0000001	362
実際の人・物	16	0.198	4.65	0.000003	112

表 9.4 「接触の持続時間」別に求められた効果量

接触の持続時間（秒）	独立な効果量の個数	統合された効果量 (r)	統合された z	p 値	フェイルセーフ N
<1	18	0.407	8.78	<0.0000001	495
1-5	66	0.162	10.59	<0.0000001	2669
6-10	20	0.065	2.12	0.017	13
11-60	24	0.103	2.69	0.004	40
>60	11	0.107	2.40	0.008	12

いとはいえないが，頑健で信頼できるものだといえる．

そのほかに，このメタ分析では，各研究の刺激のタイプ，刺激接触と評価の間の遅延の量，刺激接触の最大回数などの観点ごとに求められたカテゴリ別効果量の分析など，さまざまな比較・検討を行っているが，以下ではその一部についての結果を記す．

「刺激のタイプ」については，表 9.3 のとおり，刺激のタイプが絵であるときを除き，どのタイプでも一貫して明確な正の接触効果が認められた．

「接触の持続時間」については，表 9.4 のとおり，接触時間が長くなると接触効果が弱くなること，接触時間が 1 秒未満のときに強い接触効果が見られることが示された．

閾下接触（被験者が対象刺激を意識できないくらい短時間の接触のこと）を

用いた9つの研究から得られた効果量を平均したところ，単純接触効果の研究すべてにおける平均効果量（$r=0.260$）よりもずっと高い $r=0.528$ という値が得られた．このことより，刺激の認知は接触効果を生じさせるために不要であるどころか，逆に効果を低減させる可能性があることが示唆された．

コメント

このメタ分析では，文献探索に PsycINFO が使われている．*Brief history of PsycINFO* と題されたサイト（http://ahp.apps01.yorku.ca/?p=914）によると，*Psychology Abstracts* を電子化した PsycINFO は，早くも1967年に誕生していたという．しかし，最初のころは収録件数も少なく利用者側のコンピュータ環境も十分に整っていなかったため，初期のメタ分析の文献探索では，冊子体の *Psychological Abstracts* などが主として使われていた．その後，収録件数は増え続け，本メタ分析が発表された1989年には，年間5万2442件の要旨が収録されるに至っている．

用語解説

ストゥーファー法（Stouffer method）：複数の研究から得られた p 値を結合して，それらの研究全体を通しての p 値を求める方法の1つ．それぞれの p 値をいったん z に換算して足し合わせ，研究の個数の平方根で割る．このようにして得られた z の平均にもとづいて p 値を求める．

---

③アマトとキース　1991年

「親の離婚と子どものウェルビーイング：メタ分析」

Amato, P. R. & Keith, B. (1991). Parental divorce and the well-being of children：A meta-analysis, *Psychological Bulletin, 110,* 26-46.

問題と目的

1950年代以降，アメリカでは親が離婚した子どもの数が急増している．親の離婚が子どもの発達やウェルビーイングに与える影響が公的・科学的に懸念され，多くの質的なレビューが行われているが，それらの結果は必ずしも一致していない．このメタ分析の目的は，①子どものウェルビーイングに及ぼす離婚の影響の程度，②効果量の変動を説明する研究特性，③離婚を経験した子どもへの影響に関連すると思われる3つの理論的展望（親の欠如，経済的不利，

家庭内不和)[1],について検討することである.

適格性基準

適格性基準は,以下の4つである.①「親の離婚・別居により片親のもとで暮らす子ども」「両親のもとで暮らす子ども」両方のサンプルを含むこと.②ウェルビーイングの量的指標を少なくとも1つ含むこと.③少なくとも1つの効果量を算出できること.④両親の離婚を経験した子どもを対象とすること(大学生は含むが,成人は除外).これらの基準を満たした研究は92,子どもの人数の合計は1万3000人以上であった.

文献の探索・収集

文献収集は,① *Psychological Abstracts, Sociological Abstracts, Social Sciences Index* を用いた手作業による検索,②コンピュータを用いたデータベース検索,③レビュー論文の引用文献リストを用いた検索という3つの方法で行われた.

コーディング・統計的分析

ウェルビーイングの測定指標を,以下の8つのカテゴリのいずれかにコーディングした.これらのカテゴリは,離婚に関連する研究で頻繁に見られ,レビュー論文で議論されている結果を反映したものである.(a)学業達成(標準学力テスト,成績評定,教師の評価,知能指数),(b)行為(不作法,攻撃,非行),(c)心理的適応(抑うつ,不安,幸福感),(d)自己概念(自尊感情,知覚された有能感,内的統制の所在),(e)社会的適応(人望,孤独,協調性),(f)母子関係(愛着,援助,協調性の質),(g)父子関係,(h)その他.また,効果量の変動要因を探すことがこのメタ分析の目的の1つであるため,研究特性に関する以下のコーディングを行った.サンプルの収集方法,サンプルサイズ,従属変数の測定指標(単一項目・複数項目),統計的な統制(調整変数,対象者のマッチング)の有無,従属変数の報告者.男女構成,各群の平均年齢

---

1)「親の欠如」の観点からは「親の死(または親の喪失)を経験した子どもは,両親の離婚を経験した子どもと同様の問題を示す」,「経済的不利」の観点からは「収入を調整変数とすれば,離婚を経験した子どもとそうでない子どもとでウェルビーイングに差はない」,「家庭内不和」の観点からは「両親の対立が激しい家庭の子どもは,両親の離婚を経験した子どもと同様の問題を示す」等の仮説が導出される.

段階，子どもが両親と暮らせなくなった平均年数，データを収集した年（記載がない場合は論文発表年 − 2 年），研究が実施された国.

効果量としては，標準化された平均値差が用いられた．標準化された平均値差を算出するための値（2 群の平均，標準偏差）が論文内に記されていないときには，ヘッジスとオルキン（Hedges & Olkin, 1985）*にしたがって，t 値，F 値，相関係数を効果量に変換した．百分率の差についてはプロビット変換によって効果量に変換した．また，p 値のみが掲載されていた場合は p 値と自由度を用い，検定結果が有意ではないという記述のみの場合は，p 値を 0.5 として検定統計量を算出した．1 研究中に，同じウェルビーイング側面内の複数の従属変数がある場合には，効果量を平均することで，1 つの群間比較につき 1 つの効果量を記録した．

2 人の著者が独立にコーディングした 80 の結果から算出した κ（カッパ）係数は 0.84 で，比較的高い一致だといえる．5 つの論文から得られた 27 効果量の相関係数は 0.98 であった．不一致については，2 人の著者で協議して解決した．

結果

全体の効果を検討するために，独立した 284 の効果量を用いた．効果量の平均は −0.17，中央値は −0.14 であった．個々の効果量に対する有意性検定の結果，23% が有意にネガティブ（両親の離婚を経験した群のウェルビーイング側面の平均値がそうでない群よりも低い）であった一方，有意にポジティブはわずか 2% であった．平均効果量は「その他」以外の領域ではすべて負であり，かつ有意であった．有意なすべての効果量についてフェイルセーフ N が大きく，結果は頑健である（表 9.5）．

効果量の変動を検討するために行った等質性検定や，重み付き重回帰分析の結果，方法論的に洗練されていない研究（統計的な統制をしていない，研究便宜上のサンプルを用いている，サンプルサイズが小さい，従属変数を単一項目で測定している）が，離婚の影響を過大評価する可能性が示唆された．さらに，1950〜1960 年代に実施した研究の方が近年のものよりも大きな影響を示す傾向にあった（表 9.6 に一部の例を示した）．

最後に，3 つの理論的展望に関して検討した結果，家庭内不和から導出され

表 9.5 ウェルビーイングの領域別に求められた効果量

ウェルビーイングの領域	独立な効果量の個数	平均効果量	フェイルセーフ N	Q_T
学力	39	−0.16*	855	85.6*
行為	56	−0.23*	3474	221.5*
心理的適応	50	−0.08*	464	98.6*
自己概念	34	−0.09*	111	87.2*
社会的適応	39	−0.12*	506	219.4*
母子関係	22	−0.19*	212	86.8*
父子関係	18	−0.26*	456	73.0*
その他	26	0.06		51.0*

* $p<0.001$

表 9.6 データが集められた年別の平均効果量 (3 領域のみ)

ウェルビーイングの領域	独立な効果量の個数	平均効果量	Q_B	Q_W
学力			5.1	
1950-1969	9	−0.23***		36.8***
1970-1979	17	−0.14***		28.2*
1980-1989	13	−0.12***		15.5
行為			22.7***	
1950-1969	14	−0.32***		109.8***
1970-1979	19	−0.17***		25.7
1980-1989	23	−0.18***		63.3***
心理的適応			3.4	
1950-1969	9	−0.03		40.2***
1970-1979	18	−0.10***		23.5
1980-1989	23	−0.10***		31.5

た仮説を支持する結果が最も強力であった．たとえば，両親の間で激しい衝突が生じている家庭と，両親が離婚した家庭の子どもたちのウェルビーイングの側面を比較した結果，家庭内で激しい衝突のある子どもたちの方が低いウェルビーイングを示した．しかし，どれか1つの展望がすべての影響を説明するというよりも，離婚が子どもに影響を及ぼすメカニズムを完全に理解するために

は，親の欠如，経済的不利，家庭内不和のすべてを考慮することが必要であることが明らかとなった．

解説とコメント

ヘッジスとオルキン（1985）とは，Hedges, L. V., & Olkin, I. (1985). *Statistical methods for meta-analysis*. Orlando, FL：Academic Press. のこと．メタ分析に関する統計的手法についての定評ある解説書で，メタ分析を行う研究者の多くが依拠している．

表9.6のQ_Bは第6章（142ページ）の$Q_{研究群間}$のことである．たとえば，学力についての$Q_{研究群間}$ = 5.1である．また，学力についての3つのQ_wの合計（36.8 + 28.2 + 15.5）は142ページにおける$Q_{研究群内}$に相当する．$Q_{研究群間}$ + $Q_{研究群内}$が表9.5のQ_T（85.6）になる．

---

④アンバディとローゼンタール　1992年
「ごく短い表現的行動から対人行動の帰結を予測する：メタ分析」
Ambady, N. & Rosenthal, R. (1992). The slices of expressive behavior as predictors of inter personal consequences：A meta-analysis, *Psychological Bulletin*, *111*, 256-274.

問題と目的

人の評価は30秒で決まるか？　アンバディとローゼンタールは，ごく短い表現的行動（thin slices of expressive behavior）の観察がどれくらい正確に人物を予測するのかを確かめるためにメタ分析を行った．メタ分析の目的は，①表現的行動の短い観察から正確な予測ができるのか，②予測はどれくらい正確か，③予測がより正確な行動のチャンネル（behavioral channels）はあるのか，といったことである．

適格性基準

100を超える研究が集まったが，次の基準を満たす研究をメタ分析に含めることとした．

・行動観察の時間は300秒を超えないこと．同一被験者に複数の観察がされている場合は合計が300秒を超えないもの．論文中に観察時間の記載がないものは除外する．

・短い行動の評価と関連づけられる基準変数は，外的な客観的な行動基準に基づくものか，専門家による評価であること．自己報告による評価は含めない．

・p 値と効果量を推定するために必要な情報を含んでいること．

44 の研究が適格性基準をすべて満たした．いくつかの研究では同じ被験者が用いられていたため，それらをまとめて最終的に 44 の研究から 38 の独立した結果が得られた．

文献の探索・収集

文献探索のために 4 つの方法が用いられた．① *Psychological Abstracts* を用いたコンピュータによる検索．*accuracy, deception, nonverbal behavior* を検索語として用いた（しかし，この方法はあまり有効ではないことが明らかになる）．②以下の学術雑誌についての手作業による検索（1970～1990 年に出版されたものを対象とした），引用された雑誌や本も対象とした．*European Journal of Social Psychology, Journal of Abnormal Psychology, Journal of Applied Social Psychology, Journal of Clinical Psychology, Journal of Communication, Journal of Consulting and Clinical Psychology, Journal of Counseling Psychology, Journal of Educational Psychology, Journal of Experimental Social Psychology, Journal of Nonverbal Behavior, Journal of Personality and Social Psychology, Personality and Social Psychology Bulletin*．③関連する論文や本の参考文献リストから探した出版物（特に 1970 年以前のもの），④この研究に関連する，自分たちの出版前，未公表の原稿のファイル．

コーディング・統計的分析

被験者と評価者に関するコーディングは，(a) 被験者の人数，(b) 女性の被験者の割合，(c) 被験者は，大学生，大学生以外，子どものいずれか，(d) 被験者の行動は自然に発生するものか，実験的に操作されたものか，(e) 評価者の人数，(f) 女性の評価者の割合．研究に関する一般的な情報として，(a) フィールド研究か実験室的研究か（このカテゴリは，被験者に関するコーディングの (d) と重なる部分もある），(b) 臨床心理学，社会心理学，うその心理学のいずれに分類されるか，(c) 研究の出版年，(d) 公表のタイプ．研究に関する個別の情報として，(a) 評定に用いるクリップの数[2]，(b) 評価者が

表 9.7 観察時間の違いと効果量

観察時間	標本の個数	z	r
0-30 秒	7	5.50	0.33
30-60 秒	7	10.38	0.44
60-120 秒	16	15.03	0.39
120-180 秒	1	5.12	0.24
180-240 秒	3	12.28	0.39
240-320 秒	4	5.28	0.45

評価するクリップの数,(c) 個々のクリップの長さ,(d) 各被験者についての総観察時間,(e) ノンバーバルな行動のみか,バーバル・ノンバーバルの行動両者が用いられたか,(f) 行動のチャンネル(表情,体の動き,スピーチ,声のトーン,発話の内容,これらを組み合わせたもの).

　効果量として,行動観察の評定と基準変数との関連の強さを示す相関係数が用いられた.独立性を担保するために,効果量は 1 つの研究から 1 つずつ記録される.1 つの研究に複数の結果がある場合,従属変数間の相関を使えるときには,ローゼンタールとルビン(Rosenthal & Rubin, 1986)の公式を用いて 1 つの効果量を推定し,そうでないときには複数の効果量を平均した.このほかに,(a) 効果の方向,(b) 行動のチャンネルごとに効果量を計算したものをコーディングした.メタ分析の方法は,ローゼンタール(Rosenthal, 1984)*で紹介された手続きを用いた.

結果

　平均効果量は 0.39 であった(重み付き平均効果量は 0.41 となる).これは統計的に有意な結果となる($z = 22.56, p < 0.1$[112]).この有意で大きな効果量の値は,非常に短い行動観察から極めて正確に人物を評価できるということを意味している.引き出し問題(file drawer problem)について,有意でない結果を得るためには,7110 の未公表の研究を追加する必要があることを示している.

　観察時間の違いにより効果量の値が異なるかについては,表 9.7 よりどのカ

---

2) クリップとは,ビデオクリップのように,表現的行動(expressive behavior)を評価させるために用意した刺激の単位のこと.

テゴリでも効果量の値は非常に近い（線形対比による検定も有意にならない）．このことより，観察時間が長くなっても，評価の正確さは増加しないことがわかった．30秒以下の観察と，他の5つのカテゴリを比較しても，効果量の値に有意差はなかった．このことから，30秒以下という非常に短い行動の観察による評価は，もっと長い時間（5分まで）の観察にもとづく評価と同じくらい正確であることがわかった．

解説とコメント

ローゼンタール（1984）とは，Rosenthal, R. (1984). *Meta-analytic procedures for social research*. Beverly Hills, CA：Sage. のこと．当時を代表するメタ分析の教科書で，メタ分析を行う多くの研究者に使われた．ローゼンタールは，本メタ分析の第2著者でもある．第1著者のアンバディは，大学院時代にローゼンタールの指導を受けた研究者である．スミスとグラスのメタ分析のところで挙げたハントの本（Hunt, 1997）の5章に，このメタ分析の計画と実行の経緯が紹介されている．

> ⑤ジャッジ，ヘラーとマウント　2002年
> 「パーソナリティの5因子モデルと職務満足：メタ分析」
> Judge, T. A., Heller, D., & Mount, M. K. (2002). Five-factor model of personality and job satisfaction：A meta-analysis, *Journal of Applied Psychology*, *87*, 530-541.

問題と目的

職務満足に対するパーソナリティの影響には，すでに1930年代から関心が向けられてきた．とくに1980年代後半以降，職務満足とパーソナリティ特性の関連が活発に研究され，研究結果を統合する必要性が高まった．これまでに行われたメタ分析では，肯定的感情（positive affectivity）—否定的感情（negative affectivity）の2類型によるパーソナリティと職務満足との関連が報告されている（Connolly & Viswesvaran, 2000）．一方で，今日パーソナリティを記述する枠組みとして，ビッグファイブ（Big Five）モデルが広く用いられている．そこで，このメタ分析ではビッグファイブの各特性，すなわち，情緒不安定性（neuroticism），外向性（extraversion），開放性（openness to experience），

調和性（agreeableness），誠実性（conscientiousness）と職務満足の関連を調査する．また，研究デザインや尺度が調整変数となるかについても検討を行う．先行研究の結果を踏まえて，ビッグファイブと職務満足との間に，以下のような関連を予想した．

・情緒不安定性は，職務満足と負の関連がある．
・外向性・誠実性は，職務満足と正の関連がある．
・調和性は，仕事で他者とうまくやる動機づけが存在する場合，職務満足と正の関連がある．
・開放性については，職務満足と関連があるとは思われない．

適格性基準

以下のような適格性基準のもとで，文献が収集された．① 1887年から2000年までに発表された研究．②ビッグファイブ特性と個人の職務満足の関係に関する研究．ビッグファイブについては，一部の例外を除きバリックとマウント（Barrick & Mount, 1991）の分類に従う．ビッグファイブとして分類できなかった特性（場依存性，マキャベリズムなど），タイプAなど類型論にもとづく研究はメタ分析の対象から外した．③正常な成人の職業従事者を対象とした研究であること．軍隊や実験場面でデータを集めた研究は，メタ分析の対象から外した（このメタ分析では，通常の自然な職業場面での職務満足に関心を向けているため）．

文献の探索・収集

データベース *PsycINFO* を用いて，1887～2000年に発表された，ビッグファイブと職務満足の関係についての研究（論文，本の中の章，学位論文，未公表の報告書）を検索した．探索のために用いられた検索語は以下の通りである．*personality, big five, agreeableness, conscientiousness, extraversion, openness to experience, neuroticism*．また，バリックとマウントのレビュー論文（Barrick & Mount, 1991）に掲載されていた特性や尺度も追加して検索が行われた．

コーディング・統計的分析

対象研究で用いられたパーソナリティ尺度をビッグファイブの各特性に分類した．分類作業はバリックとマウント（Barrick & Mount, 1991）の分類にもと

表9.8 パーソナリティ特性と職務満足の関連性

ビッグファイブ特性	効果量の個数	推定された真値 ρ	SDρ	90%CI		80%CV	
				下限	上限	下限	上限
情緒不安定性	92	−0.29	0.16	−0.33	−0.26	−0.50	−0.08
外向性	75	0.25	0.15	0.22	0.29	0.06	0.45
開放性	50	0.02	0.21	−0.05	0.08	−0.26	0.29
調和性	38	0.17	0.16	0.12	0.22	−0.03	0.37
誠実性	79	0.26	0.22	0.21	0.31	−0.02	0.55

づき，6名の専門家によって行われた．

効果量として相関係数 r を採用した．82の論文と53の学位論文で報告された，独立な163の標本から334の効果量を抽出した．それらに対してハンターとシュミット（Hunter & Schmidt, 1990）の方法によりアーティファクトの修正（第6章参照）を行い，ビッグファイブの各特性について効果量を統合した．また，それらの90%信頼区間（90%CI）と80%確信区間（80%CV）*を算出した．さらに，職務満足の推定値を目的変数，ビッグファイブ特性の推定値を独立変数とする重回帰分析を行った．

また，調整変数の候補とした①研究デザイン（横断・縦断研究），②ビッグファイブの測定（直接的・間接的，明らかにビッグファイブ特性を測定しているか否かを分類），③職務満足の測定（尺度の種類を6種類に分類）ごとに効果量を統合した．

結果

表9.8からわかるように，職務満足ともっとも強い相関を示したのは，情緒不安定性であった（負の相関）．情緒不安定性と外向性については信頼区間と確信区間の両方が0を含まなかったが，調和性と誠実性については，90%信頼区間は0を含まないが，80%確信区間が0を含んでいた．このことから，相関は有意だといえるものの，10%程度の研究で調和性あるいは誠実性と職務満足との相関が0ないし負になると考えられた．また，開放性と職務満足の相関は有意でなかった．このメタ分析に含まれる研究のサンプルサイズは5から2900までと大きく異なっており，サンプルサイズによる通常の重み付けだとサンプルサイズが大きい少数の研究が他を圧する影響を持つと考えられた．

そこで，ハフカットら（Huffcutt et al., 1996）の方法による重み付け（サンプルサイズが75以下の研究に重み1，75〜200の研究に重み2，200を超える研究に重み3を与える）も行った．その結果，ハフカットらの重み付けによる推定の絶対値が若干大きかったが，目立った差は見られなかった．重回帰の結果，2通りの重みのいずれを用いた場合にも，情緒不安定性，誠実性，外向性の係数が有意で，重相関係数も有意で高い値（サンプルサイズによる重み付けで0.41，ハフカットらの重み付けで0.43）が得られ，ビッグファイブ特性と職務満足の関連が示された．

調整変数については，どの変数にも有意な差が見られなかった．今回は検討できなかったが，職務満足の諸側面が調整変数になる可能性がある．

解説

確信区間：母数（母集団効果量）の値を区間で推定し，その区間に確率を与える方法を区間推定という．伝統的な統計学における区間推定法が信頼区間（confidence interval）であり，90%信頼区間とは90%の確率で母集団効果量を含むように構成された区間である（信頼区間については第6章参照）．これに対して，確信区間（credibility interval）は，ベイズ統計学における区間推定法である．母数を不可知の定数と考える伝統的な統計学と違い，ベイズ統計学では，母数が確率的に変動すると考える．データをとった後で求められる母数の分布を事後分布と呼ぶが，80%確信区間とは母集団効果量の事後分布の中心部80%の区間である．信頼区間または確信区間のいずれか一方を報告するメタ分析が多いが，本メタ分析では，その両方を記載している．ベイズ統計学については，渡部（1999）などを参照のこと．

> ⑥オイザーマン，クーンとケメルマイア　2002年
> 「個人主義と集団主義を再考する：理論的仮説の評価とメタ分析」
> Oyserman, D., Coon, H. M., & Kemmelmeier, M. (2002). Rethinking individualism and collectivism: Evaluation of theoretical assumptions and meta-analysis. *Psychological Bulletin, 128*, 3-72.

問題と目的

ヨーロッパ系アメリカ人は，他のどの社会の人々と比べても，より個人主義

的であり，集団主義的傾向は弱いと信じられてきた．しかし，この仮説は，これまで系統的に検証されてはいない．本研究は，理論的なレビューとメタ分析という2つの違ったアプローチから，個人主義（individualism）と集団主義（collectivism）の問題に取り組んでいる．ここで紹介するのは，「ヨーロッパ系アメリカ人は，他の社会の人々と比べて，個人主義傾向が強く，集団主義傾向が弱いというのは本当なのか？」という疑問に答えるために行われたメタ分析の部分である．

適格性基準

個人主義と集団主義について，ヨーロッパ系アメリカ人を他の集団と比較した研究のうち，1980年以降に英語で発表された研究を対象とする．ここで，アメリカ人（American）というときには，カナダと合衆国の人を含んでいる．1980年以降の研究に限定した理由は，このころ以降，個人主義と集団主義に関する心理学研究が急増したことと，文化枠（cultural frame）について大きな影響力を持ち，個人主義に焦点を当てたホフステード（Hofstede）の著作（*Culture's consequences*）の出版が1980年だったことにある．

文献の探索・収集

まず，電子化されたデータベース（*PsycINFO, ERIC, Dissertation Abstracts International* など）を利用して，1980年から1999年の間に刊行された文献を探索した．探索に用いた検索語は，*individualism, collectivism, independence, interdependence, self-construal, allocentrism, idiocentrism* である．つぎに，未公表あるいは印刷中の研究を探すために，専門家のメーリングリストを利用した．このようにして，83の研究が入手された．

コーディング・統計的分析

個人主義と集団主義のそれぞれについて，アメリカ人を世界各地の他の民族と比べた研究と米国内で民族・人種差を比較した研究を別々にまとめた．

効果量としては，標準化された平均値差（ヨーロッパ系アメリカ人と他の集団との平均値差を，プールされた標準偏差で割ったもの）を採用した．サンプルサイズが小さい研究も含まれていたので，ヘッジスとオルキン（Hedges & Olkin, 1985）の方法に従って効果量を修正した（第5章を参照）．

アメリカ人の同じ標本を日本人と比較し香港人とも比較するなど，1つの研

究内で,独立ではない複数の効果量が報告されている例は少なくない.米国内比較のメタ分析 (within-U. S meta-analysis) については,グレザーとオルキン (Gleser & Olkin, 1994) で解説された統計的方法*によって,それらの効果量を統合した.国際比較のメタ分析 (international meta-analysis) ではこの方法が使えなかったので,次善の策として,合衆国と日本の比較のように,各国間の比較の中だけで効果量をまとめた.

調整変数としては,尺度の信頼性,尺度の内容,サンプルの構成の3つに注目した.尺度の信頼性については,α係数が0.7以上であれば「高」,0.7未満ならば「低」としてコーディングした.尺度の内容については,事前の内容分析によって特定された,個人主義では7つ,集団主義では8つの要素のそれぞれについて,「含まれる」か「含まれない」かによってコーディングした.サンプルの構成は,「学生」「学生以外の成人」でコーディングした.

結果

前述の通り本メタ分析では,個人主義に関する国際比較,集団主義に関する国際比較,個人主義に関する米国内比較,集団主義に関する米国内比較の4通りの結果が示されている.本要約では,日本人とアメリカ人の比較について興味深い結果が得られている「集団主義に関する日米比較」および「個人主義に関して尺度の内容を調整変数とした分析」にかかわる部分を紹介する.表9.9は,集団主義について国別に効果量をまとめたものである.表中,有意な重み付き効果量は太字で示されている.95%信頼区間(95%CI)が0を含まない場合,少なくとも5%水準で有意だと判断できる(第6章を参照).効果量のほとんどは負の値であるが,これはアメリカ人の集団主義得点の方が低かったことを意味する.「常識」に反するのが日本人との比較である.絶対値は大きくないものの有意な正の値であり,アメリカ人は日本人よりも集団主義的だという結果であった.

個人主義について尺度の内容を調整変数として分析した結果のうち,アメリカ人と日本人を比較した部分のみを取り出して,表9.10に示す.ユニークさやプライバシーに関する項目を含む尺度を用いて個人主義を測定した研究の方が,そうでない尺度を用いた研究よりも,日米の個人主義の違いが大きいことがわかる.とくに,ユニークさについては,それらの項目を含まない尺度を使

表 9.9 集団主義に関する国際比較の結果

国	研究の個数	重み付き効果量	95%CI 下限	95%CI 上限	Q_W
オーストラリア	3	0.05	−0.06	−0.16	1.38
ブラジル	2	**−0.17**	−0.31	−0.02	28.22***
ドイツ	2	0.07	−0.09	0.23	95.14***
香港	12	**−0.18**	−0.25	−0.11	269.64***
インド	3	**−0.56**	−0.72	−0.40	0.39
インドネシア	2	**−0.30**	−0.45	−0.16	0.04
イスラエル	2	**−1.00**	−1.28	−0.72	1.70
日本	17	**0.06**	0.002	0.11	204.44***
韓国	7	−0.06	−0.13	0.02	92.58***
メキシコ	3	**−0.55**	−0.73	−0.37	215.41***
ナイジェリア	3	**−0.96**	−1.09	−0.83	83.64***
中国	9	**−0.66**	−0.74	−0.58	164.90***
ポーランド	4	0.07	−0.19	0.03	48.35***
台湾	3	**−1.06**	−1.18	−0.94	136.25***

* $p<0.05$, ** $p<0.01$, *** $p<0.001$

った研究では，日本人の個人主義がアメリカ人を上回るという結果が得られている（ユニークさに関する項目例：私は多くの点でほかの人と異なりユニークです．プライバシーに関する項目例：私はプライバシーを好みます．）

コメント

グレザーとオルキン（1994）とは，Gleser, L. J., & Olkin, I. (1994). Stochastically dependent effect sizes. In H. Cooper, & L. V. Hedges (Eds.), *The handbook of research synthesis.* pp. 339-355. New York, NY：Russell Sage Foundation. のこと．互いに独立ではない複数の効果量を統合するための統計的手法が解説されている（2009年に出版された*Handbook*の第2版にも，Gleser & Olkinによる同様の章がある）．これらの手法を用いるためには，効果量間の共分散を推定することが必要である．そして，効果量間の共分散を推定するには，同じ複数の効果量のセット（たとえば，米国人と日本人の比較と米国人と香港人の比較の両方）を含む研究が十分な数，存在しなければならない．米国内比較のメタ分析ではこのようなデータが利用可能だったが，国際比較のメタ分析では，

表9.10 個人主義に関して，尺度の内容を調整変数とする日米比較

尺度の内容	研究の個数	重み付き効果量	95%CI 下限	95%CI 上限	Q_B	Q_W
競争（competition）					5.37*	
含まれる	2	−0.01	−0.24	0.22		0.39
含まれない	13	**0.27**	0.20	0.33		543.25***
ユニークさ（unique）					216.80***	
含まれる	11	**0.49**	0.42	0.55		140.80***
含まれない	4	**−0.66**	−0.79	−0.52		191.42***
プライバシー（private）					70.28***	
含まれる	2	**0.82**	0.67	0.96		1.44
含まれない	13	**0.12**	0.06	0.19		477.30***
直接対話（direct communicate）					16.45***	
含まれる	6	**0.39**	0.30	0.48		69.07***
含まれない	9	**0.13**	0.05	0.22		463.49***
自己を知る（self-know）					0.32	
含まれる	2	**0.29**	0.12	0.45		22.85***
含まれない	13	**0.24**	0.17	0.31		525.84***

* $p<0.05$, ** $p<0.01$, *** $p<0.001$

データが得られず効果量間の共分散を推定できなかったという．

---

⑦ 小笠原恵・朝倉知香・末永統　2004年
「発達障害児者の示す行動問題に対する介入効果におけるメタ分析」
東京学芸大学紀要1部門，55, 301-312.

問題と目的

　発達に障害のある人々が示す行動問題の分析と低減のために，さまざまな介入手続きが展開され実行されてきた．それらの手続きの介入効果を評価するために，近年，メタ分析を用いた論文がいくつか報告されている（第8章参照）．たとえばカーら（Carr et al., 1999）は，1985年から1996年にかけて発表された研究を対象として，PBS（Positive Behavior Support）[3]による介入効果を検討

---

3) PBSとは，個人の尊厳や価値観を重視した非嫌悪的な手続きであり，行動問題の低減のみならず，その人の生活の質の向上を目指したアプローチである．

した．その結果，PBSを用いた研究のうち68%において80%以上の行動問題の低減が見られたことを示した．

本メタ分析では，1997年以降に発表された発達障害児者の示す行動問題に対する介入の効果をメタ分析によって検討し，その結果を先行研究と比較することによって，発達障害児者における行動問題の介入効果を客観的に検討している．

適格性基準

障害児者関係の主だった国外の雑誌17種類，国内の雑誌4種類を対象として，次の基準を満たす研究をメタ分析に含めることとした．

・1997年から2003年までに発表されていること（ただし，国内の論文に関しては，該当するものが少ないために1995年から2003年までとする）
・行動問題を対象としていること
・発達に障害のある人を対象としていること
・一事例研究であること

これらの適格性基準すべてを満たす論文60が特定された．

コーディング・統計的分析

対象となった論文を，以下の2つの観点から分類した．

(1) 機能的アセスメントのタイプ

行動問題の生起要因に関する情報を収集する過程を機能的アセスメント[4]と呼ぶ．インタビュー，質問紙，直接観察，機能分析，環境のアセスメント，対象児の好みのアセスメント，その他に分類した．さらに，単一のアセスメントを用いた場合と複数のアセスメント用いた場合，アセスメントを実行しない場合に分類した．

(2) 介入方法のタイプ

ホーナーら（Horner, Carr, Strain, Todd, & Reed, 2002）に準じて，①先行刺激に基づいた手続き，②（行動の）指導に基づいた手続き，③消去に基づいた手

---

[4] 近年，機能的アセスメントを実施したうえで，その結果に基づいて行動問題へ介入を行うことが重要視されているが，どのアセスメントを行うのかということについては状況において異なる．

表9.11 機能的アセスメントのタイプと介入の効果

機能アセスメントのタイプ	対象数	割合	効果量平均	効果量SD
インタビュー	27	13.9	85.9	11.0
質問紙（MAS）	15	7.7	85.2	12.3
直接観察	24	12.4	68.4	80.6
機能分析	165	85.1	89.6	16.2
環境のアセスメント	1	0.5	97.6	
好みのアセスメント	19	9.8	89.8	12.1
その他	20	10.3	86.2	26.5
単一	123	63.4	86.3	39.0
複数	70	36.1	87.6	16.0
未実施	1	0.5	100	

続き，④強化に基づいた手続き，⑤罰に基づいた手続き，⑥薬を用いた手続き，⑦不明確の7種類に分類した．また，介入手続きがPBSであるのか否かによって分類した．

効果量の算出にあたり，カーら（Carr et al., 1999）に準じた方法を用いた．各論文に提示されている図表から介入前の1番最初に導入されたベースラインにおけるすべてのデータの平均値と最後の介入期の最後3セッションの平均値を算出し，次の方法によって効果量を算出した．

$$効果量 = \frac{ベースラインの平均値 - 介入フェイズ最後3セッションの平均値}{ベースラインの平均値 \times 100}$$

結果

結果として，わかったことは以下の通りである．

①機能的アセスメント（表9.11に示す）：もっとも効果量が高かったのは環境のアセスメントであったが，対象数が1名であった．これを除くと，機能分析が最も高い値を示した．直接観察は70以下ともっとも低かったが，これは標準偏差が大きく，データのばらつきが見られた．それ以外のアセスメントはいずれも80以上の効果量を示した．単一のアセスメントを行った場合と複数のアセスメントを行った場合の効果量は差がなかった．

②介入のタイプ（表9.12に示す）：罰にもとづいた手続きがもっとも高い効

表9.12 介入のタイプと介入の効果

介入のタイプ	対象数	割合	効果量平均	効果量SD
先行刺激に基づいた手続き	42	21.6	85.9	14.8
指導に基づいた手続き	117	60.3	85.9	39.6
消去に基づいた手続き	81	41.8	88.0	19.4
強化に基づいた手続き	114	58.8	89.7	13.7
罰に基づいた手続き	38	19.6	93.6	11.5
薬を用いた手続き	0	0		
その他	11	5.7	92.5	12.3
単一	75	38.7	81.0	48.0
複数	119	61.3	91.0	15.8
PBS	56	28.9	84.1	20.5
PBSでないもの	138	71.1	87.9	36.2

果量を示したが，この手続きを用いた対象数は38名と比較的少数であった．それ以外は80以上であった．単一の介入手続きを用いたものは81，複数の場合は91の効果量であった．PBSとそうではない介入については差がなかった．

コメント

日本の研究者によって国内で行われている点，一事例研究を扱っている点で，本章で紹介した他のメタ分析と異なっている．

⑧クーパー，ロビンソンとパトール　2006年
「宿題によって学力は向上するか？　1987-2003年の研究の統合」
Cooper, H., Robinson, J. C., & Patall, E. A. (2006). Does homework improve academic achievement? A synthesis of research 1987-2003, *Review of Educational Research*, 76, 1-62.

問題と目的

宿題は，学齢期の子どもたちの毎日の習慣において重要な位置を占め，米国の教育研究者は長年にわたり宿題の効果を活発に研究してきた．クーパー (Cooper, 1989)*は120近い研究の量的レビューを通じて，宿題と成績の関係が学年によって変わるという結果を得ている．本研究は，クーパー (1989) のレ

ビュー以降に発表された文献を新しい方法で分析することにより，残された課題も含めて，宿題の効果について明らかにすることを目的としている．

適格性基準

宿題と学力の関係に関心を向け，その関係を推定するのに十分な情報を含むこと，幼稚園生から高校生までを対象としていること，合衆国で行われていることが，収集対象の条件である．

文献の探索・収集

ERIC, PsycINFO, Sociological Abstracts, Dissertation Abstracts に収録された1987年から2003年までの文献を，*homework* という単一の検索語によって検索した．また，Cooper（1989）を引用した研究を引用索引データベース（*Science Citation Index Expanded, Social Science Citation Index*）によって検索した．こうして約4400の研究を特定したのち，これらの検索では見逃された研究を探索するために，いくつかの手段（研究者への協力依頼の手紙など）を通じて，宿題について研究している研究者と直接の接触を試みた．

コーディング・統計的分析

研究報告の特徴，研究デザイン，宿題に関する変数，標本，学力の測定法，宿題と学力の相関の推定値という6カテゴリの項目について，すべての研究を2人のコーダーが独立にコーディングした．不一致があったときはコーダーどうしが協議し，それでも解決できないときには第1著者（Cooper）に相談をした．

効果量については，研究の種類によって3種類を使い分けた．すなわち，宿題の有無を操作している研究については標準化された平均値差（d）を，宿題に要した時間とそれに関連した学力を測定している研究については，第3の変数の影響を統制している場合には標準偏回帰係数（β）を，していない場合には相関係数（r）を用いた．

まず，効果量の分布の範囲や中央値，外れ値の有無などについて調べた．研究は公表，未公表を問わず収集されているが，探索できなかった研究の存在などのために効果量の分布が歪む可能性を否定できないため，トリム・アンド・フィル法を適用して補正を図った．平均効果量は重み付けありとなしの両方を算出し，重み付けをした平均効果量については，95%信頼区間も求めた．

1つの研究が複数の効果量（たとえば,「読解」「算数」のそれぞれについて）を報告しているときは，それぞれをコーディングした上で，(a) 全研究を通じての効果量平均を求めるときには，それぞれの研究内で効果量を平均し1研究につき1効果量として用い，(b)「読解」と「算数」について別個に効果量を平均するときには，該当する方を選んで用いた．また，効果量の等質性を検定し，効果量が等質でないと判断されたときには，調整変数として機能している可能性のある変数に注目した分析を行った．また，固定効果モデルと変量効果モデルの両方を適用し（感度分析），すべての分析にCOMPREHENSIVE META-ANALYSISソフトウェア（第6章参照）を利用した．

結果

宿題ありなしの条件を研究者自身が設定して宿題の効果を検討した研究は6件で，いずれも未公表だった．これらの研究は，宿題がポジティブな効果を持つことを一貫して示していたが，研究数が少なく，用いている方法や背景が多様であることから，結論には制約がある．

全米教育縦断研究（National Education Longitudinal Study：NELS）のデータのように，宿題だけでなく民族や性，TV視聴時間，クラスのサイズ，教師の特徴などのいろいろな変数を独立変数として，これらの変数と学力の関係を報告した研究もいくつか存在した．これらの研究では，多変量解析（重回帰分析，パス解析，構造方程式モデリングなど）の手法を用い，宿題以外の独立変数の影響を統制して得られる標準偏回帰係数が報告されていたが，それらは概ね有意な正の値を示していた．

「宿題に要した時間と学力の相関」に注目した研究は32件あり，35個の標本から求められた69の相関が報告されていた．それらの相関のうち50が正，19が負であった．35の標本にもとづく重み付けなしの平均は$r=0.14$，重み付き平均と95%信頼区間は固定効果モデルで$r=0.24$，[0.24, 0.25]，変量効果モデルで$r=0.16$，[0.13, 0.19]だった．

いくつかの調整変数について，宿題に要した時間と学力の相関の大きさに影響を及ぼすかどうかを検討したところ，以下の結果を得た．

・学力を数値化する方法が違っても（学校の成績か標準学力テストか），宿題に要した時間と学力の相関にはあまり影響しなかった．

- 7-12年生(中高校生)における相関は,K-6(幼稚園から小学生)における相関よりも有意に大きかった(変量効果モデルの結果は,7-12年生で$r=0.20$,[0.17, 0.22],K-6で$r=0.05$,[-0.03, 0.13]).
- 科目の違い(読解か算数か)による相関の差はあまり大きくなかった.
- 宿題に要した時間を親が報告した研究よりも,子ども自身が報告した研究の方が,相関は有意に高かった(変量効果モデルの結果は,子どもが報告者の場合$r=0.19$,[0.16, 0.21],親が報告者の場合で$r=-0.02$,[-0.10, 0.07]).

解説とコメント

本文中で何度も引用されているクーパー(1989)とは,宿題と成績の関係をレビューしてまとめた著書 Cooper, H. (1989). *Homework*. White Planes, NY : Longman. のことである.

クーパーはメタ分析の権威でもあり,本メタ分析には新しい方法が活用されている.たとえば,文献探索において引用索引データベースを活用し,宿題に関する代表的な研究を引用する文献を探しているほか,トリム・アンド・フィル法により公表バイアスの影響の補正を図っている.また,固定効果モデルだけでなく変量効果モデルを適用し,統計的感度分析(第7章参照)の実践例にもなっている.

⑨ロバーツ,ウォルトンとヴィクトバウワー 2006年
「パーソナリティ特性の平均水準の生涯にわたる変化のパターン:縦断研究のメタ分析」
Roberts, B. W., Walton, K. E., & Viectbauer, W. (2006). Patterns of mean-level change in personality traits across the life course : A meta-analysis of longitudinal studies, *Psychological Bulletin, 132*, 1-25.

問題と目的

パーソナリティ特性は不変だと考えられがちである.しかし,一生のいろいろな年齢において,パーソナリティ特性の平均水準は変化していると報告する縦断研究も多い.平均水準の変化は,たいていの人に当てはまるパーソナリティ発達の一般化可能なパターンの反映だと考えられる.だが,先行研究が用い

ている標本や測定尺度，注目する人生上の時期が異なっており，結果間に矛盾もあるため，平均水準の変化の性質について決定的な結論を導くのは困難である．論争を解決する上で，これまでに行われた縦断研究をメタ分析の手法によって統合することが有益だと思われる．メタ分析を行うことで，①標本の性質の違いを効率的に統制し，サンプルサイズで重み付けでき，②ビッグファイブの分類を使うことで多様な尺度の結果を統一的にまとめることができ，③人生のいろいろな時期についてのデータを得ることができる．

適格性基準

適格性基準は，以下の5つである．①状況を超えて一貫した気質あるいは特性を表す変数を含むこと（態度，価値，自尊感情，気分，知能，性役割などは除外）．②縦断的変化を強調するために，測定間の間隔が少なくとも1年以上であること．③平均水準の変化，サンプルサイズ，標本の年齢に関する情報が得られること．④標本が臨床群でないこと．⑤標本内での年齢幅が大きい研究（たとえば，18歳から80歳までを含む標本の3年間の縦断研究）は，発達における年齢の影響を調べられないので除外すること．

以上の条件を満たした研究数は92，複数の標本からのデータを報告する研究があるため，標本数はこれより多い113だった．被験者総数は5万0120で，平均水準の変化に関して全部で1682個の効果量推定値が得られた．

文献の探索・収集

研究の探索には，6つの情報源を用いた．①今回のメタ分析に関連する先行メタ分析の文献リスト，②ロバーツ（本研究の共著者の一人）が作成した性格発達データベース，③ *PsychLIT* および *Dissertation Abstracts* データベース（検索語は，*normative personality change, mean-level personality change, longitudinal personality change*），④関連雑誌（*Journal of Personality and Social Psychology, Journal of Personality, Developmental Psychology* など）の最近号，⑤集めた文献の引用文献リスト，⑥作成したリストを専門家に見せてアドバイスを求める．

コーディング・統計的分析

各縦断研究について開始年齢と終了年齢を記録した上で，両者の中点によって，10～18歳（青年期に相当），18～22歳（大学生に相当），22歳～30歳，

30〜40歳，40〜50歳，50〜60歳のように研究を分類した．パーソナリティ特性については，各研究が用いている尺度を修正版ビッグファイブの6タイプのいずれかに分類した（修正版ビッグファイブでは，外向性（extraversion）が社会的支配性（social dominance）と社会的活力（social vitality）の2つに分けられているため，これらと調和性（agreeableness），誠実性（conscientiousness），情緒安定性（emotional stability），開放性（openness to experience）を合わせて6タイプとなる）．性，研究期間，被験者の脱落率，コホート，人口統計変数（民族，教育，社会経済的地位）を調整変数候補としてコーディングしたが，人口統計変数は欠測値が多かったため利用を断念した．

効果量としては，特性得点の増加量（終了時の平均−開始時の平均）を開始時の標準偏差で割った標準化された平均値差を用い，それらの値を特性・年齢カテゴリごとに統合した（例：社会的支配性の10〜18歳における効果量は，0.20）．1研究内で1特性について複数の効果量が算出されるときには，それらが異なる年齢に関するものならばそれぞれの年齢で用いるが，同じ年齢に関するものは平均して1つにまとめた．各特性・年齢カテゴリ内で効果量の等質性を検定し，等質な場合には固定効果モデル，等質でない場合には変量効果モデルに基づいて分析を行った．可能な場合には，トリム・アンド・フィル法によって公表バイアスについて検討した．

結果

6特性のすべてで30歳以降にも有意な変化が見られ，変化の大きい年齢カテゴリが20〜40歳である特性が多かった．従来は「ある年齢を過ぎると性格は変わらない」「青年期（10〜18歳）での変化が大きい」と言われてきたが，この常識に反する結果であった．表9.13は，誠実性（conscientiousness）について，年齢カテゴリごとに平均効果量（d）をまとめたものである．22歳以降でも，正の方向の有意な変化が続いていることがわかる．横軸に年齢，縦軸にdを累積させてグラフ化すると，誠実性得点の平均水準が年齢とともに上昇していく様子を見て取りやすい（図9.1）．なお，表中の95%CIは効果量の95%信頼区間，Qは効果量の等質性検定のための統計量である．

調整変数に関する分析の結果，測定間の期間が長いほど，調和性と誠実性の増加が大きく，社会的活力の低下が大きいこと，最近のコホートほど社会的支

表9.13 年齢カテゴリごとに見た誠実性に関する平均水準変化の効果量

年齢	標本の数	人数	d	95%CI 下限	95%CI 上限	Q
10-18	17	7,506	0.03	−0.09	0.14	170.2*
18-22	18	5,226	0.04	−0.18	0.11	89.6*
22-30	22	4,827	0.22*	0.11	0.32	28.6
30-40	12	1,079	0.26*	0.09	0.43	18.7
40-50	13	2,838	0.10*	0.01	0.19	66.8*
50-60	5	240	0.06	−0.06	0.19	6.5
60-70	7	434	0.22*	0.01	0.43	9.8
70+	7	444	0.03	0.04	0.11	7.2

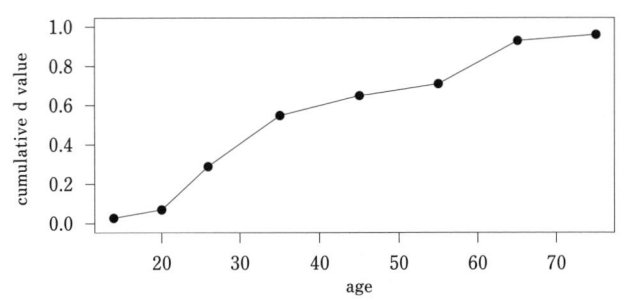

* $p<0.05$

図9.1 生涯にわたる誠実性に関する平均水準の変化
(Roberts, Walton, & Viectbauer, 2006)

配性の増加が大きく，20世紀中ごろ生まれのコホートは，1930年以前，1960年以後のコホートと比較して，調和性，誠実性の変化が少ないことが示された．性と被験者の脱落率の影響は有意でなかった．

コメント

パーソナリティ特性の平均水準とは，年齢段階ごとに求められた特性得点の平均である．縦断研究を集めてメタ分析を行うことで，30歳以降も平均水準が変化していくことが示されている．このメタ分析は2006年に公表されている．このころになると，変量効果モデルやトリム・アンド・フィル法などがふつうに利用されるようになっている．

引用文献

Barrick, M. R., & Mount, M. K. (1991). The Big Five personality dimensions and job satisfaction : A meta-analysis. *Personnel Psychology, 44*, 1-26.

Carr, E. G., Horner, R. H., Turnbull, A. P., Marquis, J. G., Magito-McLaughlin, D., McAtee, M. L., Smith, C. E., Anderson-Ryan, K. A., Ruef, M. B., & Doolabh, A. (1999). *Positive behavior support for people with developmental disabilities : A research synthesis.* Washington, D. C. : American Association on Mental Retardation Monograph Series.

Connolly, J. J., & Viswesvaran, C. (2000). The role of affectivity in job satisfaction : A meta-analysis. *Personality and Individual Differences, 29*, 265-281.

Horner, R. H., Carr, E. G., Strain, P. S., Todd, A. W., & Reed, H. K. (2002). Problem behavior interventions for young children with autism : A research synthesis. *Journal of Autism and Developmental Disorders, 32*, 423-446.

Huffcutt, A. I., Roth, P. L., & McDaniel, M. A. (1996). A meta-analytic investigation of cognitive ability in employment interview evaluations : Moderating characteristics and implications for incremental validity. *Journal of Applied Psychology*, 81, 459-473.

Hunter, J. E., & Schmidt, F. L. (1990). *Methods of meta-analysis.* Newbury Park, CA : Sage.

Meltzoff, J., & Kornreich, M. (1970). *Research in psychotherapy.* New York, NY : Atherton.

Rosenthal, R. & Rubin, D. B. (1986). Meta-analytic procedures for combining studies with multiple effect sizes *Psychological Bulletin, 97*, 527-529.

渡部洋（1999）ベイズ統計学入門　福村出版

Zajonc, R. B. (1968). Attitudinal effects of mere exposure. *Journal of Personality and Social Psychology Monograph, 9* (2, Pt. 2), 1-27.

附録 A
さらに学びたい人のための参考図書・雑誌

本書を通読してもらえれば，メタ分析研究を読む，あるいは自分でメタ分析を行うのに十分な基礎が築かれるはずである．しかし，もちろん本書はメタ分析のすべてを網羅しているわけではない．メタ分析に関して，さらに学習を進めるのに役立つ図書・雑誌をいくつか紹介しておこう．

A.1 図 書
メタ分析を十分に理解するには，統計学や研究法の知識が不可欠である．この方面の良書はいろいろあるが，ここではつぎの3点を挙げておこう．
[1] 南風原朝和（2002）．心理統計学の基礎――統合的理解のために　有斐閣
[2] 南風原朝和（2011）．量的研究法（臨床心理学をまなぶ 7）　東京大学出版会
[3] 南風原朝和・市川伸一・下山晴彦（2001）．心理学研究法入門――調査・実験から実践まで　東京大学出版会

メタ分析そのものに関する和書は，それほど多くない．
[4] 芝祐順・南風原朝和（1990）．行動科学における統計解析法　東京大学出版会
[5] 丹後俊郎（2002）．メタ・アナリシス入門――エビデンスの統合をめざす統計手法　朝倉書店
[6] 平井明代（編著）（2012）．教育・心理系研究のためのデータ分析入門　東京図書

[4]は，11章「メタ分析による研究結果の統合」で，複数の研究で報告された有意性検定の結果を統合する方法，複数の研究で報告された効果量や相関係数などを統合する方法を解説している．[5]は日本では希少なメタ分析の専門書である．[6]は11章がメタ分析に当てられており，ソフトウェア Comprehensive Meta-Analysis の利用法が説明されている．

メタ分析に関する洋書は，数多い．

[7] Hunt, M. (1997). *How science takes stock: The story of meta-analysis.* New York, NY: Russell Sage Foundation.

[8] Light, R. J., & Pillemer, D. B. (1984). *Summing up: The science of reviewing research.* Cambridge, MA: Harvard University Press.

[9] Cook, T. D., Cooper, H., Cordray, D. S., Hartmann, H., Hedges, L. V., Light, R. J., Louis, T. A., & Mosteller, F. (1992). *Meta-analysis for explanation: A casebook.* New York, NY: Russell Sage Foundation.

[10] Rosenthal, R. (1991). *Meta-analytic procedures for social research.* Newbury Park, CA: Sage Publications.

[11] Lipsey, M. W., & Wilson, D. B. (2001). *Practical meta-analysis.* Thousand Oaks, CA: Sage Publications.

[12] Littell, J. H., Corcoran, J., & Pillai, V. (2008). *Systematic reviews and meta-analysis.* New York, NY: Oxford University Press.

[13] Borenstein, M., Hedges, L. V., Higgins, J. P. T., & Rothstein, H. R. (2009). *Introduction to meta-analysis.* Chichester, UK: Wiley.

[14] Cooper, H. (2009). *Research synthesis and meta-analysis* (4th ed.). Thousand Oaks, CA: Sage Publications.

[15] Hunter, J. E., & Schimdt, F. L. (2004). *Methods of meta-analysis: Correcting error and bias in research findings* (2nd ed.). Newbury Park, CA: Sage Publications.

[16] Hedges, L. V., & Olkin, I. (1985). *Statistical methods for meta-analysis.* Orlando, FL: Academic Press.

[17] Cumming, G. (2011). *Understanding the new statistics: Effect sizes, confidence intervals, and meta-analysis.* New York, NY: Routledge Academic.

[18] Rothstein, H. R., Sutton, A. J., & Borenstein, M. (Eds.) (2005). *Publication bias in meta-analysis: Prevention, assessment, and adjustments.* Chichester, UK: Wiley.

[19] Cooper, H., Hedges, L. V., & Valentine, J. C. (Eds.) (2009). *The handbook of research synthesis and meta-analysis* (2nd ed.). New York, NY: Russell

Sage Foundation.

[7] の著者は社会科学・行動科学分野のサイエンスライター．スミスとグラスの心理療法効果研究など，有名なメタ分析を行った研究者に取材して研究の舞台裏を描いており，読み物としておもしろい．[8] は，メタ分析が登場して間もないころに刊行された本である．メタ分析という言葉は使っていないが，量的な方法を用いてレビュー研究を行うことの意義をわかりやすく説いており，読みやすい．[9] では，いくつかの特徴的なメタ分析研究を，それぞれのメタ分析を行った研究者自身が詳しく具体的に紹介している．刊行年は若干古いが，実際のメタ分析のイメージをつかむのに有益である．

[10] から [14] はメタ分析の教科書である．[10] の初版の刊行は 1984 年（[10] は改訂版）で，1980 年代，1990 年代にメタ分析を行った研究者によく使われた．読みやすいので，メタ分析の全体像を把握するのに役立つだろう．[11] もそう厚い本ではないが，メタ分析全般に関して，詳しい解説がなされており，情報量が豊富である．[10] も [11] も定評のある良い本だが，刊行から年数を経ている分，新しい方法（トリム・アンド・フィル法，フォレストプロットなど）の記述が手薄になっている．新しさの点では，[12] [13] [14] に分がある．[12] はコンパクトな本であるが，メタ分析の全体がバランスよく解説されている．統計的方法に関しては [13] が包括的で詳しく，[14] は統計的方法以外の記述が厚い．

[15] はアーティファクトの修正に関する記述が特徴になっている．[16] は，メタ分析の統計的側面に関する代表的な図書で，多くのメタ分析研究で引用されている．[17] は，効果量とその信頼区間に焦点を当てた新しい解説書．[18] には，公表バイアスに関するさまざまな話題が包括的に取り上げられている．[19] では，メタ分析のすべてのステップについて，それぞれ第一人者による詳しい解説がなされている（初版の刊行は 1994 年で，第 2 版が 2009 年に刊行された）．本格的にメタ分析に取り組むならば座右に備えたい図書であり，本書でもしばしば引用している．

A.2　雑誌（定期刊行物）

第 9 章でメタ分析の実例をいくつか紹介したが，自分の興味のある分野・領

表 A.1　50 超のメタ分析が掲載された SSCI 学術誌（1981-2005）

195	Psychological Bulletin
179	Journal of Applied Psychology
136	Schizophrenia Research Association
84	Journal of Advanced Nursing
82	Personnel Psychology
76	Journal of Consulting and Clinical Psychology
68	Review of Educational Research
67	American Journal of Psychiatry
66	Addiction
64	Clinical Psychology Review
58	British Journal of Psychiatry
55	British Medical Journal
54	Educational and Psychological Measurement
51	Journal of Personality and Social Psychology

域のメタ分析研究を多く読むことも，メタ分析の理解を大いに促進するに違いない．ホワイトは，SSCI データベースを調べた結果，1981 年から 2005 年の間に 25 を超えるメタ分析が掲載された 56 の学術雑誌をまとめている（White, 2009）．表 A.1 に，それらのうち 50 を超えるメタ分析が掲載された 14 誌を，掲載数の多い方から順に示す．心理学や精神医学の雑誌が多い．

　メタ分析の統計的方法に関する最新の知見を得たければ，*Psychological Methods* などの雑誌が役に立つだろう．

引用文献

White, H. D. (2009). Scientific communication and literature retrieval. In H. Cooper, L. V. Hedges, & J. C. Valentine (Eds.), *The handbook of research synthesis and meta-analysis* (2nd ed.) pp. 51-71. New York, NY: Russell Sage Foundation.

附録 B
限定された情報からの効果量の計算

第5章では,様々な種類の効果量を紹介し,その計算手順についても具体例とともに解説を行った.しかし,論文によっては,第5章で紹介した効果量を計算するのに十分な情報が報告されていないこともある.そのような場合も,論文に掲載された他の情報から効果量を計算することができる.ここでは,効果量を計算するためのいくつかの方法を紹介する.具体的には,ボレンステイン(Borenstein, 2009)を参考に,標準化された平均値差,対応のあるデータについての標準化された平均値差,相関係数,それぞれについて限定された情報から効果量を計算する手続きを述べる.

B.1 標準化された平均値差(ヘッジスの g)について

以下の表では,論文に掲載された情報とそれらを用いてどのように効果量を計算するか,その式を示している.まずは,独立な2群の比較における効果量 d の算出について紹介する(表B.2).

表B.2では,p 値から検定統計量 t の値を求める関数として,t^{-1} が紹介されている.統計ソフト R では,pt 関数を利用することができる.例えば,$n_1=10$,$n_2=10$ として,片側検定の p 値が 0.024 だったとすると,

```
> qt(0.024, 18, lower.tail=FALSE)
[1] 2.121718
```

として,t を求めることができる.両側検定の p 値が報告されていて,その値が 0.024 ならば,

```
> qt(0.024/2, 18, lower.tail=FALSE)
[1] 2.464754
```

となり,$t=2.464754$ と求めることができる.R については,山田・杉澤・村井(2008)などを参考にされたい.

表 B.1　標準化された平均値差について

論文に報告された情報	数式	備考
群1の平均 $\bar{x}_1$, 群2の平均 $\bar{x}_2$, 群1の不偏分散 $\hat{\sigma}_1^2$, 群2の不偏分散 $\hat{\sigma}_2^2$, 群1のサンプルサイズ n_1, 群2のサンプルサイズ n_2	$d = \dfrac{\bar{x}_1 - \bar{x}_2}{\hat{\sigma}_{pooled}}$ ただし, $\hat{\sigma}_{pooled} = \sqrt{\dfrac{(n_1-1)\hat{\sigma}_1^2 + (n_2-1)\hat{\sigma}_2^2}{n_1 + n_2 - 2}}$	ここでは, 5章で紹介したヘッジスの g を d としている
検定統計量 t, 群1のサンプルサイズ n_1, 群2のサンプルサイズ n_2	$d = t\sqrt{\dfrac{n_1 + n_2}{n_1 n_2}}$	t の自由度は, $df = n_1 + n_2 - 2$ である.
検定統計量 F, 群1のサンプルサイズ n_1, 群2のサンプルサイズ n_2	$d = \pm\sqrt{\dfrac{F(n_1 + n_2)}{n_1 n_2}}$	F は1要因分散分析の結果得られる. 自由度は, $df_1 = 1$, $df_2 = n_1 + n_2 - 2$ である.
片側検定の p 値, 群1のサンプルサイズ n_1, 群2のサンプルサイズ n_2	$d = t \pm t^{-1}(p)\sqrt{\dfrac{n_1 + n_2}{n_1 n_2}}$	t^{-1} は, R では qt 関数を使う.
両側検定の p 値, 群1のサンプルサイズ n_1, 群2のサンプルサイズ n_2	$d = t \pm t^{-1}\left(\dfrac{p}{2}\right)\sqrt{\dfrac{n_1 + n_2}{n_1 n_2}}$	t^{-1} は, R では qt 関数を使う.

B.2　標準化された平均値差（対応のあるデータ）について

続いて，対応のあるデータについて計算される標準化された平均値差を紹介する表 B.2 をご覧頂きたい．

B.3　相関係数（Pearson の積率相関係数）について

検定統計量 t とサンプルサイズ n とが報告されている場合，下記の式で r を求めることができる．

$$r = \pm\sqrt{\dfrac{t^2}{t^2 + n - 2}}$$

以上，本稿では，標準化された平均値差 d と相関係数 r を中心に，論文で報告される情報が限定される場合の効果量の算出について紹介した．ここで述べたもの以外にも，Fleiss（2009）や Lipsey & Wilson（2001）も参考になる．

表 B.2 標準化された平均値差（対応のあるデータ）について

論文に報告された情報	数式	備考
事後の平均 $\bar{x}_1$，事前の平均 $\bar{x}_2$，差得点（= 事後の得点 − 事前の得点）の標準偏差 $S_{Difference}$，事前の得点と事後の得点の相関係数 r	$d = \dfrac{\bar{x}_1 - \bar{x}_2}{S_{Difference}} \sqrt{2(1-r)}$	
対応のある t 検定についての検定統計量 t，事前の得点と事後の得点の相関係数 r，サンプルサイズ n	$d = t\sqrt{\dfrac{2(1-r)}{n}}$	この場合の n は事前事後のペアの数であり，t の自由度は，$df = n-1$ である．
検定統計量 F，事前の得点と事後の得点の相関係数 r，サンプルサイズ n	$d = \pm\sqrt{\dfrac{2F(1-r)}{n}}$	F は繰り返しのある分散分析の結果得られる．自由度は，$df_1 = 1$，$df_2 = n-1$ である．
片側検定の p 値，事前の得点と事後の得点の相関係数 r，サンプルサイズ n	$d = t \pm t^{-1}(p)\sqrt{\dfrac{2(1-r)}{n}}$	t^{-1} は，R では qt 関数を用いる．t の自由度は，$df = n-1$ である．
両側検定の p 値，事前の得点と事後の得点の相関係数 r，サンプルサイズ n	$d = t \pm t^{-1}\left(\dfrac{p}{2}\right)\sqrt{\dfrac{2(1-r)}{n}}$	t^{-1} は，R では qt 関数を用いる．t の自由度は，$df = n-1$ である．

参考文献

Borenstein, M. (2009). Effect size for continuous data. In H. Cooper, L. V. Hedges, & J. C. Valentine (Eds.), *The handbook of research synthesis and meta-analysis* (2nd ed.). pp. 221-235. New York, NY: Russell Sage Foundation.

Fleiss, J. L., & Berlin, J. A. (2009). Effect size for dichotomous data. In H. Cooper, L. V. Hedges, & J. C. Valentine (Eds.), *The handbook of research synthesis and meta-analysis* (2nd ed.). pp. 237-253. New York, NY: Russell Sage Foundation.

Lipsey, M. W., & Wilson, D. B. (2001). *Practical meta-analysis*. Thousand Oaks, CA: SAGE Publications.

山田剛史・杉澤武俊・村井潤一郎（2008）．R によるやさしい統計学　オーム社

附録 C
Excel を使った効果量の計算・統計的分析

ここでは，第 5 章と第 6 章で紹介した効果量の計算および統計的分析を，Excel を用いて実行する手順を紹介する．

標準化された平均値差

5.1.1 で紹介した，標準化された平均値差（ヘッジスの g）の計算を Excel で行ってみよう．

	A	B	C	D
1		介入群	統制群	
2	平均点	85	80	
3	不偏分散	100	81	
4	人数	10	10	
5	効果量分子			
6	効果量分母			
7	効果量d			
8	分散			
9	標準誤差			
10	J			
11	効果量g			
12	分散			
13	標準誤差			
14				

図 C.1　標準化された平均値差その 1

Excel のワークシートの A1 から C13 までに図 C.1 のように，表 5.1 の情報を書き入れてみよう．そして，以下のように B5 から B13 セルに数式を入力していこう．

B5 セル：=B2−C2
B6 セル：=SQRT(((B4−1)*B3+(C4−1)*C3)/(B4+C4−2))
B7 セル：=B5/B6
B8 セル：=(B4+C4)/(B4*C4)+B7^2/(2*(B4+C4))

B9 セル： =SQRT(B8)
B10 セル： =1-3/(4*(B4+C4-2)-1)
B11 セル： =B10*B7
B12 セル： =B10^2*B8
B13 セル： =SQRT(B12)

SQRT( )は括弧内の数値の正の平方根を求める関数である．例えば，SQRT(4)=2となる．

すると，図C.2のように，効果量とその分散，標準誤差を求めることができる．B2からC4の値を変えることで，様々な平均，不偏分散，データ数のデータから効果量（標準化された平均値差）を求めることができる．

	A	B	C	D
1		介入群	統制群	
2	平均点	85	80	
3	不偏分散	100	81	
4	人数	10	10	
5	効果量分子	5		
6	効果量分母	9.513149		
7	効果量d	0.525588		
8	分散	0.206906		
9	標準誤差	0.454869		
10	J	0.957746		
11	効果量g	0.50338		
12	分散	0.18979		
13	標準誤差	0.435649		
14				

図C.2　標準化された平均値差その2

オッズ比

5.1.2で紹介した，オッズ比の計算をExcelで行ってみよう．

	A	B	C	D	E
1		効果あり	効果なし	合計	
2	介入群	30	70		
3	統制群	10	90		
4					
5	介・効ありの比率				
6	介・効なしの比率				
7	介入群のオッズ				
8	統・効ありの比率				
9	統・効なしの比率				
10	統制群のオッズ				
11	効果量：オッズ比				
12	効果量：オッズ比				
13	効果量：対数オッズ比				
14	対数オッズ比の分散				
15	対数オッズ比をオッズ比へ				
16					

図C.3 オッズ比その1

ExcelのワークシートのA1からD3，A5からB15までに図C.3のように，表5.3の情報を書き入れてみよう．そして，以下のようにD2，D3と，B5からB15セルに数式を入力していこう．

D2セル：=B2+C2

D3セル：=B3+C3

B5セル：=B2/D2

B6セル：=C2/D2

B7セル：=B5/B6

B8セル：=B3/D3

B9セル：=C3/D3

B10セル：=B8/B9

B11セル：=B7/B10

B12セル：=B2*C3/(C2*B3)

B13セル：=LN(B12)

B14セル：=1/B2+1/C2+1/B3+1/C3

B15セル：=EXP(B13)

LN( )は括弧内に入れた数値の自然対数を求める関数である．たとえば，LN(2.718282)=1となる．EXP( )は，括弧内に入れた数値を用いて（これを

x とすると），e（= 2.7182…）の x 乗を求める関数である．例えば，EXP(1) = 2.718281828，EXP(2) = 7.389056099，となる．

	A	B	C	D
1		効果あり	効果なし	合計
2	介入群	30	70	100
3	統制群	10	90	100
4				
5	介・効ありの比率	0.3		
6	介・効なしの比率	0.7		
7	介入群のオッズ	0.428571		
8	統・効ありの比率	0.1		
9	統・効なしの比率	0.9		
10	統制群のオッズ	0.111111		
11	効果量：オッズ比	3.857143		
12	効果量：オッズ比	3.857143		
13	効果量：対数オッズ比	1.349927		
14	対数オッズ比の分散	0.15873		
15	対数オッズ比をオッズ比へ	3.857143		
16				

図 C.4　オッズ比その 2

すると，図 C.4 のように，オッズ比，対数オッズ比とその分散を求めることができて，さらに，対数オッズ比からオッズ比への逆変換を行うことができる．B11 のように介入群のオッズと統制群のオッズからオッズ比を求めても，B12 のようにクロス集計表の数値から直接オッズ比を求めても同じ値が得られることを確認されたい．B2 から C3 の値を変えることで，様々な 2×2 クロス集計表のデータから効果量（オッズ比，対数オッズ比）を求めることができる．

相関係数

5.1.3 で紹介した，相関係数の計算を Excel で行ってみよう．

	A	B	C	D	E	F	G	H	I	J	K
1	x		13	14	7	12	10	4	7	15	4	14
2	y		7	9	6	11	5	3	4	10	2	3
3	相関係数	
4	サンプルサイズ	
5	分散	
6	FisherのZ	
7	分散	
8	Zからrへ逆変換	
9	

図 C.5　相関係数その 1

Excel のワークシートの A1 から K2，A3 から A8 までに図 C.5 のように，表 5.4 の情報を書き入れてみよう．そして，以下のように B3 から B8 セルに数式を入力していこう．

B3 セル：＝CORREL(B1:K1,B2:K2)

B4 セル：＝COUNT(B1:K1)

B5 セル：＝(1−B3^2)^2/(B4-1)

B6 セル：＝0.5*LN((1+B3)/(1−B3))

B7 セル：＝1/(B4-3)

B8 セル：＝(EXP(2*B6)−1)/(EXP(2*B6)+1)

CORREL( ) は，括弧内で指定した 2 つのデータの相関係数を求める関数である．COUNT( ) は，括弧内で指定した範囲内で数値を含むセルの数を求める関数である．

すると，図 C.6 のように，相関係数とその分散，フィッシャーの z とその分散を求めることができて，さらに，フィッシャーの z から相関係数への逆変換を行うことができる．

	A	B	C	D	E	F	G	H	I	J	K
1	x		13	14	7	12	10	4	7	15	4	14
2	y		7	9	6	11	5	3	4	10	2	3
3	相関係数	0.675										
4	サンプルサイズ	10										
5	分散	0.032927										
6	FisherのZ	0.819872										
7	分散	0.142857										
8	Zからrへ逆変換	0.675										

図 C.6　相関係数その 2

効果量の変換

5.1.4 で紹介した，効果量どうしの変換を Excel で行ってみよう．

	A	B	C
1	対数オッズ比LOR	1.3499	
2	LORの分散	0.1587	
3	LOR→d(標準化された平均値差)		
4	LORの分散→dの分散		
5	標準化された平均値差d	0.7442	
6	dの分散	0.0482	
7	d→LOR		
8	dの分散→LORの分散		
9	相関係数r	0.6	
10	rの分散	0.0084	
11	r→d		
12	rの分散→dの分散		
13	d→r		
14	dの分散→rの分散		
15			

図 C.7　効果量の変換その 1

Excel のワークシートの A1 から B14 までに図 C.7 のように書き入れてみよう．図 C.7 では，事前に入力する効果量とその分散の部分のセルが目立つように，灰色に塗りつぶしている．そして，以下のように B3 から B14 セルに数式を入力していこう．

B3 セル：=B1*SQRT(3)/PI()
B4 セル：=B2*3/PI()^2

B7 セル：＝B5*PI()/SQRT(3)
B8 セル：＝B6*PI()^2/3
B11 セル：＝2*B9/SQRT(1−B9^2)
B12 セル：＝4*B10/(1−B9^2)^3
B13 セル：＝B5/SQRT(B5^2+4)
B14 セル：＝4^2*B6/(B5^2+4)^3

PI( )は，括弧内に何も書かずに式を書くと，円周率を求めることができる．任意のセルで「＝PI( )」と書いてみると，3.14159265358979 という値が求められる．

	A	B	C
1	対数オッズ比LOR	1.3499	
2	LORの分散	0.1587	
3	LOR→d(標準化された平均値差)	0.7442	
4	LORの分散→dの分散	0.0482	
5	標準化された平均値差d	0.7442	
6	dの分散	0.0482	
7	d→LOR	1.3498	
8	dの分散→LORの分散	0.1586	
9	相関係数r	0.6	
10	rの分散	0.0084	
11	r→d	1.5	
12	rの分散→dの分散	0.1282	
13	d→r	0.3487	
14	dの分散→rの分散	0.0082	
15			

図 C.8　効果量の変換その 2

すると，図 C.8 のように，対数オッズ比と標準化された平均値差の間の変換，相関係数と標準化された平均値差の間の変換を実行することができる．なお，B7, B8 セルの値が B1, B2 セルの値とわずかに異なるのは計算過程に生じた誤差のためである．

リスク比，リスク差

5.2.1 で紹介した，リスク比とリスク差の計算を Excel で行ってみよう．

	A	B	C	D	E
1		効果あり	効果なし	合計	
2	介入群	30	70		
3	統制群	10	90		
4					
5	介入群のリスク				
6	統制群のリスク				
7	リスク比				
8	対数リスク比				
9	対数リスク比の分散				
10	リスク差				
11	リスク差の分散				
12	NNT				
13					

図 C.9　リスク比，リスク差その1

　Excel のワークシートの A1 から D3，A5 から B12 までに図 C.9 のように，表 5.3 の情報を書き入れてみよう．そして，以下のように D2, D3 と，B5 から B12 セルに数式を入力していこう．

D2 セル：=B2+C2

D3 セル：=B3+C3

B5 セル：=B2/D2

B6 セル：=B3/D3

B7 セル：=B5/B6

B8 セル：=LN(B7)

B9 セル：=1/B2−1/D2+1/B3−1/D3

B10 セル：=B5−B6

B11 セル：=B2*C2/D2^3+B3*C3/D3^3

B12 セル：=1/B10

　すると，図 C.10 のように，リスク比，対数リスク比とその分散，リスク差とその分散，そして，NNT を求めることができる．B2 から C3 の値を変えることで，さまざまな 2×2 クロス集計表のデータから効果量（リスク比，対数リスク比，リスク差）を求めることが可能である．

	A	B	C	D
1		効果あり	効果なし	合計
2	介入群	30	70	100
3	統制群	10	90	100
4				
5	介入群のリスク	0.3		
6	統制群のリスク	0.1		
7	リスク比	3		
8	対数リスク比	1.098612		
9	対数リスク比の分散	0.113333		
10	リスク差	0.2		
11	リスク差の分散	0.003		
12	NNT	5		
13				

図 C.10 リスク比，リスク差その 2

対応のあるデータについて，標準化された平均値差

5.2.2 で紹介した，対応のあるデータに対する，標準化された平均値差の計算を Excel で行ってみよう．

	A	B	C	D
1		事後	事前	
2	平均点	85	80	
3	差得点			
4	事前と事後の相関係数	0.6		
5	人数	50		
6	差得点の標準偏差	8		
7	効果量の分母			
8	効果量d			
9	効果量dの分散			
10	J			
11	効果量g			
12	効果量gの分散			
13				

図 C.11 対応のあるデータの効果量その 1

Excel のワークシートの A1 から C2，A3 から B12 までに図 C.11 のように，表 5.5 の情報を書き入れてみよう．そして，以下のように B3 と，B7 から B12 セルに数式を入力していこう．

B3 セル：$=B2-C2$

B7 セル：$=B6/\mathrm{SQRT}(2*(1-B4))$

B8 セル：＝B3/B7

B9 セル：＝(1/B5＋B8^2/(2*B5))*2*(1−B4)

B10 セル：＝1−3/(4*(B5−1)−1)

B11 セル：＝B10*B8

B12 セル：＝B10^2*B9

すると，図 C.12 のように，対応のあるデータについて，効果量（標準化された平均値差）とその分散を求めることができる．

	A	B	C	D
1		事後	事前	
2	平均点	85	80	
3	差得点	5		
4	事前と事後の相関係数	0.6		
5	人数	50		
6	差得点の標準偏差	8		
7	効果量の分母	8.944272		
8	効果量d	0.559017		
9	効果量dの分散	0.0185		
10	J	0.984615		
11	効果量g	0.550417		
12	効果量gの分散	0.017935		
13				

図 C.12　対応のあるデータの効果量その 2

平均効果量（固定効果モデル）

第6章で紹介した統計解析をExcelで行ってみよう．まずは，固定効果モデルで平均効果量を求めていく．

	A	B	C	D	E
1	研究id	効果量g	研究内分散Vi	重みWi	重みWi×効果量g
2	1	0.1200	0.0100		
3	2	0.2300	0.0400		
4	3	0.3400	0.0300		
5	4	0.4500	0.0200		
6	5	0.4200	0.0100		
7	6	0.3900	0.0200		
8	7	0.4900	0.0300		
9	8	0.6500	0.0400		
10	9	0.7600	0.0200		
11	10	0.8700	0.0100		
12			合計		
13					
14		平均効果量			
15		標準誤差			
16		95%信頼区間の下限			
17		95%信頼区間の上限			
18		検定統計量Z			
19		棄却域(有意水準5%,両側検定)			

図C.13 平均効果量の計算（固定効果モデル）その1

ExcelのワークシートのA1からE12，B14からB19までに図C.13のように，表6.1の情報を書き入れてみよう．なお，入力する数値については，ホームタブにある「小数点以下の表示桁数を増やす/減らす」アイコンで，表示させる桁数を調整している．本書の例では小数点以下の表示桁数を4桁になるように調整している．

そして，D2からE12セル，および，A14からA19セルに以下の数式を入力していこう．

D2セル：=1/C2

E2セル：=D2*B2

この2つのセルの内容をコピーして，D3セルからE11セルまで貼り付ける．D2とE2セルを選択（D2セルで左クリックして，そのままマウスの左ボタンを押したままE2セルまでマウスを移動させることで，2つのセルを選択でき

る．以下同様に，複数のセルの選択を行う）し，「ホーム」タブから「コピー」を選ぶ．D2からE11セルを選択して，同じ「ホーム」タブから「貼り付け」を選ぶと，D2とE2セルの内容が，D2からE11までコピーされる[1]．

　D12セル：= SUM(D2:D11)
　E12セル：= SUM(E2:E11)
　A14セル：= E12/D12
　A15セル：= SQRT(1/D12)
　A16セル：= A14 + NORMINV(0.025,0,1)*A15
　A17セル：= A14 + NORMINV(0.975,0,1)*A15
　A18セル：= A14/A15
　A19セル：= NORMINV(0.975,0,1)

NORMINV( )は括弧内に3つの値を指定することで，正規分布の下側確率（下側確率とは，標準正規分布に従う確率変数Zを例に考えると，Zがある値z以下になる確率のことを意味する）を求めることができる関数である．3つの値とは，①求めたい下側確率の値，②正規分布の平均，③正規分布の標準偏差，である．例えば，= NORMINV(0.025,0,1)と書くと，標準正規分布（平均0，標準偏差1の正規分布）で，下側確率0.025に対応するzの値を求めることができる．この値は，−1.96となる．標準正規分布では，$Z<-1.96$となる確率が0.025であるということになる．同様に，NORMINV(0.975,0,1)は，下側確率0.975に対応するZの値を求めるものである．下側確率0.975は言い換えると，上側確率（これは下側確率とは反対で，標準正規分布に従う確率変数Zを例に考えると，Zがある値z以上になる確率のことを意味する）0.025となる．NORMINV(0.975,0,1) = 1.96となる．標準正規分布では，$Z>1.96$となる確率が0.025であるということである．つまり，標準正規分布の左右の裾の部分で，$|Z|>1.96$の範囲に対応する確率が0.05ということである．以上の入力を行うことで，図C.14のように，固定効果モデルにおける平均効果量とその分散，標準誤差を求めることができる．また，95%信頼区間と検定統計

---

[1] 本書の内容は，Windows版 Microsoft Excel 2010で動作確認をした．

量も算出できる.

	A	B	C	D	E
1	研究id	効果量g	研究内分散Vi	重みWi	重みWi×効果量g
2	1	0.1200	0.0100	100.0000	12.0000
3	2	0.2300	0.0400	25.0000	5.7500
4	3	0.3400	0.0300	33.3333	11.3333
5	4	0.4500	0.0200	50.0000	22.5000
6	5	0.4200	0.0100	100.0000	42.0000
7	6	0.3900	0.0200	50.0000	19.5000
8	7	0.4900	0.0300	33.3333	16.3333
9	8	0.6500	0.0400	25.0000	16.2500
10	9	0.7600	0.0200	50.0000	38.0000
11	10	0.8700	0.0100	100.0000	87.0000
12			合計	566.6667	270.6667
13					
14	0.4776	平均効果量			
15	0.042	標準誤差			
16	0.395	95%信頼区間の下限			
17	0.560	95%信頼区間の上限			
18	11.370	検定統計量Z			
19	1.96	棄却域(有意水準5%,両側検定)			

図 C.14　平均効果量の計算（固定効果モデル）その 2

平均効果量（変量効果モデル）

続いて，変量効果モデルでの平均効果量の計算を行っていこう．まずは，研究間分散を求めていく．Excel のワークシートの A1 から G12，A13 から A16 までに，図 C.15 のように，表 6.2 の情報を書き入れてみよう．ただし，D2 から E12 までの計算は，先ほど紹介した固定効果モデルの時と同じものを入力しておこう．

	A	B	C	D	E	F	G
1	研究id	効果量g	研究内分散Vi	重みWi	重みWi×効果量g	重みWi×効果量gの2乗	重みWiの2乗
2	1	0.1200	0.0100	100.0000	12.0000		
3	2	0.2300	0.0400	25.0000	5.7500		
4	3	0.3400	0.0300	33.3333	11.3333		
5	4	0.4500	0.0200	50.0000	22.5000		
6	5	0.4200	0.0100	100.0000	42.0000		
7	6	0.3900	0.0200	50.0000	19.5000		
8	7	0.4900	0.0300	33.3333	16.3333		
9	8	0.6500	0.0400	25.0000	16.2500		
10	9	0.7600	0.0200	50.0000	38.0000		
11	10	0.8700	0.0100	100.0000	87.0000		
12			合計	566.6667	270.6667		
13	Q						
14	C						
15	自由度						
16	研究間分散						

図 C.15 平均効果量の計算（変量効果モデル）その 1a

そして，F2 から G12 セル，および，B13 から B16 セルに以下の数式を入力していこう．

F2 セル：＝D2*B2^2

G2 セル：＝D2^2

この 2 つのセルの内容をコピーして，F3 セルから G11 セルまで貼り付ける．

F12 セル：＝SUM(F2:F11)

G12 セル：＝SUM(G2:G11)

B13 セル：＝F12 − E12^2/D12

B14 セル：＝D12 − G12/D12

B15 セル：＝COUNT(A2:A11) − 1

B16 セル：＝(B13 − B15)/B14

COUNT( ) は，括弧で指定した範囲内の，数値が含まれるセルの数を求める関数である．COUNT(A2:A11) = 10 となる．これはメタ分析に含まれる研究の数を数えていることになる．COUNT(A2:A11) − 1 は研究の数 − 1 = 10 − 1 = 9 となり，これは自由度を計算していることになる．ここまでの計算により，研究間分散が求められた（図 C.16）．

	A	B	C	D	E	F	G
1	研究id	効果量g	研究内分散Vi	重みWi	重みWi×効果量g	重みWi×効果量gの2乗	重みWiの2乗
2	1	0.1200	0.0100	100.0000	12.0000	1.4400	10000.0000
3	2	0.2300	0.0400	25.0000	5.7500	1.3225	625.0000
4	3	0.3400	0.0300	33.3333	11.3333	3.8533	1111.1111
5	4	0.4500	0.0200	50.0000	22.5000	10.1250	2500.0000
6	5	0.4200	0.0100	100.0000	42.0000	17.6400	10000.0000
7	6	0.3900	0.0200	50.0000	19.5000	7.6050	2500.0000
8	7	0.4900	0.0300	33.3333	16.3333	8.0033	1111.1111
9	8	0.6500	0.0400	25.0000	16.2500	10.5625	625.0000
10	9	0.7600	0.0200	50.0000	38.0000	28.8800	2500.0000
11	10	0.8700	0.0100	100.0000	87.0000	75.6900	10000.0000
12			合計	566.6667	270.6667	165.1217	40972.2222
13	Q	35.83853					
14	C	494.3627					
15	自由度	9					
16	研究間分散	0.054289					

図 C.16　平均効果量の計算（変量効果モデル）その 1b

この研究間分散を用いて，効果量の分散 V_i^*，重み W_i^* の計算を行っていこう．図 C.16 と同じワークシートの A19 から G30 セル，および，B31 から B36 セルに，表 6.4 の情報を書き入れてみよう（図 C.17）．

	A	B	C	D	E	F	G
13	Q	35.83853					
14	C	494.3627					
15	自由度	9					
16	研究間分散	0.054289					
17							
18							
19	研究id	効果量g	研究内分散Vi	研究間分散	効果量分散Vi*	重みWi*	重みWi*×効果量g
20	1	0.1200	0.0100				
21	2	0.2300	0.0400				
22	3	0.3400	0.0300				
23	4	0.4500	0.0200				
24	5	0.4200	0.0100				
25	6	0.3900	0.0200				
26	7	0.4900	0.0300				
27	8	0.6500	0.0400				
28	9	0.7600	0.0200				
29	10	0.8700	0.0100				
30					合計		
31		平均効果量					
32		標準誤差					
33		95%信頼区間の下限					
34		95%信頼区間の上限					
35		検定統計量Z					
36		棄却域(有意水準5%,両側検定)					

図 C.17　平均効果量の計算（変量効果モデル）その 2a

そして，D20 から G30 セル，および，A31 から A36 セルに以下の数式を入力していこう．

D20 セル：＝B16

D20 セルには，研究間分散を求めた B16 セルの内容を引用するようにする．B16 ではなく，B16 のように列を表すアルファベット B と行を表す数字 16 の前に $ 記号が付いているのは意味がある（後述する Excel の注意事項を参照のこと）．このセルの内容をコピーして，D21 セルから D29 セルまで貼り付ける．

E20 セル：＝C20＋D20

このセルの内容をコピーして，E21 セルから E29 セルまで貼り付ける．

F20 セル：＝1/E20

このセルの内容をコピーして，F21 セルから F29 セルまで貼り付ける．

G20 セル：＝F20*B20

このセルの内容をコピーして，G21 セルから G29 セルまで貼り付ける．

F30 セル：＝SUM(F20:F29)
G30 セル：＝SUM(G20:G29)
A31 セル：＝G30/F30
A32 セル：＝SQRT(1/F30)
A33 セル：＝A31＋NORMINV(0.025,0,1)*A32
A34 セル：＝A31＋NORMINV(0.975,0,1)*A32
A35 セル：＝A31/A32
A36 セル：＝NORMINV(0.975,0,1)

NORMINV( ) については，固定効果モデルのところで述べた．以上の入力を行うことで，図 C.18 のように，変量効果モデルにおける平均効果量とその分散，標準誤差を求めることができた．また，95% 信頼区間と検定統計量も算出できる．

	A	B	C	D	E	F	G
13	Q	35.83853					
14	C	494.3627					
15	自由度	9					
16	研究間分散	0.054289					
17							
18							
19	研究id	効果量g	研究内分散Vi	研究間分散	効果量分散Vi*	重みWi*	重みWi* × 効果量g
20	1	0.1200	0.0100	0.0543	0.0643	15.5547	1.8666
21	2	0.2300	0.0400	0.0543	0.0943	10.6057	2.4393
22	3	0.3400	0.0300	0.0543	0.0843	11.8639	4.0337
23	4	0.4500	0.0200	0.0543	0.0743	13.4609	6.0574
24	5	0.4200	0.0100	0.0543	0.0643	15.5547	6.5330
25	6	0.3900	0.0200	0.0543	0.0743	13.4609	5.2498
26	7	0.4900	0.0300	0.0543	0.0843	11.8639	5.8133
27	8	0.6500	0.0400	0.0543	0.0943	10.6057	6.8937
28	9	0.7600	0.0200	0.0543	0.0743	13.4609	10.2303
29	10	0.8700	0.0100	0.0543	0.0643	15.5547	13.5326
30					合計	131.9861	62.6497
31	0.475	平均効果量					
32	0.087	標準誤差					
33	0.304	95%信頼区間の下限					
34	0.645	95%信頼区間の上限					
35	5.453	検定統計量Z					
36	1.960	棄却域(有意水準5%,両側検定)					

図 C.18　平均効果量の計算（変量効果モデル）その 2b

Excel の注意事項（相対参照と絶対参照）

もし，D20 セルに書く式を「＝B16」ではなく「＝B16」として，このセルの内容をコピーして D21 セルから D29 までコピーしてしまうと，図 C.19 のようになる．研究間分散の欄には全て「0.0543」という同じ値を入力したいのだが，そうなっていない．「0」とか「効果量」といった値まである．

	A	B	C	D
13	Q	35.83853		
14	C	494.3627		
15	自由度	9		
16	研究間分散	0.054289		
17				
18				
19	研究id	効果量g	研究内分散Vi	研究間分散
20	1	0.1200	0.0100	0.0543
21	2	0.2300	0.0400	0.0000
22	3	0.3400	0.0300	0.0000
23	4	0.4500	0.0200	効果量g
24	5	0.4200	0.0100	0.1200
25	6	0.3900	0.0200	0.2300
26	7	0.4900	0.0300	0.3400
27	8	0.6500	0.0400	0.4500
28	9	0.7600	0.0200	0.4200
29	10	0.8700	0.0100	0.3900

図 C.19　Excel の相対参照と絶対参照

　このようになってしまった理由は，Excel は通常，セルの場所を把握するために相対参照というのを行っているからである．D20 セルで入力した「＝B16」というのは，D20 セルに B16 セルの内容を表示させなさいという命令になるが，D20 セルから見て B16 セルは，「上に 4 つ左に 2 つ移動したところにあるセル」である．相対参照とは，このようにセル同士の相対的な位置関係によって，セルの場所を特定する方法である．図 C.19 では，D21 セルの内容が図の上部「fx」というアイコンの右に書かれていて，そこには「＝B17」とある．本当は B16 セルの内容を表示させたかったのだが，ずれてしまっている．しかし，D21 セルから見て B17 セルは，「上に 4 つ左に 2 つ移動したところにあるセル」であるから，相対的な位置情報は正しくコピーされ，反映されていることになるのである．D21 セルから見て「上に 4 つ左に 2 つ移動したところにあるセル」である B17 セルには何も書かれていない，空欄のセルである．だから，そのセルを引用した D21 セルには「0.0000」という数字が入力されているのである．今回のように，B16 セルの内容を D20 から D29 までに表示させたい場合は，相対参照ではなく，絶対参照をする必要がある．＄マークは絶対参照のための記号で，「＝＄B＄16」と書くことで，直接 B16 セルを

指定することができる．コピーして貼り付けても，勝手に「=B17」になったりしないで済むのである．

効果量の異質性の検討

効果量の異質性の検討を Excel で行ってみよう．図 C.16 で用いたワークシートに書き足していけばよい．A17 セル，D13 セルにそれぞれ「I2」「←棄却域」という文字を入力しておこう（図 C.20）．

	A	B	C	D	E	F	G
1	研究id	効果量g	研究内分散Vi	重みWi	重みWi×効果量g	重みWi×効果量gの2乗	重みWiの2乗
2	1	0.1200	0.0100	100.0000	12.0000	1.4400	10000.0000
3	2	0.2300	0.0400	25.0000	5.7500	1.3225	625.0000
4	3	0.3400	0.0300	33.3333	11.3333	3.8533	1111.1111
5	4	0.4500	0.0200	50.0000	22.5000	10.1250	2500.0000
6	5	0.4200	0.0100	100.0000	42.0000	17.6400	10000.0000
7	6	0.3900	0.0200	50.0000	19.5000	7.6050	2500.0000
8	7	0.4900	0.0300	33.3333	16.3333	8.0033	1111.1111
9	8	0.6500	0.0400	25.0000	16.2500	10.5625	625.0000
10	9	0.7600	0.0200	50.0000	38.0000	28.8800	2500.0000
11	10	0.8700	0.0100	100.0000	87.0000	75.6900	10000.0000
12				合計 566.6667	270.6667	165.1217	40972.2222
13	Q	35.83853		←棄却域			
14	C	494.3627					
15	自由度	9					
16	研究間分散	0.054289					
17	I2						

図 C.20 効果量の異質性の検討その 1

そして，B17 セルと C13 セルに以下の数式を入力していこう．

B17 セル：=(B13−B15)/B13

B17 セルについては，「ホーム」タブにある「パーセントスタイル」％アイコンをクリックして，パーセント表示になるようにしておく．さらに「小数点以下の表示桁数を増やす/減らす」アイコンで，表示させる桁数を調整する．

C13 セル：=CHIINV(0.05,9)

CHIINV( ) は括弧内に 2 つの値を指定することで，カイ 2 乗分布の上側確率を求めることができる関数である．2 つの値とは，①求めたい上側確率の値，②カイ 2 乗分布の自由度，である．たとえば，=CHIINV(0.05,9) と書くと，

自由度9のカイ2乗分布で上側確率0.05（自由度9のカイ2乗分布の右裾の5%の領域）に対応するカイ2乗値を求めることができる．この値は，16.919となる．これより，有意水準5%とするとき，棄却域は$\chi^2 \geq 16.919$と求められる．これらの入力の結果，図C.21のようにI^2とカイ2乗検定における棄却の臨界値を求めることができた．

	A	B	C	D
13	Q	35.83853	16.9190	←棄却域
14	C	494.3627		
15	自由度	9		
16	研究間分散	0.054289		
17	I2	74.9%		

図C.21　効果量の異質性の検討その2

分散分析的アプローチ（固定効果モデル）

分散分析アプローチをExcelで行ってみよう．ワークシートのA1セルからN17セルに，図C.22のように値を記入してみよう．F2セルからH11セル，E12セルからH12セルの入力については，平均効果量の説明のところ（259ページ）を読み返してみよう．

	A	B	C	D	E	F	G	H	I	J	K	L	M	N
1	群	研究id	効果量g	研究内分散V	重みWi	重みWi×効果量g	重みWi×効果量gの2乗	重みWiの2乗						
2	A	1	0.1200	0.0100	100.0000	12.0000	1.4400	10000.0000						
3	A	2	0.2300	0.0400	25.0000	5.7500	1.3225	625.0000						
4	A	3	0.3400	0.0300	33.3333	11.3333	3.8533	1111.1111						
5	A	4	0.4500	0.0200	50.0000	22.5000	10.1250	2500.0000						
6	A	5	0.4200	0.0100	100.0000	42.0000	17.6400	10000.0000						
7	B	6	0.3900	0.0200	50.0000	19.5000	7.6050	2500.0000						
8	B	7	0.4900	0.0300	33.3333	16.3333	8.0033	1111.1111						
9	B	8	0.6500	0.0400	25.0000	16.2500	10.5625	625.0000						
10	B	9	0.7600	0.0200	50.0000	38.0000	28.8800	2500.0000						
11	B	10	0.8700	0.0100	100.0000	87.0000	75.6900	10000.0000	平均効果量	分散	Q	自由度	C	研究間分散
12			合計		566.667	270.667	165.122	40972.222						
13			A合計											
14			B合計											
15														
16										Q_W				
17										Q_B		棄却域		

図C.22　分散分析的アプローチ（固定効果モデル）その1

そして，E13セルからH14セル，および，I12セルからN14セルに以下の数式を入力していこう．

E13 セル：＝SUM(E2:E6)
E14 セル：＝SUM(E7:E11)

この2つのセルの内容をコピーして，F13セルからH14セルまで貼り付ける．

I12 セル：＝F12/E12
J12 セル：＝1/E12
K12 セル：＝G12−F12^2/E12

この3つのセルの内容をコピーして，I13セルからK14セルまで貼り付ける．

L12 セル：＝COUNT(B2:B11)−1
L13 セル：＝COUNT(B2:B6)−1
L14 セル：＝COUNT(B7:B11)−1

これらのセルでは，自由度の計算を行っている．

M12 セル：＝E12−H12/E12
N12 セル：＝(K12−L12)/M12

この2つのセルの内容をコピーして，M13セルからN14セルまで貼り付ける．

K16 セル：＝K13＋K14
K17 セル：＝K12−K16
M17 セル：＝CHIINV(0.05,1)

以上の入力を行うことで，図C.23のように，固定効果モデルのもとでの，分散分析的アプローチをExcelで実行することができた．

	A	B	C	D	E	F	G	H	I	J	K	L	M	N
1	群	研究id	効果量g	研究内分散V	重みWi	重みWi×効果量g	重みWi×効果量gの2乗	重みWiの2乗						
2	A	1	0.1200	0.0100	100.0000	12.0000	1.4400	10000.0000						
3	A	2	0.2300	0.0400	25.0000	5.7500	1.3225	625.0000						
4	A	3	0.3400	0.0300	33.3333	11.3333	3.8533	1111.1111						
5	A	4	0.4500	0.0200	50.0000	22.5000	10.1250	2500.0000						
6	A	5	0.4200	0.0100	100.0000	42.0000	17.6400	10000.0000						
7	B	6	0.3900	0.0200	50.0000	19.5000	7.6050	2500.0000						
8	B	7	0.4900	0.0300	33.3333	16.3333	8.0033	1111.1111						
9	B	8	0.6500	0.0400	25.0000	16.2500	10.5625	625.0000						
10	B	9	0.7600	0.0200	50.0000	38.0000	28.8800	2500.0000						
11	B	10	0.8700	0.0100	100.0000	87.0000	75.6900	10000.0000	平均効果量	分散	Q	自由度	C	研究間分散
12				合計	566.667	270.667	165.122	40972.222	0.478	0.0018	35.8385	9	494.363	0.0543
13				A合計	308.333	93.583	34.381	24236.111	0.304	0.0032	5.97703	4	229.730	0.0086
14				B合計	258.333	177.083	130.741	16736.111	0.685	0.0039	9.353	4	193.548	0.0277
15														
16										Q_W	15.330			
17										Q_B	20.508	棄却域	3.84146	

図 C.23 分散分析的アプローチ（固定効果モデル）その 2

つづいて，変量効果モデルのもとでの分散分析的アプローチを Excel で実行してみよう．図 C.23 のワークシートにさらに情報を追加していこう．A20 から M36 までに図 C.24 のように書き入れる．A20 セルから D30 セルは，同じワークシートの A1 セルから D11 セルの内容をコピーして貼り付ければよい（図 C.24）．

分散分析的アプローチ（変量効果モデル）

	A	B	C	D	E	F	G	H	I	J	K	L	M
15													
16										Q_W	15.3301		
17										Q_B	20.5064	棄却域	3.84146
18													
19													
20	群	研究id	効果量g	研究内分散Vi	研究間分散	効果量分散Vi*	重みWi*	重みWi*×効果量	重みWi*×効果量gの2乗				
21	A	1	0.1200	0.0100									
22	A	2	0.2300	0.0400									
23	A	3	0.3400	0.0300									
24	A	4	0.4500	0.0200									
25	A	5	0.4200	0.0100									
26	B	6	0.3900	0.0200									
27	B	7	0.4900	0.0300									
28	B	8	0.6500	0.0400									
29	B	9	0.7600	0.0200									
30	B	10	0.8700	0.0100						平均効果量	分散	Q*	
31				全合計									
32				A合計									
33				B合計									
34													
35										Q*_W			
36										Q*_B		棄却域	

図 C.24 分散分析的アプローチ（変量効果モデル）その 1

E21 から E30 までに研究間分散の値を入力する．E21 セルから E25 セルまでは，先ほど分散分析的アプローチ（固定効果モデル）の時に計算した N13 セルの内容（0.0086）を参照し，E26 セルから E30 セルまでは，同じく分散分析的アプローチ（固定効果モデル）の時に計算した N14 セルの内容（0.0277）

を参照するようにしたい．263ページで紹介した，絶対参照を用いる．

E21 セル：＝N13

このセルの内容をコピーして，E22 から E25 まで貼り付ける．

E26 セル：＝N14

このセルの内容をコピーして，E27 から E30 まで貼り付ける．

F21 セル：＝D21＋E21

このセルの内容をコピーして，F22 から F30 まで貼り付ける．

G21 セル：＝1/F21

このセルの内容をコピーして，G22 から G30 まで貼り付ける．

H21 セル：＝G21*C21

このセルの内容をコピーして，H22 から H30 まで貼り付ける．

I21 セル：＝G21*C21^2

このセルの内容をコピーして，I22 から I30 まで貼り付ける．

G31 セル：＝SUM(G21:G30)
G32 セル：＝SUM(G21:G25)
G33 セル：＝SUM(G26:G30)

この3つのセルの内容をコピーして，H31 から I33 まで貼り付ける．

J31 セル：＝H31/G31
K31 セル：＝1/G31
L31 セル：＝I31－H31^2/G31

この3つのセルの内容をコピーして，J32 から L33 まで貼り付ける．

L35 セル： =L32+L33

L36 セル： =L31−L35

N36 セル： =CHIINV(0.05,1)

以上の入力を行うことで，図 C.25 のように，変量効果モデルのもとでの，分散分析的アプローチを Excel で実行することができた．

	A	B	C	D	E	F	G	H	I	J	K	L	M	N
19														
20	群	研究id	効果量g	研究内分散Vi	研究間分散	効果量分散Vi*	重みWi*	重みWi* × 効果量	重みWi* × 効果量の2乗					
21	A	1	0.1200	0.0100	0.0086	0.0186	53.7464	6.4496	0.7739					
22	A	2	0.2300	0.0400	0.0086	0.0486	20.5736	4.7319	1.0883					
23	A	3	0.3400	0.0300	0.0086	0.0386	25.9028	8.8069	2.9944					
24	A	4	0.4500	0.0200	0.0086	0.0286	34.9578	15.7310	7.0790					
25	A	5	0.4200	0.0100	0.0086	0.0186	53.7464	22.5735	9.4809					
26	B	6	0.3900	0.0200	0.0277	0.0477	20.9831	8.1834	3.1915					
27	B	7	0.4900	0.0300	0.0277	0.0577	17.3438	8.4985	4.1642					
28	B	8	0.6500	0.0400	0.0277	0.0677	14.7803	9.6072	6.2447					
29	B	9	0.7600	0.0200	0.0277	0.0477	20.9831	15.9471	12.1198					
30	B	10	0.8700	0.0100	0.0277	0.0377	26.5551	23.1030	20.0996	平均効果量	効果量	分散	Q*	
31						全合計	289.573	123.632	67.236	0.427	0.0035	14.452		
32						A合計	188.9272	58.2930	21.4165	0.309	0.0053	3.430		
33						B合計	100.6454	65.3392	45.8199	0.649	0.0099	3.402		
34														
35											Q*_W	6.832		
36											Q*_B	7.620	棄却域	3.8415

図 C.25　分散分析的アプローチ（変量効果モデル）その2

附録 D
R のパッケージ metafor によるメタ分析の例示

　R は，統計解析とグラフィックス作成のためのオープンソースのソフトウェアである．インターネットから無料で入手して，すぐに使いはじめることができる．新たな機能を付加するパッケージが，世界中の利用者によって提供されることも，R の長所の一つである．メタ分析のためのパッケージも，2010 年ころからいくつか公開されている（第 6 章を参照）．

　R そのものの入手法や利用法の解説は，書籍あるいはインターネットを通じて，多様なものを容易に入手できる．ここでは，metafor パッケージ（Viechtbauer, 2010）によって，以下の①〜④を行う手順を示す．この範囲であれば，R の知識が不十分であってもすぐに試せるだろう．metafor パッケージを使えば，調整変数の分析やトリム・アンド・フィル法など，このほかにも多様な分析を行うことができる．詳しくは，Viechtbauer（2010）を参照してほしい．

①複数の研究それぞれについて，効果量の推定値と誤差分散を求める．
②変量効果モデルを適用する．
③漏斗プロットを描く．
④フォレストプロットを描く．

D.1 準　備

metafor パッケージのインストール

　R のメニュー（[パッケージ]—[パッケージのインストール]）から metafor を選ぶか，または，R Console のプロンプト（>）で，

`install.packages("metafor")`

と入力すれば，metafor パッケージがインストールされる．パッケージは世界各地のミラーサイトとよばれるコンピュータ上に存在するので，インターネットに接続した状態で行い，ミラーサイトを選ぶ必要がある．国内からアクセスするときには，Japan (Hyogo), Japan (Tsukuba), Japan (Tokyo) のうち

表 D.1　2×2 クロス集計表

	肯定的	否定的
処遇群	tpos	tneg
統制群	cpos	cneg

から選べばよいだろう).

サンプルデータの用意

実際にメタ分析を行うときには，自分でデータを用意することになるが，ここでは metafor パッケージに含まれるサンプルデータ dat.bcg を使う.

```
data("dat.bcg", package="metafor")
```

dat.bcg は，結核予防に対する BCG ワクチンの効果を調べた 13 個の研究のデータである．研究の著者名（author），研究の公表年（year），処遇群のうち肯定的な結果を得た人数（tpos），処遇群のうち否定的な結果を得た人数（tneg），統制群のうち肯定的な結果を得た人数（cpos），統制群のうち否定的な結果を得た人数（cneg），両群への割り当て法（alloc）などの変数を含んでいる．ただし，処遇群は「BCG を接種」した群，肯定的な結果とは「結核への罹患」を意味する（表 D.1，図 D.1）.

metafor パッケージを利用可能にする

インストールした metafor パッケージを利用可能にするために，

```
library("metafor")
```

と入力する．また，

```
? dat.bcg
```

と入力することで，dat.bcg データフレーム[1]の概要や変数の説明などを読むことができる．

---

1) 個体×変数の形のデータ構造を，R ではデータフレーム（dataframe）とよぶ．

```
> data("dat.bcg", package="metafor")
> dat.bcg
   trial              author year tpos  tneg cpos  cneg ablat      alloc
1      1             Aronson 1948    4   119   11   128    44     random
2      2      Ferguson & Simes 1949    6   300   29   274    55     random
3      3     Rosenthal et al 1960    3   228   11   209    42     random
4      4    Hart & Sutherland 1977   62 13536  248 12619    52     random
5      5 Frimodt-Moller et al 1973   33  5036   47  5761    13  alternate
6      6      Stein & Aronson 1953  180  1361  372  1079    44  alternate
7      7     Vandiviere et al 1973    8  2537   10   619    19     random
8      8          TPT Madras 1980  505 87886  499 87892    13     random
9      9     Coetzee & Berjak 1968   29  7470   45  7232    27     random
10    10     Rosenthal et al 1961   17  1699   65  1600    42 systematic
11    11      Comstock et al 1974  186 50448  141 27197    18 systematic
12    12    Comstock & Webster 1969    5  2493    3  2338    33 systematic
13    13      Comstock et al 1976   27 16886   29 17825    33 systematic
> |
```

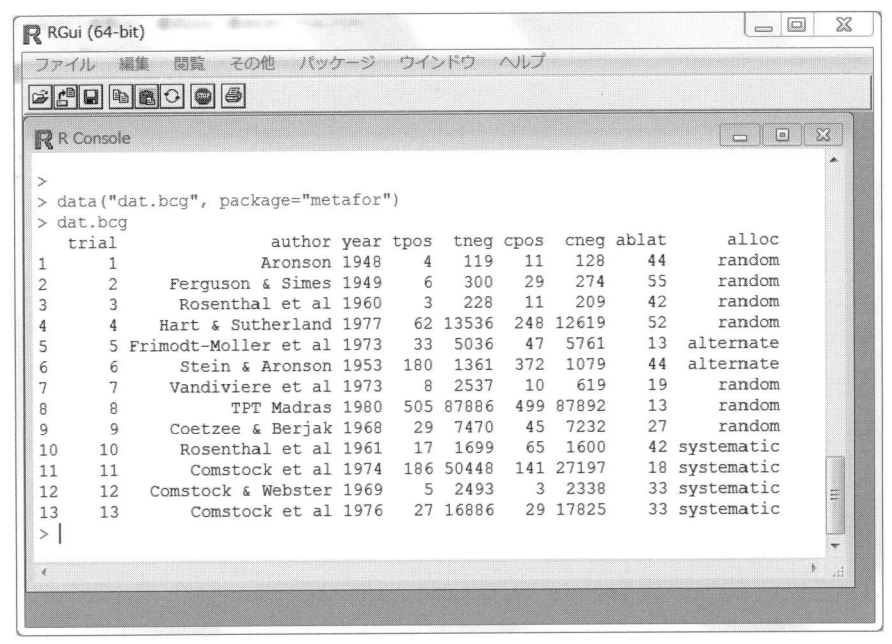

図 D.1 R Console 上に出力された dat.bcg データフレームの中身

D.2 分析

①それぞれの研究について，効果量（対数オッズ比）推定値と誤差分散を求める

metafor パッケージの escalc 関数を使って，各研究の効果量と誤差分散を求めることができる．

```
dat <- escalc(measure="OR", ai=tpos, bi=tneg, ci=cpos,
    di=cneg, data=dat.bcg, append=TRUE)
```

引数 measure では効果量の種類を指定する．対数オッズ比は OR である[2]．ほかに，RR（対数リスク比），SMD（標準化された平均値差），COR（相関係数）など，多様な効果量を求めることができる．

ai, bi, ci, di の 4 つの引数は，2×2 クロス集計表の 4 つのセル度数（表

---

2) OR はオッズ比，LOR で対数オッズ比を表すことが多い（第 5 章参照）が，metafor パッケージでは，OR で対数オッズ比を表している．

表 D.2　2×2 クロス集計表

	肯定的	否定的
処遇群	ai	bi
統制群	ci	di

```
trial              author year tpos  tneg cpos  cneg ablat      alloc         yi          vi
    1            Aronson 1948    4   119   11   128    44     random -0.93869414 0.357124952
    2    Ferguson & Simes 1949    6   300   29   274    55     random -1.66619073 0.208132394
    3      Rosenthal et al 1960    3   228   11   209    42     random -1.38629436 0.433413078
    4    Hart & Sutherland 1977   62 13536  248 12619    52     random -1.45644355 0.020314413
    5 Frimodt-Moller et al 1973   33  5036   47  5761    13  alternate -0.21914109 0.051951777
    6     Stein & Aronson 1953  180  1361  372  1079    44  alternate -0.95812204 0.009905266
    7      Vandiviere et al 1973    8  2537   10   619    19     random -1.63377584 0.227009675
    8          TPT Madras 1980  505 87886  499 87892    13     random  0.01202060 0.004006962
    9      Coetzee & Berjak 1968   29  7470   45  7232    27     random -0.47174604 0.056977124
   10     Rosenthal et al 1961   17  1699   65  1600    42 systematic -1.40121014 0.075421726
   11      Comstock et al 1974  186 50448  141 27197    18 systematic -0.34084965 0.012525134
   12   Comstock & Webster 1969    5  2493    3  2338    33 systematic  0.44663468 0.534162172
   13      Comstock et al 1976   27 16886   29 17825    33 systematic -0.01734187 0.071635117
```

図 D.2　dat データフレーム

D.2) を指しているので，用いるデータフレーム（引数 data で指定）の対応する変数名（表 D.1 参照）を指定すればよい．なお，求める効果量が標準化された平均値差や相関係数であるときには，ai, bi, ci, di は用いない．これらの引数のかわりに，標準化された平均値差を求めるのであれば，n1i, n2i, m1i, m2i, sd1i, sd2i が引数となる（順に，2 群それぞれのサンプルサイズ，平均，標準偏差を指定）．当然，用いるデータも適切なものに変えなければならない．

escalc 関数の出力は，デフォルトでは，効果量推定値 yi と誤差分散 vi の 2 変数からなるデータフレームである．引数 append を TRUE にする（append = TRUE）ことで，yi と vi がもとのデータフレーム（ここでは dat.bcg）に付け加えられたデータフレームとして出力される．図 D.2 は，この出力を dat データフレームに格納したものである．dat.bcg データフレーム（図 D.1）に，2 つの変数 yi と vi が加わっていることがわかるだろう．

② 変量効果モデルを適用する

変量効果モデルを適用するには，rma 関数を用いればよい．
```
res <-rma(yi, vi, data=dat)
```

```
Random-Effects Model (k = 13; tau^2 estimator: REML)

tau^2 (estimate of total amount of heterogeneity): 0.3378 (SE = 0.1784)
tau (sqrt of the estimate of total heterogeneity): 0.5812
I^2 (% of total variability due to heterogeneity): 92.07%
H^2 (total variability / sampling variability):    12.61

Test for Heterogeneity:
Q(df = 12) = 163.1649, p-val < .0001

Model Results:

estimate       se      zval      pval    ci.lb    ci.ub
 -0.7452    0.1860   -4.0057   <.0001  -1.1098  -0.3806       ***

---
Signif. codes:  0 '***' 0.001 '**' 0.01 '*' 0.05 '.' 0.1 ' ' 1
```

図 D.3　rma 関数の出力（変量効果モデル）

と入力すれば，rma 関数の処理結果が，res に格納される．yi と vi は，①で推定された効果量推定値と誤差分散である．R Console のプロンプトに対して res と入力することで，その中身を表示できる（図 D.3）．

出力のうち第 6 章で解説された部分を確認しておこう．I^2 は，効果量のバラツキの程度を評価する指標（p. 140）である．$I^2 = 92.07$ より，研究はかなり異質であることがわかる．Q 統計量を用いた等質性の検定（p. 138）の結果（$Q = 163.1649$, df = 12, $p < .0001$）からも，研究間の異質性が強く疑われる．平均効果量は -0.7452，標準誤差は 0.1860，信頼区間の下限が -1.1098，上限が -0.3806 で，効果量は 0.1% 水準で有意である（131～138 ページ）．

固定効果モデルを使いたければ，引数 method の値を FE に指定すればよい．
```
res <-rma(yi, vi, data=dat, method="FE")
```

③漏斗プロットを描画する

漏斗プロット（funnel plot）の描画には，funnel 関数を用いる．rma 関数の出力を格納した res を funnel 関数の引数にすればよい．
```
funnel(res)
```
漏斗プロットの縦軸には，サンプルサイズあるいは標準誤差の逆数をとることが多いが，funnel 関数で描かれる漏斗プロット（図 D.4）では，上に小さな値，下に大きな値がくるように，標準誤差が目盛られている．横軸は効果量

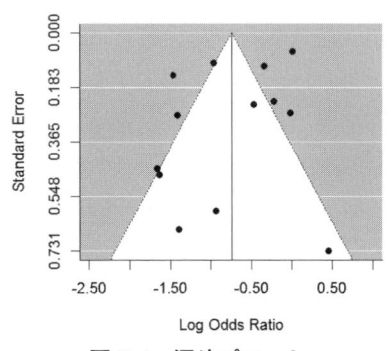

図 D.4　漏斗プロット

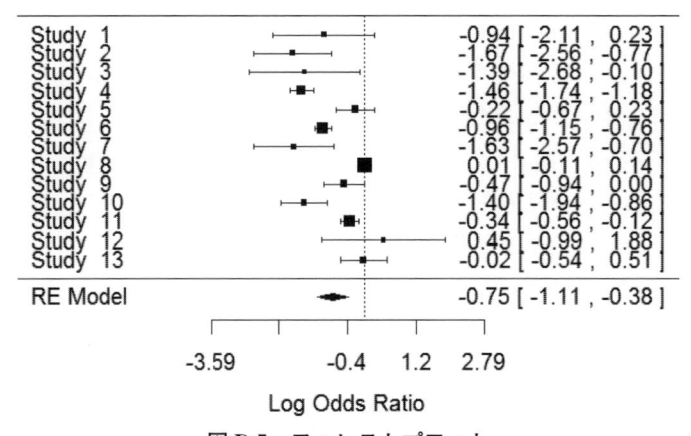

図 D.5　フォレストプロット
(forest 関数の引数として rma 関数の出力のみを指定)

(ここでは対数オッズ比)である．白い三角形(漏斗をふせた形)の中にプロットがほぼ収まっていれば，公表バイアスの可能性は低いと判断できる(第7章参照)．

④フォレストプロットを描画する

フォレストプロット(forest plot)を描くには，forest 関数を使う．rma 関数の出力を格納した res を引数にすればよい．

著者 公表年	処遇群 TB+	TB-	統制群 TB+	TB-		対数オッズ比 [95%信頼区間]
Aronson, 1948	4	119	11	128		0.39 [0.12 , 1.26]
Ferguson & Simes, 1949	6	300	29	274		0.19 [0.08 , 0.46]
Rosenthal et al, 1960	3	228	11	209		0.25 [0.07 , 0.91]
Hart & Sutherland, 1977	62	13536	248	12619		0.23 [0.18 , 0.31]
Frimodt-Moller et al, 1973	33	5036	47	5761		0.80 [0.51 , 1.26]
Stein & Aronson, 1953	180	1361	372	1079		0.38 [0.32 , 0.47]
Vandiviere et al, 1973	8	2537	10	619		0.20 [0.08 , 0.50]
TPT Madras, 1980	505	87886	499	87892		1.01 [0.89 , 1.15]
Coetzee & Berjak, 1968	29	7470	45	7232		0.62 [0.39 , 1.00]
Rosenthal et al, 1961	17	1699	65	1600		0.25 [0.14 , 0.42]
Comstock et al, 1974	186	50448	141	27197		0.71 [0.57 , 0.89]
Comstock & Webster, 1969	5	2493	3	2338		1.56 [0.37 , 6.55]
Comstock et al, 1976	27	16886	29	17825		0.98 [0.58 , 1.66]
RE Model						0.47 [0.33 , 0.68]

0.05   0.25   1.00   4.00
Odds Ratio (log scale)

図 D.6　フォレストプロット
（いくつかの引数を指定し，数行のコードを追加）

```
forest(res)
```

描かれたフォレストプロット（図D.5）には，13個の研究それぞれの効果量（対数オッズ比）の平均と母集団効果量の信頼区間，および全研究にもとづく効果量推定値と信頼区間が示されている（第1章，第7章を参照）．forest関数の引数としてrma関数の出力だけを指定すればよいので手軽だが，描かれるフォレストプロットは，かならずしも見栄えがよくない．forest関数のほかの引数をいくつか記述し，Rのコードを数行追加すれば，もっと見やすいフォレストプロットを描くこともできる（図D.6）．興味のある方は，Viechtbauer (2010) を参照してほしい．

引用文献

Viechtbauer, W. (2010). Conducting meta-analysis in R with the metaphor package. *Journal of Statistical Software*, *36*, 1-48. (http://www.jstatsoft.org/)

附録 E
用語解説

あ 行

I^2 統計量（I^2 statistic） 効果量のバラツキの程度を示す記述統計的指標．Higgins et al.（2003）による解釈は，25% で低い異質性，50% で適度な異質性，75% で高い異質性というものである．

アイゼンクによる批判（criticism by Eysenck） Smith & Glass（1977）によるメタ分析を Eysenk は激しく批判する．時には，meta-analysis を mega-silliness（まったくばかげたこと）ともじってその考えを強く否定する．Eysenk による批判は 1994 年まで続いている（Eysenck, H.（1994）. Systematic reviews: Meta-analysis and its problems, *British Medical Journal, 309*, 789）．

アプリオリ方略（a priori strategies） 質を評価する項目を適格性基準の中に含めておき，基準を満たさない一次研究をメタ分析の対象から削除する方略．

一次研究（primary study） メタ分析の対象となる，統合される側の研究．

一次情報（primary sources） 学術雑誌や学会などに発表された研究（論文）そのもの．

一事例実験（single-case research） 一事例実験とは，一人のヒトあるいは1つのグループを対象に何らかの介入を行うものである．介入の前後の個人内の行動変化に基づいて介入の有効性を検討する．被験者が複数であってもごく少数で群間比較ができない場合，あるいは1つの集団全体に対して実験的介入を行う場合もこれに含めることがある．臨床や教育など，多くの被験者を集めにくい領域，個人内での変容を研究の目的とする場合に用いられる．

一致率（agreement rate） 一致したコーディング数をコーディング総数で割ったもの．

引用索引データベース（citation index database） 古い文献から新しい文献をたどることができるデータベース．論文間の引用・被引用関係を簡単に調べられる．Web of Science などが有名．

Web of Science 代表的な引用索引データベースシステム．Web of Science を使えば，雑誌の影響度を表すインパクトファクター指標，論文の引用回数，著者索引

機能などを利用して検索結果を絞り込むことができるし，選定したテーマに関するキーワードを抽出し，類似度の高い文献を分類することも可能.

ABデザイン（AB design） 最も基本的な一事例実験のデザイン．ベースライン期（A）の後に介入期（B）が続き，2つの期（フェーズ）の従属変数の値の変化を見ることで，介入の効果を判断しようとするデザイン．

NNT（Number Needed to Treat） ポジティブな結果をもう1つ増やすのに必要となる被験者数．リスク差の逆数．

MBLR（Mean Baseline Reduction） ベースライン期と介入期の平均値差をベースライン期の平均値で割って100を掛けたもの．

ERIC（Education Resources Information Center） アメリカ教育省が1966年から提供している教育関係論文データベース．インターネット上で無料で利用できる．http://www.eric.ed.gov/

OPAC（OPAC: Online Public Access Catalog） オンライン蔵書目録．大学，研究所の図書館ごとに，そこで提供している文献を調べることができる．

オッズ（odds） ある事象が起こった比率をある事象が起こらなかった比率で割ったもの．

オッズ比（odds ratio） 代表的な効果量の1つ．2値変数について計算される効果量．

重み（weight） 効果量を統合する際に，研究ごとに重みを計算し，それを用いて重み付きの効果量を求めることが多い．重みには，誤差分散の逆数が用いられることが多い．

か 行

外的妥当性（external validity） 研究結果を一般化できる程度のこと．

介入期（treatment phase） 一事例実験において，ベースライン期（A）に続いて，施される期（フェーズ）．従属変数の値を介入により変化させることを狙いとしている．

記述的なレビュー（narrative review） メタ分析が開発される以前から行われていた伝統的なレビューの方法のこと．このレビューでは，レビュアーが個々の研究を精読し，その研究結果をまとめる．

キャンベルコラボレーション（Campbell Collaboration） 2000年に設立された（http://www.campbellcollaboration.org/）．社会，心理学，教育，犯罪学といった社会科学分野のメタ分析を集めている．また，こうした領域でメタ分析を行う研究者に多くの情報を提供している．キャンベルコラボレーションはC2と呼ばれる．

Q統計量（Q statistics） 効果量の等質性の検定のために用いられる検定統計量．k個の効果量から計算される．このQ統計量は，自由度$k-1$のカイ二乗分布に従う．

Google Scholar 学術文書専用に特化させたGoogleの検索サービス．http://scholar.google.com/

クーパーのモデル（Cooper's model） Cooper（1982）により提案された，メタ分析の手順を示したモデル．当初は5段階のモデル（five stage model）だったが，その後，6段階（Cooper, 2007），7段階（Cooper, 2009）へと拡張された．

QUOROM Statement（Quality of Reporting of Meta-analysis Statement） メタ分析の研究報告について備えるべき要件を整理したスタンダードのひとつ．

グラスの⊿（Glass's delta） 標準化された平均値差の1種で，「介入群の平均−統制群の平均」を統制群の標準偏差で割ったもの．

グラス流のメタ分析（Glassian meta-analysis） 初期のメタ分析．

群比較研究（group comparison research） 介入群と統制群を設けて，介入群に介入を施し，関心下の従属変数の際を2群でひかくすることで，介入の効果を検討するアプローチ．一事例実験との対比でこの用語が用いられることが多い．

経験的に支持された治療（EST） アメリカ心理学会第12部会特別委員会が1993年に1つのプロジェクトを立ち上げた．それは，①実験や観察によって確証された治療を同定する基準を開発すること，②基準をクリアした治療のリストを作成すること，③そのリストを広く普及させる方法を立案することを任務とした．これをEST運動と呼び，経験的に支持された治療としての基準が示された．

系統的なレビュー（systematic review） システマティックレビューと同義．

研究に由来する証拠（study-generated evidence） メタ分析に応えるための証拠が，個々の一次研究の中にもとから含まれている証拠である時．

検定力（statistical power） 帰無仮説が間違っているときに，間違っている帰無仮説を正しく棄却できる確率のこと．

効果量（effect size） メタ分析において，異なる研究（通常異なる測定単位が利用される）の結果を共通のものさしにのせるための，共通の指標のこと．標準化された平均値差，オッズ比，相関係数が代表的な効果量として用いられる．

交互作用効果（interaction effect） 独立変数xと従属変数yの関係に別の変数zが与える影響．

構成概念（construct） 心理学で扱われる変数（研究対象となる変数）は，「知能」や「内発的動機づけ」のように，直接観測できない潜在変数であることが多い．このような潜在変数のことを構成概念とよぶ．

公表バイアス（publication bias） メタ分析に含まれる研究が出版された（publish

された）ものばかりだと，効果を高めに見積もる危険性がある（効果の出なかった研究は，出版されず，陽の目をみない（引き出し問題）ため）．結果が有意ではない研究が，結果が有意な研究よりも公表されにくく，公表された研究のみに基づく効果量が有意な方向に偏るおそれがあるという問題のこと．

交絡（こうらく，confound） ある独立変数の効果を見たいとき，別の変数も連動して変化しているため，従属変数への影響がどの変数の効果によるのか特定できなくなる状況を「要因が（変数が）交絡している」という．

コーエンのカッパ係数（Cohen's kappa） 偶然の一致の影響を取り除いた一致率の指標．

コーエンの基準（Cohen's standards） 効果量の大きさを解釈するために Cohen により定められた基準．標準化平均値差 d の場合，$d=0.2$ で小さな効果，$d=0.5$ で中程度の効果，$d=0.8$ で大きな効果と解釈される．

コーダー間信頼性（interrater reliability: IRR） 異なるコーダーによるコーディング間の一貫性．この指標としては，一致率，κ 係数などがよく利用される．

コーディング（coding） 研究をひとつひとつ読みながら情報を抽出し記録する作業のこと．コーディングの対象としてもっとも重要なのは効果量に関する情報だが，研究の特徴に関わる種々の情報も大事な変数である．各研究から抽出された効果量を平均して先行研究の結論を要約すること，研究が持つさまざまな特徴（たとえば，研究が採用している方法の種類，研究参加者の平均年齢，出版年）と効果量の関係を検討することが，メタ分析における統計的分析の主要な目標になる．

コーディングシート（coding sheet） ⇒「コーディングフォーム」を参照のこと．

コーディングフォーム（coding form） コーディングの結果を書き記すための入力フォーマットのこと．

コーディングマニュアル（coding manual） コーディングの手順を示した手引き書のこと．

コクランコラボレーション（Cochrane Collaboration） 1993 年に設立された国際的な NPO 団体である（http://www.cochrane.org/）．世界中の保健医療（health care）領域の効果研究についての情報を提供している．保健医療についてのメタ分析を提供し，普及することを目的としている．

誤差分散（error variance） 統計量の分散のこと．

固定効果モデル（fixed effect model） 被験者レベル標本誤差という 1 つの標本誤差からなるとするモデル．

「ゴミを入れてもゴミしか出ない」（"garbage in, garbage out"） 質の悪いものからは，質の悪い結果しか得られないことを喩えた言葉．

さ 行

PsycINFO 心理学関連の研究を対象とするデータベース.

再現率（recall） 適格な全文献のうち抽出された文献の割合.適格な全文献数は当然わからないので，再現率を実際に計算することはできない.

CiNii（Citation Information By NII） 国立情報学研究所（NII）が作成・提供する日本の文献検索サービス.

サンプルサイズ（saple size） 標本に含まれるデータの数のこと.標本の大きさとも言う.サンプルサイズが大きいほど，検定結果は有意になりやすい.第2種の誤りの確率が小さくなる（検定力が大きくなる）.

C 変量効果モデルにおいて，研究間分散を求める際の分母となるもの.

システマティックレビュー（systematic review） 同一のテーマについて行われた複数の研究結果を量的に統合する一連の手続きのこと.

自由度（degrees of freedom） 統計量の確率分布の形状を定めるための値.一般にサンプルサイズの影響を受ける.

主効果（main effect） 独立変数 x が従属変数 y に与える影響のこと.

出版バイアス（publication bias） ⇒「公表バイアス」を参照のこと.

漏斗プロット（じょうごぷろっと，funnel plot） ⇒「漏斗（ろうと）プロット」を参照のこと.

信頼区間（confidence interval） メタ分析（系統的レビューにおける統計解析）では，個々の効果量を計算するだけでなく，個々の効果量の信頼区間と，統合された効果量（重みづけ平均による効果量）と，統合された効果量の信頼区間を求めることが一般的である.信頼区間は，通常95%信頼区間のような形で求められる.95%信頼区間とは，母集団からの標本抽出を行い，その都度信頼区間を計算する，ということを繰り返すことができたとき，求められた多数の信頼区間のうち，95%は母数を含む区間となる，という意味である.

精度（precision） 抽出された文献のうち適格な文献の割合.

積率相関係数（moment correlation coefficient） ⇒「相関係数」を参照のこと.

相関係数（correlation coefficient） 代表的な効果量のひとつ.2つの変数の関連の強さを-1から+1の数値で表現するもの.

操作的定義（operational definition） 構成概念は直接に観測できないため，何らかの手続き（操作）にしたがってその個人差を数値化しなければならない.測定のための操作を定めることを操作的定義とよぶ.

た 行

第1種の誤り（type I error） 帰無仮説が正しいときに，正しい帰無仮説を棄却してしまう誤りのこと．

対数オッズ比（log odds ratio） オッズ比を対数変換したもの．

対数リスク比（log risk ratio） リスク比を対数変換したもの．

第2種の誤り（type II error） 帰無仮説が間違っているときに，間違っている帰無仮説を採択してしまう誤りのこと．

調整変数（moderator variable） 効果量の変動を説明する変数のこと．

Dissertation Abstracts International 北米を中心とする1000以上の大学の学位論文に関する書誌抄録データベース　http://www.proquest.com/en-US/catalogs/databases/detail/dai.shtml

データポイント（data point） 一事例実験データをグラフに図示する際に，プロットされた値のことを言う．従属変数（標的行動）の値を意味することが多い．

データポイント数（number of data point） グラフにプロットされたデータポイントの個数のこと．

適格性基準（eligibility criteria, inclusion and exclusion criteria） 一次研究のいろいろな特徴について，メタ分析に含めるか除外するかの細目を適格性基準として用意する．それをしないと，研究の選択が場当たり的で一貫しないものになることが避けられない．そうなると，メタ分析の客観性は損なわれ，価値も大きく減じることになる．

点双列相関係数（point-biserial correlation coefficient） 2値変数と連続変数の間の相関係数のこと．

統計的感度分析（statistical sensitivity analysis） データの分析に際していくつかの異なる統計手法を用いることができるとき，採用する手法による結果の違いの有無や，違いがあるとすればその程度を確かめるために行われる分析．

統合に由来する証拠（synthesis-generated evidence） メタ分析に応えるための証拠が，複数の一次研究間の違いに注目することで初めて得られる証拠である時．

図書館間相互貸借 ILL（Inter Library Loan）機能 図書館どうしで，文献複写を依頼することができるサービスのこと．

トリム・アンド・フィル法（trim and fill method） 公表バイアスの影響を補正するための方法として，近年もっともよく使われる方法の一つ．漏斗プロットの情報をもとに，研究を取り去ったり（trim off），追加したり（fill）しながら，最終的な平均効果量を求める．

内的妥当性（internal validity） 独立変数 x と従属変数 y との間に因果関係があると主張する研究があるとき，その主張が説得力を持つ程度のこと．

75% ルール（75% rule） Hunter & Schmidt（1990；2004）により提案された．観測効果量の変動の要因を，被験者レベルの標本誤差によるバラツキと研究間の差によるバラツキとに分ける．標本誤差によるバラツキにより，観測値のバラツキの 75% 以上を説明できるのであれば，効果量は等質であると判断する．

な 行

ナラティブ・レビュー（narrative review） ⇒「記述的なレビュー」と同義．

二次研究（secondary study） 一次研究の結果をもとに行う研究．メタ分析もこれに含まれる．

二次情報（secondary sources） 多数の一次情報から書誌情報や抄録を抽出するなど加工したもの．代表例として文献データベースがある．

は 行

BESD（Binomial Effect Size Display） 介入による効果の出現率の変化を BESD と呼ぶ．Rosenthal & Rubin（1982）により提案された．

PND（Percentage of Nonoverlapping Data） ベースライン期の従属変数の値と重複（オーバーラップ）しなかった介入期のデータポイント数の割合によって効果を示す指標．

PZD（Percentage of Zero Data） 従属変数が 0 になった割合を効果の指標とするもの．

p 値（p value） 帰無仮説のもとでの，検定統計量の実現値以上の値の出現確率のこと．この値が 5% 未満の場合，有意水準 5% で検定は有意な結果となる．

p 値の統合（combinding p-values） p 値の統合は Rosenthal & Rubin により提案されたものである．個々の研究における p 値を Z（標準正規分布に従う統計量）に変換する．Z の値を合計し，研究数の平方根で割る．この統計量は標準正規分布に従うことを利用して，さらに p 値に逆変換を行う．変換した p 値の値で統合された研究全体の有意性を確認する．

引き出し問題（file drawer problem） 公表される研究は，統計的に有意なものが多い．統計的に有意でない結果は引き出しの中にしまわれて，陽の目を見ない．このことを指した言葉．

被験者（subject） 実験や調査に参加してくれた人たちのこと．最近では倫理的な問題を懸念して，研究参加者，研究協力者のような言葉を用いることも多い．

標準化された平均値差（standardized mean difference） 代表的な効果量のひとつ．実験群と統制群の平均値差を統制群の標準偏差で割ったものとするのが Glass（1976）の定義．そのほか，統制群の標準偏差ではなく，2 群をプールした標準偏差で割るものや，さらに係数（J）をかけるもの（Hedges の g）などがある．

標準化平均値差（standardized mean difference） ⇒「標準化された平均値差」を参照のこと．

標準誤差（standard error） 統計量の標準偏差のこと．

票数カウント法（vote counting method） 複数の研究結果を統合するとき，有意であった研究が何件，有意でなかった研究が何件，と数を数え上げることで，当該の研究対象の効果を判定しようとする方法．

標本（sample） 母集団から抽出した一部のデータのこと．推測統計の領域では，標本のデータから母集団の様子を推測することが目的となる．

標本誤差（sampling error） 標本抽出に伴う誤差のこと．

ϕ 係数（coefficient phi） 2 値変数同士の積率相関係数のこと．

フィッシャーの z 変換（Fisher's z translation） 相関係数は -1 から $+1$ と取る値が限定される．Z 変換を行うことで，$-\infty$ から $+\infty$ までの値を取る統計量に変換することができる．

フェイルセーフ N（fail safe N） 公表バイアスを検討するための方法としてよく利用される．フェイルセーフ N とは，効果が無い研究があといくつ追加されたら，効果量が 0 であるという帰無仮説が棄却されなくなるか（検定の結果，有意でなくなるか）という観点から，メタ分析に含まれずに隠れている研究の数という形で，公表バイアスを考慮するものである．フェイルセーフ N が小さいと，その少数の研究の存在により，メタ分析（の検定）の結果が変わってしまうということで，公表バイアスが疑われることになる．フェイルセーフ N が十分に大きければ（たとえば，100 以上であれば），それだけの未発見の効果のない研究が追加されなければ，結果が変わらないということで，得られた結果は頑健である，つまり，公表バイアスの影響は少ないと考えられる．

フォレストプロット（forest plot） メタ分析の結果を表すのによく用いられる図．フォレストプロットは 1 つの図の中に必要な情報が盛り込まれていて，視覚的にも非常に分かりやすい．個々の研究の効果量とその信頼区間，標準誤差（重み），統合された効果量とその標準誤差を 1 つの図に盛り込んでいる．

フォローアップ（follow up） 一事例実験では，介入の効果が般化しているかどうかを確認するため，実験終了後一定期間経った後に，再度従属変数の測定を行う事がある．この確認のためのデータポイントをフォローアップと呼ぶ．

PRISMA（Preferred Reporting Items for Systematic Reviews and Meta-analyses） メタ分析の研究報告について備えるべき要件を整理したスタンダードのひとつ．

フレーズ検索（phrase search） 二重引用符（" "）で囲んで検索を行う事で，" "で囲んだ語句全体を検索対象とすることができる．

分散分析的アプローチ（analog to analysis of variance, sub group analysis） 効果量のバラツキを調整変数で説明できるものと，それでは説明できないバラツキに分け，前者のバラツキが後者のバラツキに比べて十分に大きければ，効果量のバラツキの原因を調整変数であると考えることができる．このように分散分析に類似した方法で，効果量のバラツキの原因を検討するアプローチのこと．

ベースライン期（baseline phase） 一事例実験では，まず介入を施さない，何もない状態で従属変数の測定のみが行われる．この期（フェーズを）ベースライン期（A）と呼ぶ．

ヘッジスの g（Hedge's g） 標準化された平均値差の１種で，「介入群の平均－統制群の平均」を２群をプールした標準偏差で割ったもの．

変量効果モデル（random effects model） 被験者レベル標本誤差と研究レベル標本誤差という２つの誤差からなるモデル．

母集団（population） 推測統計の文脈においては，関心下の対象全ての集まりを母集団という．現実的な制約のために，母集団全てについて調べ尽くすことは困難である．そのとき，母集団の一部を標本として抽出し，標本の結果から母集団についての推測を行う．

ポストホック方略（post hoc assessment） 研究の質を適格性基準には含めず，研究収集後に評価の対象にすること．

Potsdam Consultation on Meta-Analysis メタ分析の研究報告について備えるべき要件を整理したスタンダードのひとつ．

ま　行

MARS（Meta-Analysis Reporting Standards） アメリカ心理学会の作業部会がまとめた，メタ分析の研究報告について備えるべき要件をまとめたスタンダード（基準）．

見えざる大学（invisible college） 構成メンバーを明確に定義はできないけれど，同じ研究課題への強い関心を共有する人たちのネットワークのこと．

MOOSE（Meta-analysis of Observational Studies in Epidemiology） メタ分析の研究報告について備えるべき要件を整理したスタンダードのひとつ．

無作為配分（random assignment） 被験者をランダムに，統制群と介入群にわける．このような手続きで群を用意すること．無作為配分を行っている（実験的）研究は，研究の質が高いと評価される．

メタ分析（meta analysis） ⇒「系統的レビュー」と同義に用いられる．あるいは，系統的レビュー全体における統計解析の部分のみを指す．

や　行

優越率（probability of dominance） 介入群からの標本の値が，統制群からの標本の値を超える確率と定義される．

U3 未治療群（統制群）の平均を超える割合を治療の成功率と定義すると，未治療群における成功率は50%．治療群（実験群）の平均が未治療群の平均を上回るならば，治療群の成功率は 50% を上回り，効果量が大きいほど成功率は高くなる．この治療群における成功率を U3 と呼ぶ．

ら　行

リサーチクエスチョン（research question） 研究を行う上で出発点となる疑問のこと．リサーチクエスチョンをもとに，具体的な仮説が規定されることもある．

リスク（risk） ある事象の生起確率のこと．

リスク差（risk difference） 介入群のリスクと統制群のリスクの差．RD と略される．

リスク比（risk ratio） 介入群のリスクを統制群のリスクで割ったもの．RR と略される．

リンゴとオレンジ問題（apples and oranges problem） Smith & Glass (1977) の心理療法の効果に関するメタ分析は，統合の対象として集めた 1 次研究のうちに，精神力動学，来談者中心，論理情動などさまざまな種類の心理療法を含んでおり，患者集団の性質もいろいろであり，効果を判定するための変数についても不安，自尊感情，適応感など多様であったことから，リンゴとオレンジを区別しないで数え上げており無意味だと批判された．

漏斗プロット（ろうとプロット，funnel plot） 効果量推定値を横軸にサンプルサイズを縦軸にとって，各研究をプロットした散布図のこと．研究が偏り無く集められていると，散布図はちょうど漏斗を逆さまにしたような三角形の形を描くことが期待される．実際の散布図がそれとどれくらい食い違っているかにより，出版に関するバイアスを考慮する．

logit(ロジット) 0から1の値を取るpを,$\log\dfrac{p}{1-p}$で変換するとき,これをロジットと呼ぶ.

logit 変換(logit transformation) logit 操作を行う変換のこと.⇒「logit」を参照.

あとがき

　レビュー研究というと，ともすれば，過去に行われた研究の成果をまとめただけのものと受け取られ，一次研究よりも低く見られがちである．しかし，個々の一次研究の結論は絶対的なものではない．研究の遂行途上のどこかでミスを犯し信頼性が危うい研究は論外だとして，優れたデザインを採用し適切な手順を踏んで実施された研究であっても，標本変動による結果の食い違いは避けられない．また，一つの研究で焦点を当てられる部分は限定されており，結論の一般性にも制約がある．

　個々の研究結果の不確かさに対処する最善の方法の一つは，同じ関心のもとで行われた複数の研究を見つけ出し，それらの結果を統合することである．多くの研究の結果の食い違いや矛盾を広く見渡すことで，新たな研究テーマが浮かび上がることも少なくない．こうしたことは，まさにレビュー研究の役割である．研究に欠かせないツールとなったグーグルスカラーのトップページには，過去の研究の蓄積の上で学問が進歩することを意味する「巨人の肩の上に立つ」(Standing on the shoulders of giants) という標語が記されている．レビュー研究を行うことは，過去を整理するつまらない作業ではなく，新しい研究の方向を見出すのに必要な創造的営みなのである．

　レビュアーそれぞれが自己流で行ってきたレビュー研究の世界に，系統的な方法論をもたらしたのがメタ分析である．メタ分析という言葉からは統計的分析法が連想され，その意味でこの言葉が使われることもあるが，広義では，統計的分析だけでなく，系統的なレビューを遂行する上で必要となるすべてのステップに関する方法論を指す．本書もこの立場に立ち，メタ分析の各ステップを詳しくかつ丁寧に解説した．メタ分析を実際に行おうと計画している研究者，メタ分析研究を読みこなす必要が生じた大学生，メタ分析という方法そのものに興味を持つ大学院生など，本書を手に取った方たちにメタ分析の重要性が伝わるならば，著者一同これに勝る喜びはない．なお，本書は「心理・教育研究の系統的レビューのために」という副題を持つが，心理学や教育学にかぎらず，社会科学，行動科学，医学など多くの領域の方にも参考になる点があるのでは

ないかと自負している．

　本書の完成には長い時間を要した．編者間で交換したメールで確認したところ，企画の発端となるメールは 2007 年 2 月 14 日に交わされており，著者と編集者による最初の会合は同じ年の 3 月 29 日だった．なんと 5 年を超えてしまった．完成できそうだと実感したのは，東京大学大学院教育学研究科の南風原朝和先生，鈴木雅之さんに草稿を読んでいただいてからである．多くの重要なご指摘をいただき，それらに答えるために手を加えたことで，本書のクオリティを向上させることができたと思う．お二人にあらためて感謝したい．それでもなお残る誤りや足りない点は，著者の責任であることはいうまでもない．

　著者たちの都合で何度も中断したのに，この本が引き出しにしまいこまれる (file drawer problem!) のを免れたのは，ひとえに，東京大学出版会の後藤健介さんのおかげである．絶対ということばを安易に使うことは慎まねばならないが，辛抱強くゴールまでの道筋を示し続けてくれた後藤さんがいなければ，本書は絶対に完成しなかった．後藤さんのためにも，この「メタ分析入門」が多くの読者に迎えられることを願っている．

2012 年 10 月
著者一同

索引

あ行

アグリゲータ aggregator　66
アプリオリ方略 a priori strategies　43-44, 279
1群事前事後デザイン one-group pretest-posttest design　40
一次研究 primary study　1, 25, 279
一次情報 primary sources　50
一事例実験 single-case research design　183-203, 279
一致率 agreement rate　89-90, 279
引用索引データベース citation index database　59-61, 231, 279
エビデンスにもとづいた医療（EBM）evidence-based medicine　185
オッズ比 odds ratio (OR)　103, 108-112, 248, 280
重み weight　104, 108, 126, 128, 130, 132-138, 280

か行

外的妥当性 external validity　30, 280
学術論文誌 academic journal　61-62
カッパ係数 kappa coefficient　→コーエンのカッパ係数
感度分析 sensitive analysis　→統計的感度分析
キーワード keyword　53
機関リポジトリ institutional repositories　64, 68
記述的なレビュー narrative review　3, 280
脚注追跡 footnote chasing　59
キャンベルコラボレーション Campbell collaboration　7-8, 280
グラスの $\varDelta$ Glass's $\varDelta$　11, 106, 207, 281
経験的に支持された治療（EST）empirically supported treatment　185, 281
系統的レビュー systematic review (research synthesis)　1-2, 281
研究に由来する証拠 study-generated evidence　37-38
検索漏れ false negative　54
検定力 statistical power　16, 34, 281
効果量 effect size　11-14, 16, 30-33, 103-124, 273, 280
　オッズ比 odds ratio　103, 108-112, 280
　コーエンの基準 Cohen's standards　164-165, 211, 282
　相関係数 correlation coefficient　15, 32, 34, 103-104, 112-114, 211, 219, 222, 231, 283
　対数オッズ比 log odds ratio (LOR)　110-112, 284
　対数リスク比 log risk ratio (LRR)　118-120, 284
　標準化された平均値差 standardized mean difference　11-12, 14-15, 31, 103, 105-108, 215, 224, 231, 235, 286
　比率 proportion　122-123
　平均 mean　123
　リスク差 risk difference　118-120, 288
　リスク比 risk ratio　118-120, 288
　ロジット logit　122-123, 289
　一事例実験のための――　188-193, 229
　平均――　128-129, 132-135, 257, 259
　――のアーティファクトの修正　150-153, 222
　――の大きさの解釈　164-168
　――の確信区間　222-223

293

――の検定　129-130,136
　――の誤差分散　13,104
　――の信頼区間　13,129,135-136,222-223,225,231-232,235
　――の統計的依存性　76-78,219,225-226
　――の等質性の検定　33,138-139,215,232,235
　――の標準誤差　104,107
　――の変換　114-116,252
交互作用 interaction　35,281
構成概念 construct　27-29,73-75,281
公表バイアス publication bias　42,157-163,282
交絡 confound　38,282
コーエンの d Cohen's d　105-106
コーエンのカッパ係数 Cohen's kappa (κ)　90-91,215
コーエンの基準 Cohen's standards　164-165,211,282
コーダー coder　83,87-91
　――の訓練　88-89
コーダー間信頼性 interrater reliability　89-91,282
　一致率 agreement rate　89-90
　コーエンのカッパ係数 Cohen's kappa (κ)　90-91,215
コーディング coding　36,73-101,174,187-188,202-203,215,282
　研究の特徴の――　79-82
　効果量の――　73-79
　――における欠損情報の扱い　86-87
　――の実際　82-87
　――の信頼性　87-91
コーディングフォーム coding form　83-87
コーディングマニュアル coding manual　83-84,94-101
コクランコラボレーション Cochrane collaboration　7-8
固定効果モデル fixed effect model　126-130,232,235,275
ゴミを入れてもゴミしか出ない garbage in, garbage out　18,42,164,209
混合効果モデル mixed effects model　126

さ 行

再現率 recall　54
主効果 main effect　35,283
出版バイアス publication bias　→公表バイアス
準実験 quasi experiment　40
情報検索 information retrieval　52-56
消耗 attrition　43,81,235
信頼区間 confidence interval　14,129,135-136,222-223,225,231-232,235,283
ストゥーファー法 Stouffer method　211,213
精度 precision　54,283
積率相関係数 product moment correlation coefficient　→相関係数
先祖探索法 ancestry approach　→脚注追跡
相関係数 correlation coefficient　15,32,34,103-104,112-114,211,219,222,231,244,284
総計分析 aggregate analysis　38
操作的定義 operational definition　26-29,73-75

た 行

第1種の誤り type I error　34,284
第2種の誤り type II error　34
対数オッズ比 log odds ratio (LOR)　110-112,284
対数リスク比 log risk ratio (LRR)　118-120
脱落（被験者の）　→消耗
探索方略 search strategy　173-174
調整変数 moderator variable　33,35-36,

44, 79, 142, 173-174, 222, 225-227, 232-233, 235
データポイント data point　186
適格性基準 eligibility criteria　39-42, 51, 173-174
電子ジャーナル electronic journal　52, 60, 64-68
統計的感度分析 statistical sensitivity analysis　164, 232, 284
統合に由来する証拠 synthesis-generated evidence　36-38, 284
図書館間相互貸借 inter library loan　51, 65, 70
トランケーション truncation　55-56
トリム・アンド・フィル法 trim-and-fill method　161-163, 231, 235

な 行

内的妥当性 internal validity　29
ナラティブ・レビュー narrative review →記述的なレビュー
二次情報 secondary sources　50-51, 285

は 行

灰色文献 grey literature　57, 58, 63
媒介変数 mediator variable　170, 174
箱ヒゲ図 box-and-whisker plot →平行箱ヒゲ図
引き出し問題 file drawer problem　18, 158, 219, 285
標準化された平均値差 standardized mean difference　11-12, 14-15, 31, 103, 105-108, 215, 224, 231, 235, 244, 247, 255, 286
　グラスのΔ Glass's Δ　11, 106, 207
　コーエンの d Cohen's d　105-106
　ヘッジスの g Hedges' g　105-108
　　対応のあるデータの——　120-122
標準誤差 standard error　13, 104, 107
票数カウント法 vote-counting method
16-17, 34, 209-210
標本誤差 sampling error　126
ファネルプロット funnel plot →漏斗プロット
フィッシャーの z 変換 Fisher's z transformation　112-114
フェイルセーフ N fail-safe N　160-161, 211, 215, 286
フォレストプロット forest plot　13-14, 178-179, 276, 286
不等価2群事後デザイン posttest-only design with nonequivalent groups　40
フレーズ検索 phrase search　54
プロビット変換 probit transformation　207, 210, 215
文献探索 literature search　49-71
文献データベース reference database　50-58
分散分析的アプローチ analog to analysis of variance（subgroup analysis）　141-151, 266, 268
平行箱ヒゲ図 parallel box-and-whisker plot　176-177
ベースライン期 baseline phase　184
ヘッジスの g Hedges' g　105-108, 243
変量効果モデル random effects model　126-128, 131-138, 164, 232, 235, 274
　研究間の分散 between studies variance　127
　研究内の分散 within study variance　127
　研究レベル標本誤差 study-level sampling error　127
　被験者レベル標本誤差 subject-level sampling error　127
ポストホック評価 post hoc assessment　44

ま 行

見えざる大学 invisible college　62, 288

索　引　295

幹葉表示 stem-and-leaf plot　176-177
メタ分析 meta-analysis
　――とは　1-2
　――のためのソフトウェア　85,154,232
　――の短所　17-18
　――の長所　16-17
　――の手続き　8-10
　――の問いの種類　33-39
　――の歴史　3-8

や　行

優越率 probability of dominance　166,168

ら　行

リスク risk　118
リスク差 risk difference　119-120,253
リスク比 risk ratio　118,120,253
リンゴとオレンジ問題 apples and oranges problem　18,29-30,209
漏斗プロット funnel plot　158-160,275
ロジット logit　122-123
論理演算子 logical operator　54-55

A-Z

ABデザイン AB design　185
BESD : binomial effect size display　167-168
CiNii : citation information by national institute of informatics　64-65,68-71
d　189-190
Dissertation Abstracts International　58
EBM : evidence-based medicine　→エビデンスにもとづいた医療

ERIC : educational resources information center　18,52,57,231
EST : empirically supported treatment　→経験的に支持された治療
Google Scholar　58,64,68,71
I^2統計量 I^2 statistic　140-141,279
ILL : inter library loan　→図書館間相互貸借
MARS : meta-analysis reporting standards　169
MBLR : mean baseline reduction　191
MOOSE : meta-analysis of observational studies in epidemiology　169
NNT : number needed to treat　119-120
OPAC : online public access catalog　51,58,64-65,67,70
PND : percentage of nonoverlapping data　190
Potsdam Consultation on Meta-Analysis　169
PRISMA : preferred reporting items for systematic reviews and meta-analysis　169
PsycINFO　6,18,56-57,66,211,213,222,231
PZD : percentage of zero data　190-191
p値の統合 combining p value　4,14,153,211
Q統計量 Q statistic　138-142,216-217,226-227,235
QUOROM Statement : quality of reporting of meta-analysis statement　169
R（統計ソフト）　154,179
Scopus　60
U3　166,168
Web of Science　7,59-60

執筆者紹介

＊執筆順，［　］内は主な執筆分担を表す

山田剛史（やまだ・つよし）［編者／1, 5, 6, 9章，附録］横浜市立大学国際教養学部教授．『よくわかる心理統計』（村井潤一郎と共著，ミネルヴァ書房，2004），『大学生のためのリサーチリテラシー入門』（林創と共著，ミネルヴァ書房，2011），「発達科学研究のデザイン」（小松孝至と共著，高橋惠子ほか編『発達科学入門1』，東京大学出版会，2012），『Rによる心理学研究法入門』（編著，北大路書房，2015），『SPSSによる心理統計』（鈴木雅之と共著，東京図書，2017），『心理学統計法（公認心理師の基礎と実践5）』（繁桝算男と共編著，遠見書房，2019）ほか．

井上俊哉（いのうえ・しゅんや）［編者／2, 4, 7, 9章，附録］東京家政大学人文学部教授．「興味・指向・意欲などの測定」（大沢武史・芝祐順・二村英幸編『人事アセスメントハンドブック』，金子書房，2000），「先行研究の結果を統合する」（渡部洋編『心理統計の技法』，福村出版，2002），「測定と評価」（西村純一・井森澄江編『教育心理学エッセンシャルズ』，ナカニシヤ出版，2006）ほか．

孫　媛（そん・えん）［3, 9章］国立情報学研究所情報社会相関研究系准教授，総合研究大学院大学複合科学研究科准教授（併任）．「一般項目反応モデルの応用」（芝祐順編『項目反応理論』所収，東京大学出版会，1991），"Trends in scientific publications in Japan and the United States."（coauthored with Negishi, M., In Branscomb, L. W. et al. (Eds.), *Industrializing Knowledge University-Industry Linkages in Japan and the United States*. Cambridge, Mass : The MIT Press, 1999），「学術論文数データに関する分割表の対応分析」（柳井晴夫ほか編『多変量解析実例ハンドブック』，朝倉書店，2002）ほか．

小笠原　恵（おがさはら・けい）［8, 9章］元東京学芸大学教育学部教授，2019年逝去．『発達障害のある子の「行動問題」解決ケーススタディ』（中央法規出版，2010），『うちの子，なんでできないの？』（文春新書，2011），ほか．

高橋智子（たかはし・ともこ）［8, 9章］広島大学大学院教育学研究科博士課程後期修了．

メタ分析入門
心理・教育研究の系統的レビューのために

2012 年 10 月 31 日　初　版
2022 年 5 月 25 日　第 3 刷

［検印廃止］

編　者　山田剛史・井上俊哉

発行所　一般財団法人　東京大学出版会

代表者　吉見俊哉

153-0041 東京都目黒区駒場 4-5-29
http://www.utp.or.jp/
電話 03-6407-1069　Fax 03-6407-1991
振替 00160-6-59964

印刷所　三美印刷株式会社
製本所　牧製本印刷株式会社

Ⓒ 2012 Yamada, T., & Inoue, S., Editors
ISBN 978-4-13-042072-3　Printed in Japan

[JCOPY] 〈出版者著作権管理機構　委託出版物〉
本書の無断複写は著作権法上での例外を除き禁じられています。複写される場合は、そのつど事前に、出版者著作権管理機構（電話 03-5244-5088, FAX 03-5244-5089, e-mail : info@jcopy.or.jp）の許諾を得てください。

芝　祐順・南風原朝和 著
行動科学における統計解析法　　　　　　　　　　　A5・3000 円

南風原朝和 著
量的研究法　臨床心理学をまなぶ 7　　　　　　　　A5・2600 円

下山晴彦・丹野義彦 編
講座 臨床心理学 2　臨床心理学研究　　　　　　　A5・3500 円

高橋惠子・湯川良三・安藤寿康・秋山弘子 編
発達科学入門［1］　理論と方法　　　　　　　　　A5・3400 円

村井潤一郎・柏木惠子 著
ウォームアップ心理統計［補訂版］　　　　　　　　A5・2000 円

南風原朝和・市川伸一・下山晴彦 編
心理学研究法入門　調査・実験から実践まで　　　　A5・2800 円

安藤清志・村田光二・沼崎　誠 編
社会心理学研究入門［補訂新版］　　　　　　　　　A5・2900 円

ここに表示された価格は本体価格です．ご購入の
際には消費税が加算されますのでご了承ください．